全国沙棘开发35周年纪事

赵东晓　卢顺光　胡建忠　编著

中国水利水电出版社
www.waterpub.com.cn
·北京·

内 容 提 要

我国系统开发沙棘始于1985年年底。35年开发利用沙棘的征程，自始至终浸透着对沙棘之情，无时无刻不在吟诵着沙棘之歌。全书据此主要分为两大部分：第一部分为“三十五年的情”，以自述体形式，详细展示了已到耄耋之年（20后和30后）、古稀之年（40后）、花甲之年（50后）、天命之年（60后）的老一辈沙棘科技工作者的探索之路、成就、体会和对年轻沙棘工作者的寄语，殷殷切切之情，跃然纸上。第二部分为“三十五年的歌”，包括了四大块，“好大一棵树”详述了沙棘的自然资源和人工培育品种；“让我的祖国更绿”荟萃了沙棘生态建设和工业原料林建设的成果；“咱们工人有力量”展示了沙棘产品开发和市场营销业绩；“科学之歌·梦想的翅膀”介绍了沙棘科技配套服务的方方面面。这四大块的题目，本书作者分别借用四首歌名，反映了35年间我国如火如荼的沙棘种植开发四个方面的工作。

全书对沙棘开发重大事件的记述十分详细，资料性很强，且图文并茂，可供从事水保、林业、生态等方面科研、生产、管理人员，以及有关大专院校师生参考使用。

图书在版编目（CIP）数据

全国沙棘开发35周年纪事 / 赵东晓，卢顺光，胡建忠编著. -- 北京 : 中国水利水电出版社，2021.8
ISBN 978-7-5170-9881-2

Ⅰ. ①全… Ⅱ. ①赵… ②卢… ③胡… Ⅲ. ①沙棘－栽培技术 Ⅳ. ①S793.6

中国版本图书馆CIP数据核字(2021)第169778号

书　　名	全国沙棘开发35周年纪事 QUANGUO SHAJI KAIFA 35 ZHOUNIAN JISHI
作　　者	赵东晓　卢顺光　胡建忠　编著
出版发行	中国水利水电出版社 （北京市海淀区玉渊潭南路1号D座　100038） 网址：www.waterpub.com.cn E-mail：sales@waterpub.com.cn 电话：(010) 68367658（营销中心）
经　　售	北京科水图书销售中心（零售） 电话：(010) 88383994、63202643、68545874 全国各地新华书店和相关出版物销售网点
排　　版	中国水利水电出版社微机排版中心
印　　刷	北京博图彩色印刷有限公司
规　　格	210mm×285mm　16开本　20.5印张　635千字
版　　次	2021年8月第1版　2021年8月第1次印刷
印　　数	001—800册
定　　价	**198.00**元

凡购买我社图书，如有缺页、倒页、脱页的，本社营销中心负责调换

序

1985年11月16日，水电部部长钱正英在山西省考察了沙棘在小流域治理中的作用后，向中央呈交了“以开发沙棘资源作为加速黄土高原治理的一个突破口”的报告，得到中共中央总书记胡耀邦的批示：“我在好些省都看到沙棘这种灌木植物。它既是一种保持水土的灌木，又是一种可产饮料果子的作物树，建议加以扶持发展。”从此掀开了我国大规模种植开发沙棘的热潮。

35年中，我国沙棘资源面积从初期的不足2000万亩低效林，发展到现今3000多万亩中高质量林，工业原料林从无到有，已发展到70万亩；全国沙棘鲜果年采收量已达7万t；全国专门从事沙棘加工的企业有200多家，年产值达70亿元，较20世纪90年代的2亿～3亿元大有提高，沙棘在我国的脱贫致富攻坚战中发挥着越来越重要的作用。纵观我国的沙棘资源建设与开发利用工作，35年中主要取得了以下四点突出成效：一是沙棘在小流域治理、“三北”防护林建设、退耕还林工程中，已经成为生态建设的当家树种；二是“规划先行—资源建设—龙头企业进驻”已成为许多沙棘种植地区一种盛行的主流生态经济产业模式；三是遍布全国的民营沙棘企业已成为我国重要的涉农扶贫企业；四是与沙棘有关的各类协作网、专委会、协会等技术服务框架已初具雏形，技术咨询、培训体系已渐趋完善。

虽然我国的沙棘资源建设与开发利用工作都取得了长足的进步，但也存在着一些突出的问题：一是多部门、多行业开发沙棘的局面并未形成，合力仍然不够；二是关键技术支撑示范明显滞后，比如水土保持小流域治理中沙棘纯林多、混交林少，采果机械化一直悬而未决等；三是沙棘产品的市场占有率还很低，产品方面固然有问题，营销方面更是单打独斗，相互拆台，形成不了合力，电商营销缺少手段；四是国家间成功的交流合作少，务虚多，先进成果未能充分共享。

2019年9月18日，习近平总书记在河南主持召开的黄河流域生态保护和高质量发展座谈会上做出了重要讲话，中共中央政治局于2020年8月31日召开会议，审议通过了《黄河流域生态保护和高质量发展规划纲要》（简称《规划纲要》），对全国生态环境建设进一步做出战略性部署。整理编辑沙棘开发35周年纪事，既有贯彻落实习近平同志有关“绿水青山就是金山银山”的理论、黄河流域重要讲话及《规划纲要》之重要目的，也借此隆重纪念我国系统开发沙棘35周年，寄希望于总结经验，寻找不足，积蓄力量，更加有力地推动我国沙棘资源建设与开发利用工作，为水土保持生态环境建设和巩固脱贫攻坚工作做出新的更大的贡献。

水利部沙棘开发管理中心行使全国沙棘种植和开发利用的行业管理之责，作为这一行业的普通一员，35年间，我们组织实施了沙棘种植和开发利用的一系列工程，亲身经历了沙棘行业日新月异的变化，和一种小植物如何变成大产业的全过程。35 年间，我们全身心充满了对沙棘之情，我们感受到沙棘界全体同仁在同唱着一曲沙棘之歌，这是一首团结的歌、奋进的歌、胜利的歌。正是这些，促成我们编著出版本书。

在本书编写过程中，黑龙江圣宝泰农业有限公司总经理丁勇提供了沙棘产品线上销售的分析结果，沙棘圈负责人张长旺提供了一些沙棘实体店的新闻报道材料，中国农业科学院农业资源与农业区划研究所硕士研究生钟心提供了全国沙棘企业统计信息，在此特向他们表示感谢。书中除署名作者外，李敏、吕荣森、武福亨等老专家也提供了 20 世纪 90 年代的一些重要照片，21 世纪以来的大部分照片由胡建忠拍摄。此外，高原圣果沙棘制品有限公司、宇航人高技术产业有限责任公司、青河县隆壕生物科技发展有限公司、完美（中国）有限公司、北京宝得瑞健康产业有限公司、鼎鑫生物工程有限公司、山西科林生物技术开发有限公司、吕梁野山坡食品有限责任公司、黑龙江众源冬果沙棘开发有限责任公司等一些企业，提供了生产线和产品等方面的照片，在此一并向他们表示感谢。

本书由水利部财政项目“水土保持业务”资助出版。参加本书编写的人员还有张滨、卢健、夏静芳、高岩、温秀凤、王丹、殷丽强、李蓉、杨柳等。由于涉及 35 年中全国沙棘种植开发的方方面面，加之本书写作时间较为仓促，书中记述难免有所遗漏，有些表述可能不够准确，敬请广大读者提出宝贵意见和建议。来信请发至 bfuswc@163.com。

编者

2020 年 12 月 30 日

目录

三十五年的

教书育人勤耕耘，助力沙棘绘丹青

高志义

（北京林业大学水土保持学院，北京　100083）

1953 年 7 月，我从北京林学院（现北京林业大学）毕业留校后，即在导师关君蔚教授的带领下，积极投身于山区规划治理、科学考察、防护林建设等多项工作，足迹遍及华北山地、黄土高原，并深入到“三北”沙漠地区和沿海沿河沙地。这一时期，我深受老一辈科学家“志愿黄河流碧水，着手赤地变青山”这一名言的影响，立志为自己从事的水土保持防护林学科奋斗终生。

从 20 世纪 80 年代初开始，作为北京林业大学水土保持系（后改为水土保持学院）主任，我与全系师生一起，经 10 余年努力探索和实践，走出了一条符合专业特点和我国国情的“教学、科研、生产”三结合的办学改革之路，为国家输送了一大批优秀人才，该项成果获 1989 年国家教委首届国家级优秀教学成果奖，也是我国林业高校首获此殊荣。在科研上，主要完成了“黄土高原立地条件类型划分及适地适树研究”（1986 年）和“黄土高原昕水河流域生态经济型防护林体系建设模式研究”（2000 年），两课题均荣获国家科技进步二等奖，这两大成果被确定为国家西部大开发绿化工程重点科技支撑项目。

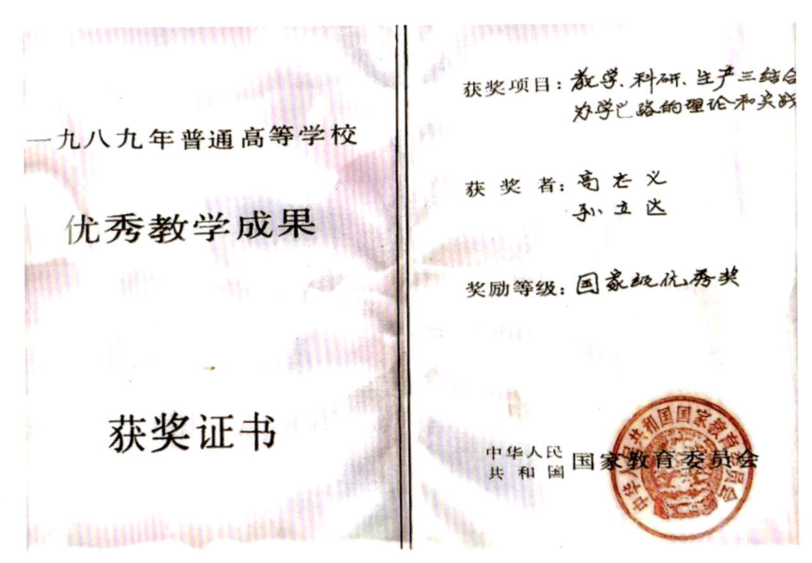
一九八九年普通高等学校

优秀教学成果

获奖证书

获奖项目：教学、科研、生产三结合办学之路的理论和实践

获 奖 者：高志义　孙立达

奖励等级：国家级优秀奖

中华人民共和国　国家教育委员会

1989 年获国家教委首届国家级优秀教学成果奖

合理应用乔木、灌木和草本植物材料于水土保持、防风固沙等生态建设中的重要性及其不可取代性是众所周知的。在长期从事该领域教学科研工作中，我对此给予了极大的关注。20 世纪 80 年代

作者简介：高志义（1929—　），男，教授，系主任（退休），主要从事沙棘等水土保持植物栽培和生态效益研究工作。

初，随着改革开放的迅猛推进，生态经济领域科技进步跨入了新的阶段，沙棘这一默默无闻的水土保持灌木，很快成为国内外研究的热点。人们纷纷研究开发沙棘所拥有的良好的生态、经济价值，以期尽快使之为国家的生态经济建设服务。作为倡导者，以及发展沙棘事业大军中的一员，我以饱满的热情投入到沙棘资源建设与开发利用工作之中。

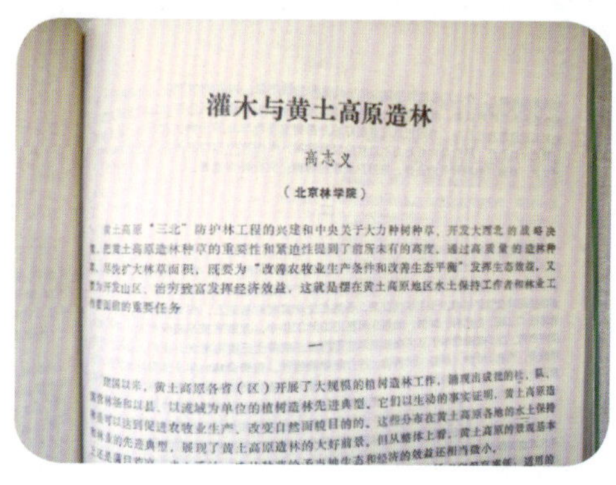

灌木与黄土高原造林

高志义

（北京林学院）

黄土高原"三北"防护林工程的兴建和中央关于大力种树种草、开发大西北的战略决策，把黄土高原造林种草的重要性和紧迫性提到了前所未有的高度。通过高质量的造林种草，尽快扩大林草面积，既要为"改善农牧业生产条件和改善生态平衡"发挥生态效益，又要为开发山区、治穷致富发挥经济效益，这就是摆在黄土高原地区水土保持工作者和林业工作者面前的重要任务

一

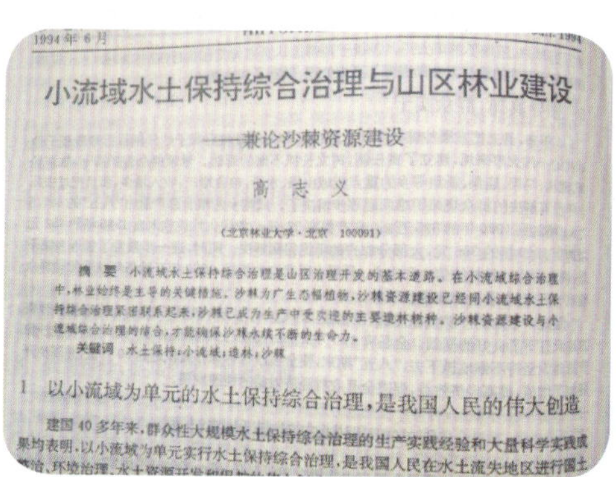

1994年6月

小流域水土保持综合治理与山区林业建设

——兼论沙棘资源建设

高志义

（北京林业大学·北京 100091）

摘 要 小流域水土保持综合治理是山区治理开发的基本道路。在小流域综合治理中，林业始终是主导的关键措施。沙棘为广生态幅植物，沙棘资源建设已经同小流域水土保持综合治理紧密联系起来，沙棘已成为生产中受欢迎的主要造林树种。沙棘资源建设与小流域综合治理的结合，才能确保沙棘永续不断的生命力。

关键词 水土保持；小流域；造林；沙棘

1 以小流域为单元的水土保持综合治理，是我国人民的伟大创造

建国40多年来，群众性大规模水土保持综合治理的生产实践经验和大量科学实践成果均表明，以小流域为单元实行水土保持综合治理，是我国人民在水土流失地区进行国土

"黄土高原造林—灌木—沙棘"的治理思路

1 教学科研两线作战，为沙棘事业培养优秀人才

在多年的实地考察和科学研究工作中，我注意到灌木，特别是沙棘在干旱半干旱地区造林绿化中的重要地位。20世纪80年代初期，我考察了晋南、陕北、陇东、陇中以及河西走廊沙棘天然林及人工林后，更加证实了自己关于沙棘具有重要生态地位的论断。此期间，我与黄委会西峰水保站等单位协作，带领学生在陕甘交界的子午岭及陇东黄土高塬沟壑区，开展了天然沙棘群丛分布、价值以及仿拟沙棘自然群落的生产试验研究，获得了沙棘水保效益、三料价值以及种植模式等方面的重要资料，也为后来的研究奠定了基础。

"六五"期间，我在黄河中游7省（自治区）深入研究，创立了黄土高原立地类型划分的主导因子新学说，提出了科学划分的方法、指标体系，获得了"适地适树"的研究成果。"七五"期间，我国开始设立国家科技攻关项目。作为"七五"科技攻关"三北"防护林营造技术的课题负责人，我首次将"沙棘资源建设与综合开发"列为18个研究专题之一，并组织北京林业大学、中国林科院、水利部黄委系统3个水保站，及相关省（自治区）有关科研单位，开展了沙棘生物学生态学特性、护岸林工程在河道整治中的作用，以及沙棘育苗、种植技术等研究。1985年开始首创沙棘硬枝、嫩枝无性系育苗技术，并在河北涿鹿、围场，山西右玉，内蒙古敖汉等地建立了育苗基地。其中由中国林科

沙棘硬枝扦插

沙棘嫩枝扦插

沙棘无性系扦插育苗技术—当年可出圃

院承担的子专题“沙棘系统选育”推动了沙棘育种工作，取得了很好的成果。由我主持的这一课题下属 18 个专题全线告捷，在国家级验收中备受赞誉。1988 年我被授予国家级有突出贡献专家称号，享受政府特殊津贴。

在开展这一课题的过程中，作为北京林业大学的一名老师，我组织大学生、研究生及教师开展沙棘研究工作，直接锻炼提高了他们的科研素质和实战能力，从而为沙棘事业培养了一大批优秀的“沙棘人才”。从恢复高考后的毕业生来看，77 级的李敏、李寅生等，78 级的胡建忠、闫晋民等，80 级的温秀凤、卢健等，82 级的卢顺光、徐双民等，85 级的王愿昌、尤代强等，都在沙棘研发工作中取得了令人满意的成绩。

1994年，辽宁大连

1997年，四川都江堰

与教过的一些学生在全国性学术会议上邂逅

2 落实领导指示，助力成立中国水土保持学会沙棘专业委员会

沙棘在我国的自然分布范围为西南东北走向的一个带状区域，多为恶劣自然环境下的建群灌木树种。1985 年，水电部部长钱正英在黄土高原综合考察后发现，沙棘既有保持水土、改善环境的生态功能，又有经济开发价值，随即提出“以开发沙棘资源作为加速黄土高原治理的一个突破口”，以及“以资源建设保加工利用，以加工利用促资源建设”的指导建议。为了推动全国沙棘开发利用工作，经上报中央同意后，钱正英与李瑞山等同志研究决定，在全国水资源与水土保持工作领导小组下设立了沙棘协调办公室（简称“全国沙棘办”），办公室挂靠在中国水利实业开发总公司。

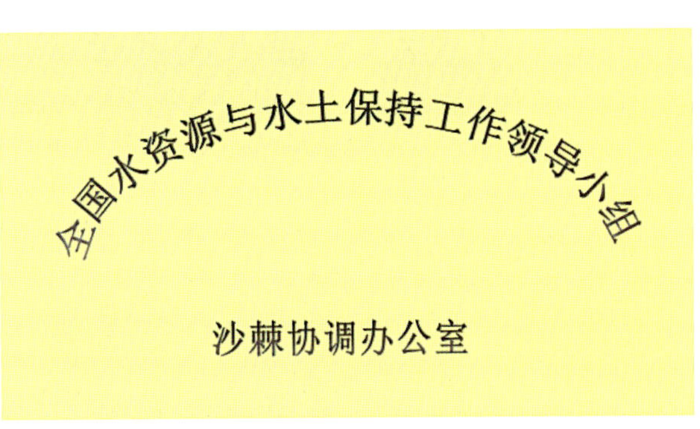

全国沙棘办成立后，钱正英同志又指出，沙棘开发需要多学科、多部门协作才能办好，全国沙棘办是一个协调机构，要积极争取有关部门的支持，把各方面的力量组织起来，为沙棘开发服务。1986 年中国水土保持学会成立，作为中国水土保持学会组织部副部长，根据钱正英部长指示精神，与有关领导、专家在充分酝酿后，提出成立沙棘专业委员会（简称“沙棘专委会”）。经中国水土保持学会第三次理事会研究批准成立，1987 年 1 月 19 日经中国科协批准，6 月 29 日在北京举行成立仪式。沙棘专委会是中国水土保持学会下设的第一个专业委员会。我在第一届、第二届（1991 年）、第三届（1995 年）换届会议上，均被选举为副主任委员。

1988 年在陕西西安召开的沙棘专委会常委扩大会议，对专委会设立以来的工作给以充分肯定和高度评价。在讨论年度工作计划等工作时，我就全国沙棘开发的战略措施等提出了自己的建议。

参加沙棘专委会常委扩大会议（1988 年，陕西西安）

1989 年第一次国际沙棘会议在西安召开。我被任命为大会组委会副主席兼学术组组长，为会议的成功举办出谋划策，做出了一些应有的贡献。这是一次推动国内外沙棘事业发展具有里程碑性质的会议，会议就国际沙棘研究现状，特别是沙棘种群分类、沙棘引种、育种，生态经济价值的评估，以及开发研究等进行了广泛的交流。中国沙棘种质资源之丰富，已有天然沙棘林和人工种植沙棘林面积之广大，以及中国政府有关部门对沙棘事业的大力推动等，给与会代表留下了深刻的印象，从而基本上确立了我国全球第一沙棘大国的地位，并为后续的多次国际会议的召开和相应国际组织机构的建立创造了条件。

多年来，我一直积极参加一些培训班、学术会议和工作会议等，为沙棘事业尽我所能，献计献策。即使在我退休后召开的多次沙棘专业委员会年会或学术交流会，我都应邀作为专家参加，并在会议上根据自己掌握的最新情况，就沙棘种植方面的核心技术问题，从生态系统角度谈了自己的看法，也提出了相应的建议。

1998 年之后，沙棘专委会就再没有召开过学术会议，与沙棘界朋友见面的机会就少了。我是很想念大家啊……

全国沙棘良种繁育研讨班集体合影（1995 年，陕西临潼）

（前排左起依次为李代琼、马正潭、徐永昶、孙振华、黄铨、高志义、于倬德、武福亨、赵汉章；二排左二为李敏，左三为解柱华，右一为李忠义，右二为胡建忠）

3 开展宏观规划，力推砒砂岩沙棘生态项目上马

20 世纪 90 年代，我多次参与全国沙棘办（后改为水利部沙棘开发管理中心）和中国水土保持学会沙棘专业委员会的各项活动，重点考察、研究了我国干旱半干旱山区和荒漠半荒漠地带的沙棘自然分布区，以及大规模推广种植沙棘的地区，涉及大部分“三北”和部分西南高山地区。1992 年据历

次考察，我与有关同志合作撰写了“关于我国发展沙棘事业的战略设想（纲要）”，这一材料得到水利部领导的高度重视并做了批示。1994 年对此做过个别修订后，以“我国沙棘发展规划（草案）”在《沙棘》杂志上发表。这一规划的公布，对我国的沙棘事业起了很好的推动作用，其中规划的重点实施项目等，均已逐步变为现实。1990 年、1996 年、2002 年我分别被水利部授予了“七五”“八五”“九五”期间全国沙棘先进工作者（或先进个人）称号。

参加全国沙棘工作会议（1996 年，北京）

1993 年，水利部在内蒙古伊盟召开了全国沙棘资源建设现场会议，重点推广伊盟利用沙棘治理砒砂岩的成功经验。我在大会上做了题为“沙棘资源建设与开发利用关系”的重点发言。报告中依据沙棘的生物学、林学特性及不同种生态经济功能的优势，将其区分为先锋树种、伴生树种、经济树种 3 类，并据此确定其在生产经营中的位置，实际上是将资源建设中沙棘的选用放在了科学有序的水平上。这一认识已在现实沙棘营林工作中得到普遍认可。

晋陕蒙交界处的砒砂岩区生态环境极其恶劣，这里是入黄河粗泥沙的主要来源区，成为多年来治黄的心腹之患，当地群众生产生活也非常困难。沙棘在这里的种植成功，引起了国家有关部门的高度重视，1998 年，我随同阳含熙院士、关君蔚院士等人实地进行了考察，研究了沙棘在这种立地上良好的成活、生长状况和其调水减沙的可喜效果。之后由我主笔撰写了考察报告，对推动国家有关部门于 1999 年批准“晋陕蒙接壤区砒砂岩沙棘生态治理工程”做出了一定的贡献。这一工程是我国第一个以沙棘命名的大型生态工程，并接连延续了三期，它的实施为同类工程积累了宝贵的技术和管理经验。

4　继续发挥余热，为沙棘事业献计献策奉献力量

进入 21 世纪以后，随着年岁增大，我参加野外考察的活动逐渐少了，但是有关沙棘方面的一些大型会议、规划审查、项目评定等，我还是力所能及地参加，在掌握沙棘开发情势的前提下，尽可能地建言献策，发挥余热，为实现“将祖国大地装点成秀美山川”的宏伟理想，奉献着自己微薄的力量。自己所带的学生，都成为不同地区、不同行业、不同部门的沙棘研发骨干，接力棒在他们手中已经得到传递。他们成长了，我由衷地感到高兴，庆幸我国的沙棘事业后继有人，也祝福他们能够大展宏图，报效祖国。

在中国水土保持学会大会上做报告（2006 年，北京）

记得 1996 年 12 月 28 日在全国沙棘工作会议闭幕式上，水利部部长钮茂生说，“我是沙棘开发利用事业的积极分子，但真正的开创者却是在座的高志义教授、黄铨教授、孙振华教授、徐铭渔教授、吕荣森教授和潘瑞鳞教授等同志，当时非常艰难，很少有人了解沙棘，连沙棘名字很多人都叫成沙辣”，钮部长不无诙谐的话语，却是对我和其他沙棘专家多年来从事沙棘工作的称赞和肯定。

参加沙棘项目验收会（2006年，北京）

考察沙棘加工企业（2006年，北京）

35年来我国种植开发利用沙棘的实践证明，钱正英同志提出的“以开发沙棘资源作为加速黄土高原治理的一个突破口”的论断是十分正确的！在未来相当长时间里，这一指示也不过时。沙棘资源建设涉及多林种、多功能、多效益等方方面面，沙棘资源建设只有与小流域治理相结合、与多方位的开发利用相结合，才可能具有永续不断的生命力。希望年轻的沙棘工作者，能够正确认识沙棘生态效益与经济效益之间的辩证关系，把握沙棘的生物学生态学特性，全方位开发利用沙棘，使之造福全人类。

（胡建忠协助整理）

三十载沙棘遗传改良研究 力推沙棘生态建设开发事业

黄　铨

（中国林业科学研究院林业研究所，北京　100091）

我从事沙棘研究工作始于 1986 年，一直到 2006 年。2006 年以后也做了些力所能及的工作，不过已经不再是“全力以赴”了。总的来说，我从事沙棘研究工作基本上与我国系统开发利用沙棘资源同步。在纪念我国系统开发沙棘 35 周年之际，我将自己多年来从事沙棘研究工作的主要历程、贡献、成果等做个简单回顾，并给年轻的沙棘工作者提一些建议。

1　在沙棘遗传改良系统研究方面所做的主要工作

1.1　对中国沙棘种质资源状况的研究

在研究伊始，对中国沙棘种质资源状况作了详尽的调查与分析，具体工作是两项：

（1）性状变异状况的调查与分析。调查地点选择在有代表性的沙棘天然林区，具体位点是：青海大通、甘肃兴隆山、陕西黄龙、山西关帝山、河北丰宁。按统计学的要求设置足够数量的标准地，对标准地内每株沙棘的性状特征作详尽的调查记载。调查的总株数达 22651 株。据此掌握了中国沙棘的性状特征、总体变异情况以及不同地区的异同。

（2）地理种源试验。在全国 19 个中国沙棘产地采集种子，在 11 个省（自治区）设置 13 个试验点，做产地比较试验，探寻不同产地的性状特征及其适应环境的能力。

上述两项工作使我们掌握了中国沙棘的全面情况，探明了其种群结构，划分了中国沙棘的生态——地理型和种质资源类型，为选优标准的拟定和选优地点的选择创造了条件。

1.2　高强度的优树选择

在对沙棘天然结构研究的基础上，确定优树选择的地点和选择标准。从 1987 年开始，先后 4 个年度，从事沙棘优树选择工作，为深层次选择、良种繁育和杂交亲本选配做准备。总计选择出 368 株优树。

但由于每个优树选择地点的自然条件不同，其优异表现是不是遗传上的优异尚不能肯定，必须经子代测定才能确定其真伪，于是采集这 368 株优树的种子，进行苗期和造林比较测定。测定地点设在内蒙古磴口、辽宁阜新和陕西永寿。由于磴口的试验条件充裕，作为优树子代测定的重点。待优树子代测定林达结实盛期以后，进一步评选，以确定初选优树的真伪和其优异程度。

单就设于磴口的子代测定林而言，在此试点从事了如下工作：

（1）试验林调查。调查统计结果是：优树子代的果实均径超出对照（天然家系）的 36.4%，百

作者简介：黄铨（1934—　），男，研究生，研究员，所长（退休），主要从事沙棘等林木育种工作。

果重超出 50.4%，果柄长超出 30.0%，棘刺数减少 30.0%，平均单株产果量超出 192.0%。选优效果显著。

(2) 个体精选。同一优树的不同子代个体，性状特征仍有差异。在优异的家系内又做了特别优异个体的精选。在全林多个优异家系共选出 10 个特优雌株、2 个特优雄株。雌株编号是森森 1 号～森森 7 号，以及“红霞”“橘大”“橘丰”；雄株编号为“草新 1 号”和“草新 2 号”。这些优异个体为杂交育种和良种繁育提供了高标准的良种材料。多种性状特征表现优异，其果实产量多者可达 1 吨/亩以上。这些良种材料在笔者所著的《沙棘育种与栽培》一书中，均有彩色图像介绍。

(3) 种子生产基地建设。在完成上述两项工作后，对子代测定林进行疏伐，剔除表现居后的家系及优良家系的过密单株，把子代测定林转化为有多个优异家系组成的良种生产基地，供营造沙棘生态林采种之用。应该说这种由原产地选育的、多优异家系组成的种子生产基地，对于以水土保持为主要栽培目的、兼顾经济收益的沙棘造林来说，是适当的，但当时沙棘造林单位多追求“大果”“无刺”这两类性状，对生态建设的特点追求注意较少，致使该类种子生产基地未能充分发挥作用。

1.3 引种和对引进资源的实生选种

在从事沙棘遗传改良的研究中，做了大量的沙棘引种工作，包括两个部分：

(1) 在国内的异地引种。我们的试验地在我国“三北”地区，从我国其他地区（主要是西南地区）引进了多个沙棘属的沙棘种和亚种的种子试种，多数种或亚种生长不佳，但中亚沙棘表现良好。凡表现好或较好的作杂交亲本备用；表现差的任其自然淘汰。

(2) 从国外多个国家引种。在对沙棘的研究过程中，通过不同渠道引进了多个国家（包括蒙古、俄罗斯以及欧洲其他国家）的沙棘种质资源，总的引入的种质资源数量达 95 个编号。这些引进的种质资源在我国“三北”地区均可适应，只是适应程度有别，丰富了我国沙棘育种的原始材料。

沙棘是雌雄异株，在实生繁育条件下，同一分类单元的不同个体间，均有多重差异。在引进国外多个鼠李沙棘亚种或品种的种子后，以实生繁殖法育苗造林，在达到结实丰产期后，按预定标准进行多年度、多性状的评比选择，可选出性状优良、产果量高的优异单株，经扩繁而形成良种的原种，再经区试后，即可形成可供推广应用的沙棘良种。目前正在推广种植的沙棘良种，多数都在这个实验研究的范围内。

1.4 沙棘杂交育种

在我们的研究工作中，曾开展杂交育种工作。亲本选配在鼠李沙棘的不同亚种之间，杂交组合如下：

蒙古沙棘亚种与中国沙棘亚种的正、反交。

蒙古沙棘亚种与中亚沙棘亚种的正、反交。

中国沙棘亚种与中亚沙棘亚种的正、反交。

中国沙棘亚种内不同生态-地理型间正、反交。

蒙古沙棘亚种内不同品种间的正、反交。

在上述各种杂交类型中，远缘杂交的目的在于利用中国沙棘、中亚沙棘的乡土优势，取其适应性强、耐旱、耐盐碱、耐瘠薄土壤的特性，维生素 C 及氨基酸含量高的优点，取蒙古沙棘果大、果柄长、果皮厚、刺少或无刺、果实含油量丰富的长处，预期融双方之长于一体。对于中国沙棘亚种内不同种源之间的杂交，则希望获得适应性更强、产果量更丰富的杂种优势，并希望将不同种源生物活性物质之长融为一体。对于不同品种之间的杂交，主要目的是想在新的生态环境下，培育出其对我国“三北”地区条件的适应性。

对于杂交亲本的选配则是选用已经选择出的优异个体。对于中国沙棘而言，则有“橘大”“橘丰”“红霞”等可选作母本，在中国沙棘优树子代测定林中，也筛选出 3 个表现突出又无棘刺的雄株，备作杂交亲本选用。其他沙棘亚种的情况亦然。当然，为杂交而选配亲本时，要严防“近交”情况的出现。

杂交亲本选配的结果表明，多数杂交组配都有良好结果，有的组合则表现突出，可形成可资推广应用的沙棘优良品种。

1.5 当选品种的区域化试验、生产试验及国家对新品种的审定和认定

当选育的新品种有足够的种苗供试验所用后，即开展了新品种的区域化试验，这是新品种选育工作的最后一个环节。试验点选择在需要种植沙棘的“三北”各省（自治区），按田间试验要求，进行田间比较试验。通过对多年生长、结实情况的观测与统计分析后，确定各参选品种的实用价值及其可适应的栽培区域。

在国家推动沙棘产业的发展以后，各基层单位对沙棘种植和产业发展十分关心和重视，在新品种尚未通过国家审定，但已有一些良种苗木生产的背景下，不少基层单位就抢先要求种植，在这些品种经国家审定或认定以后，到苗木生产基地的采购者更多。对于这些沙棘造林工作实际上可以看作是沙棘新品种的生产试验。这些地区种植效果的反馈，也成了我们对于新品种适宜种植范围的“试验”。

根据沙棘新品种区域化试验的结果，以及“生产试验”中反馈的信息，我们在2004年总结研究结果，将若干业已成熟的沙棘新品种，上报国家良种审定部门予以审定。

依据我们上报的材料，国家予以审定或认定的新品种如下：

(1)“乌兰沙林”，学名：*Hippophae rhamnoides* ssp. *mongolica* “Wulanshalin”，审定编号：国S-SC-HR-007-2005。

(2)“蒙中杂交种”，学名：*Hippophae rhamnoides* ssp. *mongolica* × rhamnoides ssp. *sinensis* “Mengzhong”，审定编号：国S-SC-HR-008-2005。

(3)“无刺雄”，学名：*Hippophae rhamnoides* ssp. *sinensis* “Wucixiong”，审定编号：国S-SC-HR-009-2005。

(4)“无刺丰”，学名：*Hippophae rhamnoides* ssp. *mongolica* “Wucifeng”，审定编号：国R-SC-HR-005-2005。

(5)“棕丘”，学名：*Hippophae rhamnoides* ssp. *mongolica* “Zongqiu”，审定编号：国R-SC-HR-006-2005。

(6)“深秋红”，学名：*Hippophae rhamnoides* ssp. *mongolica* “Shenqiuhong”，审定编号：国R-SC-HR-007-2005。

(7)“红霞”，学名：*Hippophae rhamnoides* ssp. *sinensis* “Hongxia”，审定编号：国R-SC-HR-008-2005。

上述“审定”或“认定”的品种，经过15年的生产检验，证明都是极具推广价值的优良品种，为生产者欢迎。当时作为“认定”的4个品种，仅“红霞”因苗木生产数量不足和尚有少量棘刺推广数量较少以外，“无刺丰”“棕丘”“深秋红”已成为广受欢迎，被大量栽培的品种。

我在职期间所选育的沙棘品种中，有若干品种未申报国家审定，原因一是已经在生产上大量推广种植，且其性状特征和后期选育的品种相比，已不具有显著优势；二是品种虽已为多方知晓，但选育工作的区域化试验阶段尚未完成，需待接任者完成收尾工作才能呈报国家对新品种的审定，不能“拔苗助长”。

但要说明，沙棘遗传改良研究的全过程，虽然都是由我主导和实施，但也都是在诸多单位的配合和协助下完成的。涉及的单位有：中国林业科学研究院的林业研究所和沙漠林业实验中心；辽宁省阜新市水利局水保处；陕西省水利厅水土保持研究所；黄河水利委员会黄河上中游管理局；黄河水利委员会天水水土保持科学试验站；黄河水利委员会西峰水土保持科学试验站；宁夏回族自治区水利厅水土保持局；内蒙古自治区伊克昭盟水土保持研究所。

“乌兰沙林”

“无刺雄”

“无刺丰”

“棕丘”

“红霞”

“深秋红”

选育的主要沙棘新品种

至于种源试验和新品种区域化试验的试验点布局，则涉及“三北”各个省（自治区）。

关于参加本课题研究工作的人员，若把参与过工作的人员都统计在内的话，有50余人，当然参与程度各异，其中以佟金权、罗红梅、李忠义三位同志时间最长。

1.6 当前沙棘栽培业存在的问题及紧迫工作

自20世纪80年代以来，我国沙棘栽培工作有了很大的发展，对提高水土流失严重地区的水土保持能力，促进沙棘产品加工业的发展都起到了积极的作用。但出现一个阻碍沙棘产业发展的重要问题，就是沙棘栽培业的南部出现可毁灭沙棘林的蛀干害虫的危害。在从事大规模的沙棘造林以后，已有多处林地暴发虫灾，使沙棘林地全盘覆灭。在内蒙古鄂尔多斯营造的水土保持林，已因虫灾被毁；在内蒙古磴口营造的沙棘杂交种子园亦因虫灾而被清除；在新疆准噶尔盆地边缘地带营建的沙棘经济林，也出现了蛀干性害虫的严重灾害，亟待解决。

怎样面对这种灾害呢？我不是病虫害防治的行家里手，没有应急对策，我想就是森林病虫害防治专家，对于蛀干性害虫也难即时便捷地送来灵丹妙药。在这种背景下，我想应对的办法就是暂且不搞大面积连片种植，把沙棘种植“碎片”化，在小片沙棘林周边，大概率地保留当地的生物群落结构。利用当地生物群落内各种生物间的相依、相克关系，以维系沙棘可能存在的生存空间。当然这是从生态学角度考虑的应对措施，若此法无效，则宜放弃，起码是暂时放弃在这一地区种植沙棘的计划，待有了防治虫害的有效措施后，再另做安排。

2　在沙棘资源建设开发利用方面所做的社会服务

沙棘这种植物本来并不太引人注意，因其水土保持功效而受到重视，但从事工作的多数人并不了解、起码并没有深入了解沙棘，因此普及沙棘的有关知识，协助有关单位开展工作，就有积极的意义。为此，做了如下工作。

2.1　以讲课或做报告的方式普及沙棘和对沙棘进行研究的知识

在从事开发利用的大型活动安排的初期，从事沙棘开发利用工作的人员，相当一部分人对沙棘的了解是不多的。除去每次开会我都有意做些讲解和介绍外，还专门做过几次系统讲解和介绍。

1986 年，在沙棘开发利用活动的初期，林业部委托林科院林研所办过沙棘问题培训班。我当时任职林研所所长，专门组织和实施了这次培训班，学员 30 多人，培训一周，印发有讲义。我是这次培训的组织者和主要讲课人之一。这次活动对林业系统有关人员是一次有关沙棘问题的科学普及。

全国沙棘良种繁育研讨班上
部分老师和工作人员（1995 年，陕西临潼）

1995 年 3 月 5—13 日，全国沙棘办和黄委沙棘办，在陕西临潼联合举办全国沙棘良种繁育研讨班，10 个省（自治区）60 多位有关人员参会，我在这个会议上用 4 个半工作日讲解了有关沙棘的科学技术知识。

1995 年 7 月中旬，黄河水利委员会特邀我在内蒙古磴口举办沙棘育种与栽培的培训班，学员为从事沙棘研究工作的 15 人，专业授课时间为 7 天，另有 2 天参观。通过这次授课，培训了一组沙棘研究，特别是育种的工作人员。

2.2　受聘为有关单位的科技顾问，指导其开发利用工作

（1）无聘期时限的聘请，包括：

1）黄河水利委员会沙棘开发领导小组，1988 年 3 月 22 日，聘请为高级技术顾问。

2）全国水资源与水土保持工作领导小组沙棘协调办公室，1990 年 8 月，聘请为其工作顾问。

3）辽宁省阜新市政府，2000 年 1 月 10 日，聘请为其沙棘开发利用顾问。

4）宁夏回族自治区水利厅，2003 年，聘请为沙棘研究工作顾问。

5）黑龙江省孙吴县委、县政府，2003 年 8 月 11 日，聘请为其沙棘立县项目建设顾问。

6）河北神兴集团有限公司、河北神兴沙棘研究院，2000 年 1 月 16 日，聘请为其高级顾问。

7）伊春恒宇沙棘科技开发有限公司，2005 年 9 月 6 日，聘请为其技术顾问。

（2）有时限的聘请，有：

1）辽宁省水利厅，1988 年 9 月 10 日，聘请为其沙棘开发利用、沙棘良种试验研究顾问，聘期 8～10 年。

2）黑龙江省农科院，1996 年 12 月 28 日，聘请为其客座研究员（协助绥棱浆果研究所的沙棘研究工作），聘期 1997—2000 年。

3）新疆乌苏市人民政府，2001 年 2 月 7 日，聘请为其生态绿化工程顾问，聘期为 2001—2004 年。

（3）还有一类是没有聘期、手续的口头约请，如在一些基层单位常以口头邀请的方式，要求帮助其研究和发展沙棘。这种情况比较多，不予详记。但有两项略记几笔：

1）大兴安岭林业研究所和当地退休干部所办的私人企业的邀请，曾数次赴约前去指导，帮其选择种苗，传授种植和管理技术。现当地已有相当规模的沙棘种植业。

2）新疆农垦科学院林果研究所的邀请，在指导新疆乌苏市沙棘种植期间，结识了农垦科学院林果研究所的领导，展开了彼此的交流，进而引申到邀我帮助和指导其对沙棘的种植试验。经多年工作，在北疆一些荒漠边缘地带，已经营造了数万亩沙棘林，并带动了企业的发展。

2.3 从事顾问工作的实际效果和体会

现实的感受是越在下层单位起的作用越大，主要的作用是“排疑解惑”，能促进其工作的开展。而在上层，特别是“主管”单位，其作用则微乎其微，甚至只是一种象征。而顾问这个角色对于我则有一种特别的意义，它是我了解实情的渠道，是结识同行的机会。我在从事研究工作时，之所以能得到多方面支持，是与我的这种地位有关的。

在专题会议上发言

接受电视台记者采访

3 积极开展科普宣传，出版学术论著，助推沙棘研究开发

3.1 在报纸杂志发表的文章

在从事沙棘研究的时间段，随着研究工作的进展，先后发表一些论文和信息，以便交流。凡学术性较强的研究报告，通常发表在《林业科学》《林业科学研究》《西北林学院学报》《河北林学院学报》《内蒙古林学院学报》，以及《沙棘》《国际沙棘研究与开发》上；凡属科普宣传、信息报道等方面的零星文章，多发表在《科技日报》《中国林业报》《中国绿色时报》《农民日报》和《中国食品报》上。这些文章和报道大体上可反映出我在沙棘领域研究工作的进展情况。经概略统计，我在这些报纸杂志

发表的文章总数有 50 余篇。

3.2 三部沙棘的专门著作

(1)《沙棘种植技术与开发利用》。与史玲芳、王士坤合作编著，金盾出版社于 1998 年 1 月出版，是一本科普宣传、供生产者参考使用的专门著作。

(2)《沙棘研究》。与于倬德共同主编，全国各领域专家联合撰写的一本沙棘专著。基本上概括了 20 年来我国各领域沙棘专家的研究成果。它是 20 多年来，沙棘研究工作全面、系统的总结。2006 年 6 月由科学出版社出版发行。

(3)《沙棘育种与栽培》。个人专著，是 20 年来从事沙棘研究工作的全面总结，供从事该项研究的后来人参考和借鉴，该书于 2007 年 7 月由科学出版社出版发行。

4 沙棘研究工作中取得的一些成绩和获得的奖励

下面所列，只是沙棘研究工作中部分获奖成果和有关奖励：

(1) 1994 年 12 月，"沙棘良种选育的研究"课题获辽宁省阜新市科技进步一等奖（排名第 1）。

(2) 1997 年 1 月，"沙棘遗传改良系统研究"课题获林业部科技进步一等奖（排名第 1）。

(3) 1998 年 10 月 6 日，"沙棘遗传改良系统研究"课题获国家科技进步一等奖（排名第 1）。

(4) 1999 年 10 月 2 日，大北农科技研究院授予我"大北农科技基金奖"。

(5) 2001 年 1 月 15 日，科技部、农业部、水利部、国家林业局授予我"全国农业科技先进工作者"称号。

(6) 2001 年 10 月 12 日，美国杜邦集团授予我"杜邦科技创新奖"。

荣获"杜邦科技创新奖"（2001 年，北京）

(7) 2002 年 4 月 29 日，中华全国总工会授予我"全国五一劳动奖章"。

(8) 2008 年 10 月 27 日，中国林科院 50 周年大庆日授予我"中国林业科学研究院重大科研成果奖"。

(9) 2013 年 10 月 19 日，海峡两岸林业敬业奖励基金委员会授予我"海峡两岸林业敬业奖励基金奖"。

(10) 2018 年 9 月 18 日，第八届国际沙棘大会授予我"国际沙棘协会终身成就奖"。

(11) 2018 年 10 月 27 日，中国林业科学研究院在院庆 60 周年之际，授予我"科技创新卓越贡献奖"。

(12) 2019 年 9 月底，中共中央、国务院、中央军委联合颁予我"庆祝中华人民共和国成立七十周年"纪念章。

荣获“海峡两岸林业敬业奖励基金奖”
（2013 年，北京）

荣获“国际沙棘协会终身成就奖”
（2018 年，山西太原）

5 写给年轻的沙棘育种科技人员的话

在中国，系统全面的沙棘研究与开发，已有 30 多年的历史，取得了一批研究结果，但是还有很多问题需要研究。就我经常接触的问题来说，下述问题应该引起注意：

第一，对于沙棘经济林，应该在注意高产、稳产的同时，注意选育延长果实丰产期限的沙棘新品种，以大幅度提高经营沙棘林的经济效益。

第二，加强抗病虫害沙棘品种的研究力度，摆脱蛀干害虫和枝干枯萎病的危害，或者研究出适宜在这类地区经营沙棘林的方式，以适应这类地区的生态环境。

第三，延长采果期限对于沙棘经营来说，是育种的重要任务之一，当前只有“深秋红”一个品种可以摆脱采果期限短的困境，应进一步强化这项工作。

第四，应着手实施抗旱能力更强、丰产性能更高的沙棘新品种的选育。

相信未来能有更多、更好的沙棘新品种问世。

誓将貌不起眼的“酸溜溜”变成发家致富的“金豆豆”

于倬德

（黄河水利委员会黄河上中游管理局，陕西西安　710018）

1960 年，从北京林学院（现北京林业大学）毕业后，我先后辗转北京、甘肃兰州等地，1973 年调入黄河水利委员会天水水土保持科学试验站后，开始了水土流失规律研究、土地利用规划和小流域综合治理实践，并逐步接触沙棘、研究沙棘、推广沙棘。1987 年，我从天水水保站站长职位调任黄河上中游管理局担任副局长，直至 1999 年退休。在职期间，开展的工作多种多样，十分繁杂，但沙棘试验研究、示范推广一直都是我始终常抓不懈的一项重要工作。

1　从沙棘薪炭林研究开始起步

20 世纪大部分时期，在我国北方的干旱地区和水土流失严重地区，有一个共同特点，即“三料”（燃料、饲料、肥料）俱缺，而“三料”中燃料短缺又居首位。在这些地区的农村和部分城镇，都是以秸秆作为燃料的主要来源，一般年份秸秆仅够 4～8 个月的需要，不足部分靠畜粪、饲草或草皮、树根补救，致使饲料、肥料更加缺乏，使本来就已稀少、残败的自然植被遭到进一步破坏。其结果是导致农业广种薄收，畜牧业发展迟缓，水土流失危害日趋严重，生态平衡破坏加剧，陷入“越垦越穷，越穷越垦”的恶性循环之中。

1943 年，天水水保站采集野生沙棘种子育苗，进行场圃栽培管理，并利用沙棘（当地叫“酸溜溜”或“酸刺”）建造植物篱，拦洪挂淤造地，取得了成功，并得以推广。这就是著名的柳篱挂淤试验之后，沙棘开始用于治理水土流失。此后天水水保站不断对沙棘开展试验，于 1976—1979 年开展了沙棘专题研究，取得了一系列成果。1980 年天水水保站成立了沙棘薪炭林办公室，在渭河上游地区育苗、造林，开展飞播造林试验、模拟飞播造林试验等，这些都是早期开展的沙棘资源方面的试验研究工作。

我与甘肃省农业大学的陈扬钧教授一起，在甘肃天水的甘谷、秦安一带开展调研，证明沙棘产柴量高、易燃、火力旺，不仅是当地农民解决做饭用柴的主要补充能源，还解决了烧瓦等农副产业用能需要。调查发现，沙棘生长速度快，萌蘖能力强，每户农民一般仅需要 3 亩沙棘燃料林，就可解决全年烧柴问题。3～4 年平茬一次，可以实现薪柴资源的持续利用。

在西小河流域，我们根据当地降雨春少秋多的特点，打破了只在春季进行沙棘造林的常规，实行春、夏、秋三季植苗造林，以秋造为主，并提出了直插造林途径。试验发现，沙棘林在 6 年生长周期内，平均每年可产风干柴 300kg，加上同时收割林下杂草，每年每亩共可收柴 1000 多 kg，折合热能近 2 万 kJ，能满足两个人一年的生活用能。

作者简介：于倬德（1937—　），正高，巡视员（退休），主要从事沙棘资源建设与开发利用工作。

2012 年的甘肃天水农村景象——依然能看见一些“三料”俱缺的痕迹

为了试验适于种植的沙棘良种种源，我与甘肃省林业科学技术推广总站的尹柞栋高工、赵宝珠高工、李鹏工程师，黄委西峰水保站的王占孟高工一起，从新疆、西藏、云南、四川、青海等地引进西藏沙棘、肋果沙棘、柳叶沙棘、江孜沙棘、云南沙棘、蒙古沙棘、中亚沙棘等种或亚种的种子，在天水市进行引种育苗，同时引进大苗进行定植。通过栽培对比分析表明，蒙古沙棘、中亚沙棘生长健壮，基本能保持原产地的特征；引进的云南沙棘、江孜沙棘初步来看，基本都能正常生长和进行繁殖；而西藏沙棘、肋果沙棘、柳叶沙棘引种很难成功，表现为出苗率和保苗率差，春季表现尚好，但一经过盛夏，枝条就会扭曲、变形甚至死亡。这些引种初步试验成果，目前来看还是十分有用的，因为后来的许多地方（如青海西宁、甘肃庆阳等）的试验也是基本相同的，为黄土高原地区的沙棘引种驯化提供了借鉴。我们还从甘肃渭源、合水、静宁、定西、秦安等种源地，选出 198 个优良中国沙棘单株进行了栽培试验，建立了 5000 亩的种植园，从中选出了 33 个优良单株，这些优良单株的生长量均超过优树平均生长量的 15%～20%，后来用为沙棘种子育苗或植苗造林的主要种子园。

在这一阶段，我们还通过试验，提出了沙棘薪炭林种植抚育的一些实用技术，如根蘖苗造林、乔灌混交、平茬更新等技术，总结了沙棘与豌豆、土豆的农林复合种植模式，对沙棘的食用、油用、药用等方面开发前景做了前瞻性展望。

2　重视对沙棘生态经济效益的全方位研究

1983 年 7 月，中共中央总书记胡耀邦对甘肃、青海进行了为期 20 天的考察。他不顾劳苦和高原反应，在海拔 2000 多 m 的黄土高原、海拔 3000 多 m 的青藏高原上四处考察，陇东、临夏、定西、平凉、海南、海西、海北柴达木等地都留下了他的足迹。尽管是盛夏时节，但很少能看到绿色的树和草。看着眼前一座座裸露的梁峁沟壑，胡耀邦总书记与随行当地干部、群众更加直观地认识到，甘肃、青海以至整个西北地区，农业发展迟缓、人民生活贫困的最大问题是干旱。

弄清了干旱原因，怎样治理？胡耀邦总书记认为，种草种树，发展牧业，是改变甘肃、青海面貌，治穷致富的根本大计，是关系全局的一个重大战略问题。胡耀邦总书记提出了 9 条办法和措施：①思想大解放；②意志大集中；③广泛大动员；④事情靠群众；⑤种子要狠抓；⑥检查要认真；⑦政策要落实；⑧干部要带头；⑨决心要持久。

当年年底胡耀邦总书记到四川、贵州考察，发现两省的许多地方山峦起伏，但荒山秃岭和盲目开垦的现象屡见不鲜。他对当地干部说："你们那么多山，有些应该停耕还林，可以种树种草嘛！"

胡耀邦总书记号召我们种草种树，发展畜牧，改造山河，治穷致富。这是逐步实现甘肃省生态良性循环的必由之路，是改变甘肃省面貌的根本大计。我有幸作为甘肃省的林业和水土保持工作者，赶上这个好时候，内心由衷地感到兴奋和振奋。我与陈扬钧教授一起，立即撰写了"甘肃省黄土高原地区发展林业生产之管见"一文，发表在1984年《甘肃农业大学学报》（专辑）上。文中在回顾甘肃黄土高原林业的过去和现在的基础上，论述了黄土高原地区发展林业的重要性和可行性，提出了黄土高原地区发展林业的7项主要方法和措施，特别是根据地形、气候及生产条件，将甘肃省划分为陇东黄土高塬沟壑区、陇东南黄土梁状丘陵沟壑区和陇中黄土丘陵沟壑区，分别按其生产布局和自然条件，因地制宜，合理布设林种和选择树种，其中在每个区都将沙棘列为重要造林树种加以推荐。

我们在甘肃秦安通过研究发现，沙棘有强大的水平根系，根幅达4.5m，虽然主根不发达，但多数侧根呈主根形式向下深扎，深可达4m。不过根系密集层主要位于0～20cm表土层。这种根系结构，是对干旱瘠薄自然条件的适应。沙棘平茬后每亩有萌蘖苗4000～12000株，5年生单株萌生苗多达34株。沙棘强大的水平和垂直根系能对土壤起到网络固持作用，保持水土效果很好。同时，研究发现，沙棘林具有显著的截持降水、增强土壤水分入渗的能力，涵养水源功能突出。据实验测定，沙棘林郁闭度在0.5以上时，径流、泥沙分别减少77.87%和96.96%；郁闭度达到0.7时，径流量减少88.67%，泥沙减少99.03%（试验雨强68.34mm/45min）。据此我提出应大力发展沙棘资源，可以显著改善区域水文状况，减少洪水灾害的观点。但是对沙棘林对河川径流方面的影响，我还是持保留态度，这些留待后人继续研究。

沙棘能否位居黄土高原林草建设的重要地位，当年我们的研究指出，黄土高原地区沙棘加工业发展迅速，用沙棘果实加工的产品有6个系列200多个品种，浓缩汁加工能力达到5000t/a，饮料生产能力达到2万t/a，沙棘药用化妆品也已批量生产。沙棘油生产技术取得了突破性进展，为沙棘的医学应用奠定了物质基础。陕西省永寿沙棘厂研制的提炼技术和工艺，获1988年"首届国际专利及新技术设备展览会"金牌奖。同时我们认为，沙棘的医药应用研究前景良好，沙棘总黄酮临床初步试用，对治冠心病、心绞痛的有效率达70%；复方沙棘油治疗子宫糜烂的有效率达97.4%；沙棘果中的超氧化物歧化酶（SOD），有抗衰老的作用，展现出很好的开发前景。所以，当时每逢在黄土高原调研或检查工作时，我都亲切地称沙棘为"金豆豆""油豆豆"，向人们传递着沙棘巨大经济效益的信息！

我与敖复高工合作撰写发表在《沙棘》杂志1992年第1期首篇的文章"论沙棘与黄土高原的生态农业"，倾注了我们的心血。文中指出，沙棘的生态功能，在恢复植被、防治水土流失、改善环境等方面，有着明显的作用，同时它又有很大的经济价值。在我国黄土高原及北方生态农业经济的发展中，应重视保护、建设和开发利用沙棘资源，为以上地区生态系统恢复、生态系统稳定发展、生态系统良性循环发展发挥作用。

沙棘根系及根瘤

我确信，沙棘是兼有生态、经济与社会三大效益的优良树种，只要坚定对沙棘林采取科学经营管理手段和开发利用技术，一定能在沙棘的资源建设和开发利用两方面同步取得突破性进展。

3　全身心致力于黄河流域沙棘示范区建设

很长一段时间，作为中游局主持工作的副局长，兼黄河水利委员会沙棘办公室主任，我负责抓的沙棘示范工程主要有两项，局治理处的李敏处长当时是我的主要得力助手。

（1）沙棘资源建设示范工程。由水利部黄河水利委员会立项，1994—1998 年为第一期工程，总投资约 1000 万元。工程范围涉及黄河上中游 6 省（自治区）31 个县（旗），完成造林面积 6.1 万 hm^2，保存面积 5.3 万 hm^2，保存率达到 86.9%。这项工程严格按照工程建设程序进行，效果很好，为各地树立了样板，培养了典型，探索了经验。山西省岢岚县提出“大力种植沙棘，发展养羊，搞好畜产加工，提高经济效益”的指导思想，沙棘灌丛草场不断扩大，养羊业快速发展，成为全省畜牧大县，财政收入增加，群众得到实惠。山西省右玉县发展沙棘，控制风沙灾害，成效显著。该县在苍头河两岸建立了 130km 防护林，护岸保滩，同时发展沙棘加工业和畜牧业，经济得到发展。甘肃省镇原县武沟乡地处黄土残塬丘陵沟壑区，全乡种植沙棘 5 万亩，保持水土，解决了农村“三料”俱缺的困难，促进了农业发展。陕西省吴起县长期坚持发展沙棘，成绩巨大，全县保存面积 5 万 hm^2，减少了风沙灾害，保持了水土，生态环境明显改善，群众收入增加。这些先进典型，为黄土高原沙棘资源建设做出了很好的示范，增强了各地种植开发沙棘的信心。

山西岢岚

山西右玉

陕西吴起

甘肃镇原武沟

沙棘种植典型示范工程

（2）沙棘治理砒砂岩试点工程。该项工程由水利部黄河水利委员会立项，工程建设期为 1990—1999 年，工程实施地点在内蒙古伊克昭盟东部 4 县（旗），总投资 313 万元，完成造林面积 5.32 万 hm^2，保存沙棘林 3.73 万 hm^2，保存率仍达到了 70.1%。伊克昭盟境内分布着约 2 万 km^2 裸露的泥质砂岩，俗称砒砂岩，由于结构疏松，抗蚀力差，水土流失十分严重，年侵蚀模数为10000～30000t/(km^2·a)，是黄河主要粗泥沙来源区之一。由于气候干旱、岩石裸露、侵蚀剧烈，治理难度很大，被称为“环境癌症”。经过多年的探索，沙棘在砒砂岩上奇迹般的生长起来，而且很旺盛，有效地控制了水土流失，生态景观变化很大。现在伊克昭盟早已改名鄂尔多斯市了，沙棘在该市治理砒砂岩水土流失获得成功，是对黄土高原水土流失治理难点上的突破，它昭示沙棘在黄土高原生态建设中，必将继续大有作为。

砒砂岩上（准旗）种植的沙棘

还有一项相关工程是“晋陕蒙砒砂岩区沙棘生态工程”，与前一项目有前后施工关系，容易混为一谈，但该项目经国家发展改革委批准立项，由水利部沙棘开发管理中心执行。工程建设期为1998—2010年，实施地点在晋陕蒙接壤区10个县（旗），项目区总面积3.2万km^2，计划发展沙棘200万hm^2，后来由于费用原因实际种植面积远小于这个数。这个项目由水利部沙棘开发管理中心直接负责施工，上中游局只参与做了部分工作，在此只做介绍，不再阐述。

此外，在1994年10月3日起生效的“黄土高原水土保持世界银行贷款项目”立项和实施过程中，沙棘也作为人工林建设的主要树种，被给予格外的关注。为推动项目区沙棘种植，我也曾多次在会议上、在现场检查工作时加以推介，贡献了自己应尽的力量。在2001年一期项目竣工验收时，发现沙棘是项目区生长表现最好的几个树种之一，三大效益相当突出。

在实施沙棘示范区建设过程中，我认为，沙棘作为栽培植物，只有短短几十年的历史。为了加速其资源建设的步伐，提高质量，增加效益，一些重要技术问题应进一步加紧研究，如加速沙棘资源建设的良种化进程、沙棘良种苗的工厂化生产技术和设备、沙棘飞播造林技术、沙棘植物柔性坝系等。这些重要技术问题后来都得到了很好的研究，形成了科研成果。如胡建忠博士于2019年出版的《三北地区沙棘工业原料林资源建设与开发利用》一书中，就对沙棘在“三北”地区不同区域适宜种植的良种、良种的繁育技术、栽培模式、开发利用等做了详尽的阐述，这些方面都是我们原来在实施沙棘示范区建设时提出的技术问题，现在已经基本上都圆满解决了。不过新的问题又出现了，原来沙棘种植管护中棘手的问题是沙棘木蠹蛾的虫害问题，现在出现了远较虫害厉害的沙棘枝干枯萎病；沙棘工业原料林的机械化采收问题一直没有得到解决；沙棘产品的市场营销更是老生常谈，都留待后人继续去研究攻克。

4 积极投身沙棘学术交流和国际合作活动

在大量的管理工作之余，我挤出时间参加了一些沙棘会议，如参加座谈交流、培训服务等，还积极开展工作考察等活动，将自己作为沙棘大家庭的一员，尽职尽责，献计献策，奉献力量。即使在退休后，仍然能参加一些力所能及的学术活动。

1987 年 6 月，中国水土保持学会沙棘专业委员会成立，这也是中国水土保持学会的第一个专委会。钮茂生任名誉主任，我有幸成为常委，后连任多届常委直至退休。

1991 年 11 月 25 日至 12 月 5 日，我与全国沙棘办 2 位专家一起赴尼泊尔，访问了国际山地综合发展中心（ICIMOD），并在 Pokhara 和 Mustang 地区作了实地考察。

1992 年 10 月 5—18 日，ICIMOD 组团来华考察沙棘，团员单位还有亚洲银行开发计划署等。我以黄委沙棘办主任名义接待了来访客人，向他们介绍了黄土高原地区利用沙棘治理小流域、发展当地经济的实践过程和经验，并派专人带领考察团深入黄土高原地区现场参观沙棘人工林和加工企业。双方就资源互换、开发合作等方面取得了合作意向。

第二届国际沙棘学术会议于 1993 年 8 月 23—26 日在俄罗斯阿尔泰首府巴尔瑙尔市利萨文科园艺研究所召开，参加会议的有来自中国、瑞典、美国、蒙古等 10 多个国家的沙棘专家、教授。我以参会中国代表团团长的身份，带领国内一些单位的专家代表，就中国沙棘科研的最新成就、经验与各国代表进行了交流、分享，提出了在国际合作开展沙棘研究的愿望。会议期间还参观了沙棘种植园、育苗温室、沙棘收割机、比斯克维生素厂。俄罗斯在沙棘育种、种植及开发方面的成绩，让我们大开眼界，深受启发，回国后促进了我们在黄土高原地区的沙棘开发步伐。

接待来华沙棘考察团（1992 年，陕西西安）

沙棘专业委员会年会部分代表合影（1995 年，青海西宁）

20 世纪 90 年代的沙棘活动很多，基本上每年都召开沙棘专业委员会年会。对于这些活动，我基本上都能保证参加。在会议上聆听国内沙棘发展动态，吸取各地发展沙棘的经验，向不同行业的专家

参加全国沙棘学术研讨会（2010 年，黑龙江孙吴）

请教问题，是我参会的主要目的。好的是，这些目的都能达到，每次会议都能让我满载而归。

做好沙棘工作是我分内之事，但上级对我的工作还是较为肯定，水利部先后于 1990 年、1996 年、2002 年分别授予我“七五”“八五”“九五”期间全国沙棘先进工作者（或先进个人）称号，我还享受着政府特殊津贴，并兼职过华北水电学院教授，曾被华中农业大学聘请为研究生导师。

5　退休后继续关注着沙棘开发利用动态

我在担任黄河上中游管理局副局长并主持工作的 20 世纪 90 年代，局治理处专门设有沙棘科，负责黄河流域沙棘资源建设工作。那时经费充足，干劲十足，热火朝天。局机关从事沙棘工作的人员有敖复、李敏、李寅生、杨顺利、王俊峰、史玲芳、尤代强等同志；西峰水保站有王占孟、李汝智、胡建忠、王愿昌等同志，天水水保站有江承敬、朱仁义、张虎林、包文林等同志，山西省水保所有王子科等同志。记得当时小师弟胡建忠开玩笑说，这些人就像串在一起的一串蚂蚱！称我是蚂蚱头。因为搞沙棘的多数都是北林大水保专业毕业的，我在黄河流域算是北林大毕业最早的大师兄。一晃我已退休 20 多年了。

现在黄河上中游管理局早已没有沙棘科了，原来的少壮派李敏也已经退休快 10 年了，不过他还经常关注着沙棘方面的事情，还能写有关文章。西峰水保站的胡建忠在北京读博、进站后，调到水利部沙棘开发管理中心工作，专职从事沙棘研究，这也是我们中游局培养出来的一直从事沙棘研究工作的唯一一位“老人”了，不过他也还有不到两年就要退休了。时光飞逝，岁月如梭。不过让我欣慰的是，西峰水保站从 2012 年起，就一直参与水利部沙棘开发管理中心的育种项目，项目负责人闫晓玲成为“三站”中第一个被评为正高的女科技工作者。我工作过的天水水保站（天水水保监督局），这两年也参与到沙棘育种行列，雷启祥副局长、李学勇主任都在搞这项工作，我希望他们能后来居上，取得更好的成绩。绥德水保站原来一直以打坝为主，沙棘是近几年才启动的，在水利部沙棘开发管理中心的帮助下，从 2018 年起已经试验种植了几十亩杂种沙棘，表现还不错，马三保副总工具体负责这项工作。希望“三站”在未来的“山水林田湖草”生命共同体实践中，将沙棘作为突破口，让更加优美的文章写在老一辈水土保持工作者曾经奋斗过的黄土高原大地上！

退休了，获取信息的途径大部分还是来自网络。从淘宝、快手上，我经常能看到大果沙棘、中国沙棘挂满树体的录像，沙棘汁产品的录像，沙棘油产品的录像，沙棘黄酮产品的录像……网络明星们大声疾呼，沙棘—生态—经济—健康—幸福！朴素的道理从他们口中道出，受众领域更广，与我那时候靠话筒的千人、万人现场会议相比，简直不可同日而语。时代发展了，沙棘研发向更深层次前进了，“蚂蚁森林”等先进造林模式层出不穷，沙棘食品、保健品、药品、化妆品等产品琳琅满目，美不胜收。现在的人们真幸福啊！

我从网络上看到的沙棘

在中国系统开发沙棘 35 周年之际，作为一个在黄土高原摸爬滚打大半辈子的科技工作者，我给年轻的沙棘工作人员题一首打油诗，以示勉励：

沙棘一身都是宝，
黄土高原少不了；
固岸护滩保梁峁，
涵养水源三农好；
燃料饲料加肥料，
食品保健功能药；
乘着年轻多辛劳，
山水美丽且富饶。

（胡建忠协助整理）

沙棘属植物研究工作忆事

廉永善
（西北师范大学生命科学学院，甘肃兰州　730070）

1963年，我于兰州大学生物系植物学专业毕业，先后在中国科学院植物研究所植物分类研究室和植物化学研究室、西北师范大学植物研究所和生命科学学院，从事植物物种生物学研究和教学工作，直至2003年退休。在职期间，曾任西北师范大学植物学硕士授权点学术带头人、西北师范大学生物系主任、天水师范学院生物系兼职教授、甘肃省植物学会副理事长和名誉理事长、《甘肃植物志》主编、教育部曾宪梓教育基金会教师奖专家评审委员会委员等。

除了开展其他植物的物种生物学研究外，我于1986—2000年，历时10余年，重点对沙棘属（*Hippophae*）植物的类群划分、种下类型、物种形成、属的起源和种群演化等，进行了比较系统的研究。下面仅就上述基础研究工作所取得的研究成果、考察研究工作进程中的心得体会，以及进一步搞好沙棘研究工作的一点想法，给予回顾总结，以期给后来研究者提供一些基础背景资料。

1　沙棘属基础研究方面所取得的主要研究成果

从1986年受邀参与沙棘工作开始，作者首先对西北师范大学标本室的沙棘属植物的蜡叶标本进行了仔细查阅。另外，还针对性地查看了中国科学院高原生物所标本室、中国科学院成都生物所标本室和四川大学生命学院标本室的部分标本。但是，作者的主要精力和时间还是放在了野外实地考察上。实地考察的地区包括甘肃省的多数县市、四川省的西部地区、云南省的西北部地区、青海省的东南部地区和西藏自治区的东部地区，共计5省（自治区）100多个县（市、区）。另外，随着全国沙棘会议的召开，也到过陕西、山西、河南和辽宁等省。这些基础的标本查阅和广泛的实地考察工作，为开展沙棘属分类研究奠定了良好基础。

1.1　建立沙棘属植物的系统分类

在沙棘分类研究进程中，很幸运，第一年可以说我就三喜临门：一是在西北师范大学标本室看到程子俊先生20世纪50年代采于西藏的一张江孜沙棘标本，仔细观察发现该标本的假果皮与种皮完全黏合，表面不光滑发亮，完全不同于中国沙棘和云南沙棘；于是很快就去西宁看了保存于中国科学院高原生物所标本室的全部江孜沙棘标本。所有标本都显示其假果皮与种皮完全黏合，是一个非常稳定的而且不同于鼠李沙棘（*H. rhamnoides*）种下的其他8个亚种的重要特征，研究结果肯定了江孜沙棘的种级地位。二是在甘肃省肃北县的党河河谷考察中，发现了中亚沙棘在甘肃省的新分布。三是发现沙棘属植物的花芽形态结构相当稳定，对于辨认不同种类和同一种的雌雄性别，都具有非常重要的

作者简介：廉永善（1938—　），男，教授，系主任（退休），主要从事植物物种生物学研究等方面工作。

价值。

经过整理，我于1988年在《植物分类学报》26卷第3期中发表了“沙棘属的新发现”一文，文中依据沙棘属植物的假果皮与种皮黏合或者分离、雌雄花芽在冬季的形态结构，以及各类群的地理分布等，在种上建立了无皮组 Sect. Ⅰ. *Hippophae* 和有皮组 Sect. Ⅱ. *Gyantsenses* 两个组，并把江孜沙棘升级为独立种而置于有皮组之中。

此后，随着考察地域的扩大和研究工作的深入，先后发现了棱果沙棘（*H. goniocarpa*）、理塘沙棘（*H. goniocarpa* ssp. *litangensis*）、密毛肋果沙棘（*H. neurocarpa* ssp. *stellatopilosa*）、卧龙沙棘（*H. wolongensis*）和细叶江孜沙棘（*H. rhamnoides* ssp. *lineari folia*）等，使得国内沙棘属植物从原记载的4种5亚种增加到6种12亚种。一个以形态表征为标志、类群演化为背景的属内分类新系统（1995年北京国际沙棘学术交流会上曾被称为“廉氏系统”）建立了起来。再加上中国林科院张建国等于2000年在西藏亚东县发现的西藏沙棘的一个新亚种—亚东沙棘（*H. tibetana* ssp. *yadongensis*），到目前，沙棘属共6种17亚种，中国产6种13亚种，如下所述：

Ⅰ. 无皮组（Sect. Ⅰ. *Hippophae*）。

（1）柳叶沙棘（*H. salicifolia* D. Don）。

（2）鼠李沙棘（*H. rhamnoides* Linn.）。

1）中国沙棘（ssp. *sinensis* Rousi）。

2）云南沙棘（ssp. *yunnanensis* Rousi）。

3）卧龙沙棘（ssp. *wolongensis* Y. S. Lian，X. L. Chen et K. Sun）。

4）中亚沙棘（ssp. *turkestanica* Rousi）。

5）蒙古沙棘（ssp. *mongolica* Rousi）。

6）高加索沙棘（ssp. *caucasia* Rousi）。

7）喀尔巴阡沙棘（ssp. *carpatica* Rousi）。

8）溪生沙棘（ssp. *fluviatilis* van Soest）。

9）海滨沙棘（ssp. *rhamnoides*）。

Ⅱ. 有皮组（Sect. Ⅱ. *Gyantsenses*）。

（3）棱果沙棘（*H. goniocarpa* Y. S. Lian et al. ex Swenson et Bartish）。

10）理塘沙棘（ssp. *litangensis* Y. S. Lian et X. L. Chen ex Swenson et Bartish）。

11）棱果沙棘（ssp. *goniocarpa*）。

（4）江孜沙棘（*H. gyantsensis* (Rousi) Y. S. Lian）。

12）江孜沙棘（ssp. *gyantsensis*）。

13）细叶江孜沙棘（ssp. *lineari folia* Y. S. Lian et Y. H. Wu）。

（5）肋果沙棘（*H. neurocarpa* S. W. Liu et T. N. He）。

14）密毛肋果沙棘（ssp. *stellatopilosa* Y. S. Lian et X. L. Chen ex Swenson et Bartish）。

15）肋果沙棘（ssp. *neurocarpa*）。

（6）西藏沙棘（*H. tibetana* Schlecht）。

16）亚东沙棘（ssp. *yadongensis* J. G. Zhang，J. H. Wang et Y. Xu）。

17）西藏沙棘（ssp. *tibetana*）。

1.2 构建中国沙棘种下“生物型”的形象化表征图

雌雄异株和兼性营养繁殖，加之分布区内的气候、土壤和海拔等生态因子的分异，以及分类群自身的演化，形成了沙棘属植物在种下存在着丰富的种质类型。它的深入研究，不仅有助于认识沙棘属植物在自然界所存在的式样和格局，有助于阐明沙棘属植物的进化式样和动力，也对沙棘的引种驯化、良种选育和种质资源保护有着直接的指导意义。可是，作为种质类型多样性标志的“生物型”的划分依据、划分标准和命名方式，可以说还没有很好的先例。

在沙棘属 6 种 17 亚种植物中，中国沙棘既是沙棘属植物的原始类群，也是中国沙棘事业发展的坚实基础，该种分布面积最大、种质类型最多、生物活性物质最为丰富。为了对“生物型”的划分依据、划分标准和命名方式，尽可能地做到客观、科学和规范，并与其遗传基础相关联，使其涵盖有最大的信息量。作者带领研究生对分布于甘肃和四川两省的中国沙棘进行了深入细致的考察，对叶子、果实和种子等性状进行了定量测定和变异规律分析，提出了类型的划分依据、划分指标和命名原则，并划分、记述了 21 个类型，还对类型的地理分布格局和演化进行了讨论。

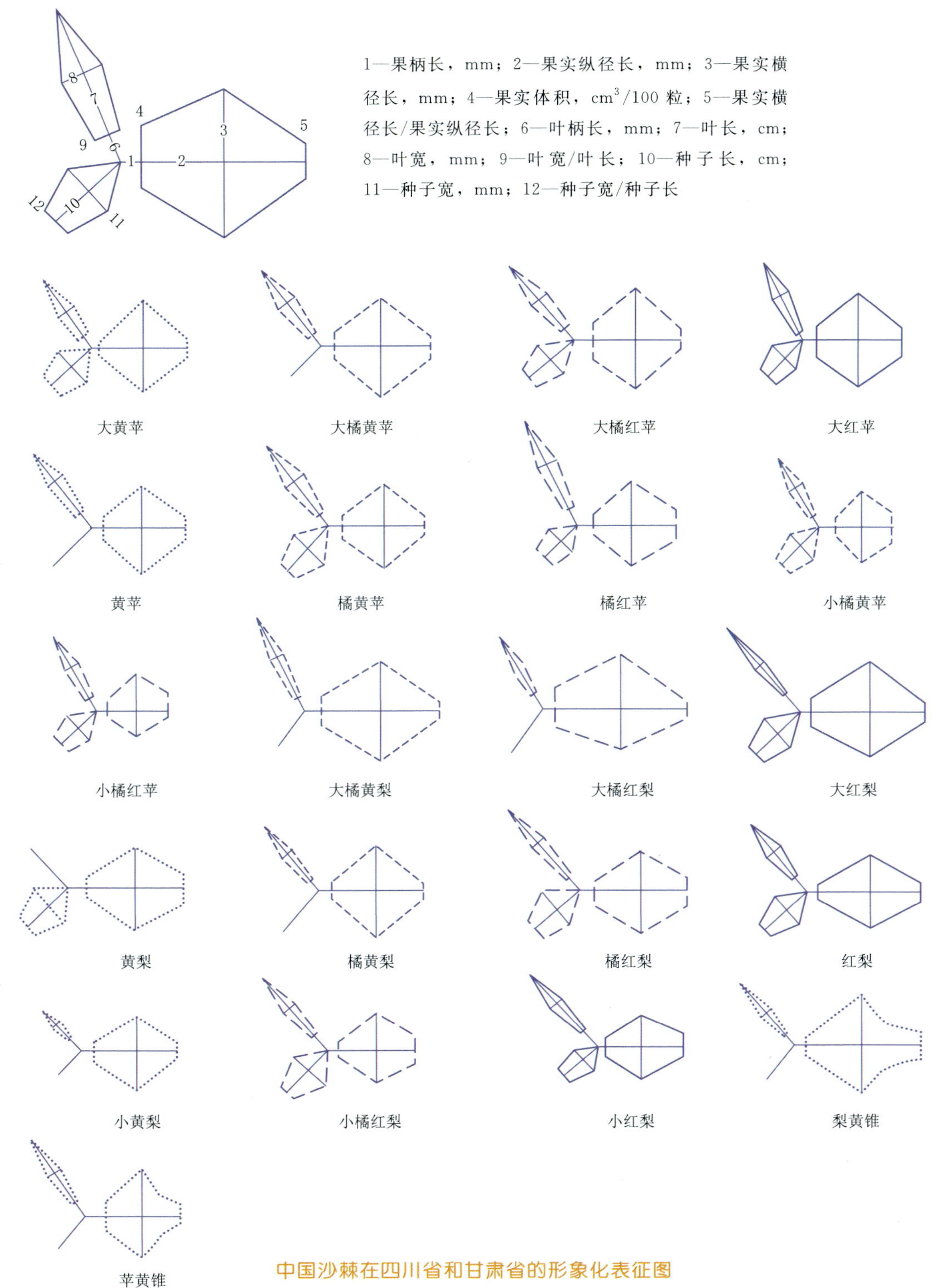

中国沙棘在四川省和甘肃省的形象化表征图

给我印象最深的是中国沙棘种下“生物型”在甘肃的地理分布。调查结果发现甘肃省共有“生物型”13个，其中7个“梨型”（纵径大于横径）全部分布于天祝县乌鞘岭以西地区，而兰州以东除了有一个“梨型”（仅仅分布于岷县洮河河谷，而且植株数量很少，结果非常稀疏，河谷中的风也大）外，其余5个全部是“苹果型”（纵径小于横径）。这一结果，再联系到河西地区的野生植物，凡是肉质果实，包括核果和浆果，几乎都是纵径大于横径，就连苹果在河西栽培时间过长其果实也会变长。事实迫使我们接受“风”在植物种下类型分化和演化中有着特殊的作用。

这里提一句，“沙棘的种下类型研究”一文，1997年在《西北师范大学学报（自然科学版）》发表之后，很快就得到了专家的认可。

1.3 以系统论为指导全面科学论证棱果沙棘的物种形成

沙棘属的物种形成，作者本人及研究生曾以亲自所发现发表的新种——棱果沙棘为例，从形态解剖性状、种子蛋白质谱带、核型分析、地理分布、开花授粉、大小孢子发育、胚胎发育和种子萌发等方面，探讨过沙棘属的物种形成问题，并且在综合上述研究结果的基础上，提出了棱果沙棘的物种形成方式亦然属于地理式的物种形成式样。

1992年10月在四川省松潘县樟腊首次发现棱果沙棘

但是，我校有学者率领研究生进行了ITS序列分析测定，发现在中国沙棘和肋果沙棘之间的58个核苷酸差异位点中有53个位点（91.4%），在棱果沙棘中表现出前两者核苷酸的完全叠加，剩余的5个位点发生了不同程度的一致性进化，并据此认为棱果沙棘的自然居群是亲本中国沙棘与肋果沙棘经过多次重覆杂交形成的，且时间比较晚。

为了对沙棘属物种形成式样有一个正确认识，我再一次以棱果沙棘为例，从正反两个方面进行了深入讨论，并与我校某学者商榷。之所以仍然选择棱果沙棘作为该属植物种形成的代表种有两个原因：一是因为该属植物中只有棱果沙棘与其可能的亲本种仍然生长在同一地域（假设棱果沙棘是杂交起源形成的）；二是棱果沙棘正好是有皮组中最接近于无皮组的种类。

下页两图分别是中国沙棘、棱果沙棘与肋果沙棘之间的性状比较，以及云南沙棘、理塘沙棘与密毛肋果沙棘之间的性状比较。

图中的实线分别代表棱果沙棘及其亚种理塘沙棘。从图中可以看出：棱果沙棘及其亚种理塘沙棘的大多数性状是介于中国沙棘与肋果沙棘，以及云南沙棘与密毛肋果沙棘之间；而且，棱果沙棘更靠近肋果沙棘，理塘沙棘更接近于密毛肋果沙棘；仅有少数性状不在中间状态。此结果的确存在棱果沙棘是由中国沙棘（或者云南沙棘）与肋果沙棘（或者密毛肋果沙棘）杂交而形成的可能性。

但是，也不能排除另一种可能性，即棱果沙棘是由其祖种的边缘居群分化而形成的。而且，后一种可能还存在两个可能性：一个是中国沙棘或者云南沙棘是它的祖种；另一个是肋果沙棘或密毛肋果沙棘是它的祖种。从进化的不可逆性分析，其祖种的最大可能是中国沙棘或云南沙棘，而不可能是肋果沙棘及其亚种密毛肋果沙棘。因为肋果沙棘及其亚种的演化水平明显比中国沙棘和云南沙棘的演化水平要高；而且其分布区边界可以达到更高的纬度和更高的海拔。

据此我认为，我校某学者利用测序所获得的分子叠加，其实与上述两个图中所表现出的形态解剖性状图是完全相类似的，其差别只不过是不同层次水平上的性状而已，或者也可以说是表征性状与遗传因子之间的关系，其解释当然也应该是相类似的。所以，那种仅仅依据分子叠加就确认为棱果沙棘是杂交形成的观点，显然是太简单化了。

为了正确判断棱果沙棘的物种形成，从多方面考察、研究和分析，显然是必需要做的。我坚持这

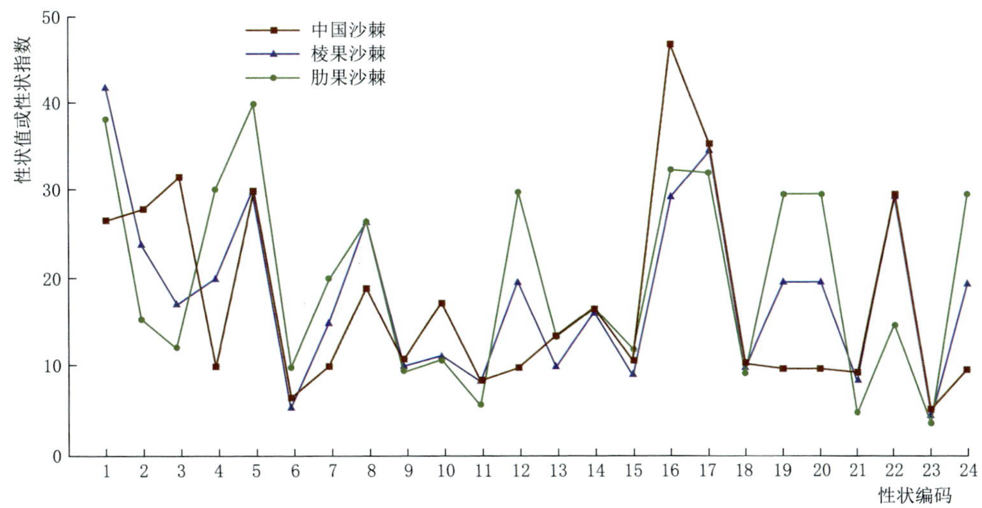

中国沙棘、棱果沙棘与肋果沙棘之间的性状比较

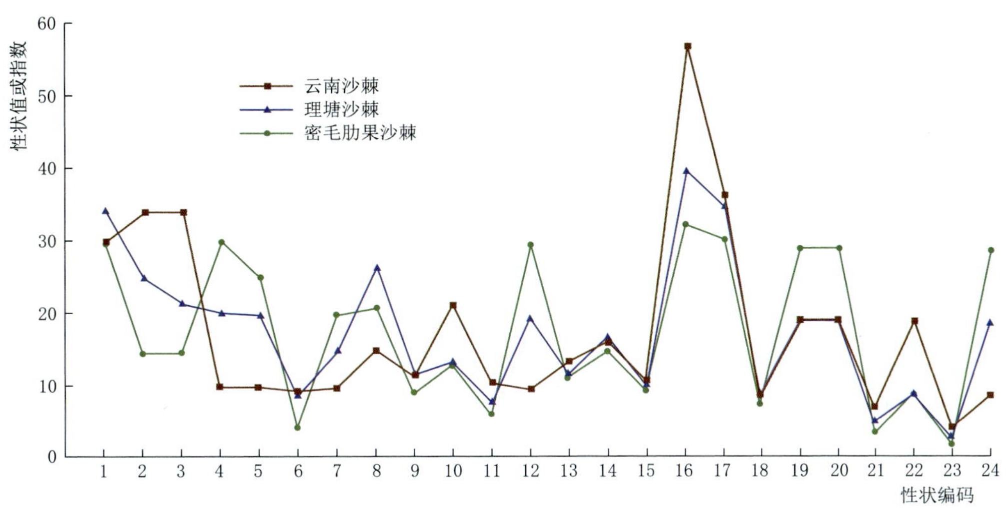

云南沙棘、理塘沙棘与密毛肋果沙棘之间的性状比较

[1—果长（mm×5）；2—果宽（mm×5）；3—果宽/果长（×30）；4—果实形状（×10）；5—果色（×10）；6—果柄长（mm×5）；7—果皮与种皮的结合程度（×10）；8—种子长（mm×5）；9—种子宽（mm×5）；10—种子宽/种子长（×30）；11—种子厚（mm×5）；12—种子颜色（×10）；13—窄导管长（μm×5）；14—窄导管直径（μm）；15—宽导管长（μm ×10）；16—宽导管直径（μm）；17—木纤维长（μm×10）；18—木纤维直径（μm）；19—冬芽形态（×10）；20—叶排列方式（×10）；21—叶柄长（mm×5）；22—叶被毛（×10）；23—叶宽/叶长（×30）；24—叶形（×10）]

一观点，即棱果沙棘是非杂交起源的。其理由阐述如下：

第一，所谓的“杂交亲本种”即中国沙棘与肋果沙棘之间，花期不遇。研究表明，沙棘属各种的开花期一般仅仅延续 7 天左右。研究生李常宝住地考察发现，同在祁连县八宝生长的中国沙棘与肋果沙棘的开花期要相差 21 天；特别是我校某学者自己指导的学生，在水培授粉实验中，发现沙棘雌蕊柱头的可授粉时限仅仅只有 3～4 天。

第二，在祁连县八宝乡，棱果沙棘、中国沙棘和肋果沙棘 3 个种，同时生长在一起，且各自都存在着不同的种下类型；但是，棱果沙棘却没有出现通常种间杂种所必然要出现的杂种蜂群式的植株。

第三，减数分裂过程的观察发现，棱果沙棘的染色体配对完全正常，均为二价体。可是被认为是杂交亲本种之一的肋果沙棘却大量出现染色体环、染色体桥和落后染色体。这种现象表明：肋果沙棘所形成的地质时期，肯定要晚于棱果沙棘。

第四，在所谓的“杂交亲本种”中国沙棘和肋果沙棘的细胞内，都发现有很多微核存在，而在棱果沙棘的细胞内却没有出现。这显然不支持杂交起源的观点。

第五，兰州大学博士研究生测定了15项生理指标，结果表明：棱果沙棘与中国沙棘和肋果沙棘相比较，除有2个生理指标高外，其余的指标不仅都没有超过中国沙棘和肋果沙棘，而且在棱果沙棘种内的2个基因型之间，还存在有11个特征的明显差异。这当然也不支持杂交起源的观点。

第六，在地理分布上，棱果沙棘与其亚种理塘沙棘之间存在远距离的间断分布。此类分布式样，是起源古老物种的特点。

第七，棱果沙棘、中国沙棘和肋果沙棘果实中酯酶、苹果酸酶、苹果酸脱氢酶和过氧化物酶等4种酶的酶谱分析结果，以及种子萌发试验等事实，都充分论证了棱果沙棘是一个独立的种，当然也不支持棱果沙棘是杂交起源的观点。

第八，我校某学者还宣称，棱果沙棘是全世界发现的第九个二倍体杂交物种。但是，更多的研究实践表明：凡同倍体物种之间杂交形成新物种时，其生殖隔离往往必须伴随着生态隔离。可是，棱果沙棘及其亚种与其所谓的亲本种，中国沙棘和肋果沙棘及其亚种，至今还生长在同一地段，根本不存在生态隔离。

第九，沙棘属内种和亚种之间的地理替代式分布格局，以及种和亚种之间染色体数量的相同，而在结构方面所存在的差异，以及在减数分裂过程中的行为异常，特别是中国沙棘种下一些特化的类型——梨类地方宗，仅仅出现在较高纬度的甘南和低纬度的更高海拔区的甘孜、炉霍和松潘等。而且，梨类地方宗不仅在类核果的形态上与棱果沙棘及其亚种理塘沙棘的类核果相近似，而且恰好这些地区也是棱果沙棘及其亚种理塘沙棘的主要分布区或者相邻分布区。这无疑为棱果沙棘可能就是由中国沙棘特化的边缘居群而来的观点提供了直接的证据。

综合上述九个方面的研究、分析和讨论，我们完全可以得出结论：棱果沙棘的物种形成，是随着漫长的地质和气候环境的变迁，从种内变异开始，经过遗传宗、地理宗或生态宗的分化，逐渐形成物种的过程，当然属于地理式物种形成式样，即异地的物种形成模式。棱果沙棘的祖种，最大的可能是中国沙棘或云南沙棘，而且是分布于较低纬度地区（川滇藏接触地区，即康滇古陆区）的较高海拔地带（2600～3500m）的特化的边缘居群。从遗传角度，其染色体结构的变异（易位、倒位或兼而有之）和分化是非常关键的环节。生殖隔离的形成，可能与许多雌雄异株植物的遗传体制相一致，即其边缘居群中的“建立者”（指重大的染色体结构变异，而最初出现的具有特化的遗传型的少数几个乃至一个雌株个体）通过正选型交配而获得。在野外考察中，我们常常发现一些植株数量少的类型，往往其结果量也最少；而且，类核果的形态与常见类型之间的差异相对距离更大、特征更为突出。这也从另一个侧面为正选型交配在沙棘属内的存在提供了一个佐证。

至于棱果沙棘中间性状的存在和分子叠加的事实，可以用“三级跳”的式样来解释，即从中国沙棘演化到棱果沙棘，棱果沙棘再演化到肋果沙棘。这样，棱果沙棘介于前后二者之间，其性状必然居中。

棱果沙棘及其亚种的性状特征，之所以更靠近肋果沙棘及其亚种，这显然可以解释为棱果沙棘与肋果沙棘，可能具有共同的近缘祖种，或者也可能是由于它们在其扩散迁移的进程中，受到相类似而且严酷的环境选择压力而平行演化的结果。事实上，这两个种就是分布在干旱、寒冷，而且多风的高海拔地带，其生态环境的确是相当严酷的。

1.4 创新探寻沙棘属植物起源的途径和方法

芬兰学者 A. Rousi（1971）和俄罗斯学者 N. П. Eπuceeb（1974）等，都曾对沙棘属植物的起源做过一些研究和论述。特别是我国著名植物学家吴征镒，在全面研究了我国植物区系的地理成分和起源后，把沙棘属归入旧大陆温带分布区类型，并认为旧大陆温带分布型的大多数属和地中海及中亚分布的属，有一个共同的起源和发生背景，即在古地中海沿岸地区起源，而随着地中海面积逐渐缩小、亚洲广大中心地区逐渐旱化的过程中发生和发展的。

上述有关的研究和论述，或者由于对沙棘属内类群间的演化关系缺乏深入地研究，没有弄清楚那个类群是该属中最原始的类群；或者从根本上否认沙棘属内存在着种级的分化；或者研究方向并不在沙棘属本身，所以有关沙棘属植物起源的认识还是很不够的。

由于化石资料的缺乏和属内各类群植物间核型的同一性（$2n=24$），我首先采用分支分类学中的同源性状状态分析方法，找出了沙棘属的原始类群。然后，结合对属内各类群地理分布的研究分析，特别是对沙棘属原始类群生长发育所需要的各生态因子最适等量图的分析，以及果实中 V_C 含量变化的对比分析等，来探讨了沙棘属植物的起源。

我得出的结论是：沙棘属植物只有可能起源于低纬度的中高海拔地区，即喜马拉雅山至横断山地区，在海拔 2500～3000m 的林缘地段。其祖先可能是一类湿中生阳性植物，具有发达的浅根系，类核果中 V_C 含量较高，子房由少数心皮组成。与地质年代相比较，联系到喜马拉雅造山运动，沙棘属植物起源的时代，最大可能是在所谓喜马拉雅第一幕运动时期，即渐新世晚期到中新世中期之间（2500 万～4000 万年前）。

该项研究逻辑严谨、方法新颖。第一步以雌雄异株、雄花有雄蕊 4 枚且其中 2 枚与花被片对生、雌花具 2 枚花被片为共同衍征，认定了沙棘属在系统发生上是一个单系类群。第二步是对沙棘属中 22 个同源性状的演化状态进行了仔细分析，并通过计算，清楚地得出了结论：中国沙棘和柳叶沙棘是沙棘属中最为原始的类群，而西藏沙棘则是最为进化的种。第三步考虑到旧大陆温带分布区类型的起源可能与海拔有关，对沙棘属各类群植物分布的海拔、纬度和经度范围进行画图分析，发现沙棘属种类最富集的中心区，在海拔 2800～3700m、北纬 28°～30°、东经 90°～100°的范围内。这恰恰是沙棘属原始类群——中国沙棘和柳叶沙棘分布的交接地区，即东喜马拉雅山至横断山地区，这也暗示着沙棘属植物发生起源的中心区就在这里。特别是我首次对沙棘属的原始类群——中国沙棘生长发育所需各生态因子最适等量线进行了分析，并绘制了最适等量线图。有趣的是当把各生态因子等量线绘制到同一张图上时，图中出现了两个明显的交会中心和一个密集网区。前者正好位于喜马拉雅山至横断山地区，这与从地理分布分析得出的起源地完全相吻合，显然进一步论证支持了沙棘属植物可能起源于此地的观点。后者大致与山西省的行政划界相一致，这显然也解释了为什么山西省天然中国沙棘林分布面积较大的原因。

值得骄傲的是《沙棘属植物起源的研究》一文，曾于 1990 年被中国科学院系统与进化植物学开放实验室评选为 3 篇代表论文之一，代表开放实验室接受了国家科委和中科院对该开放实验室的评估，使该实验室顺利通过验收，并获得了更多的资助。

除了上述主要的成果之外，我们还对沙棘属植物的生态生物学特性，天然产物化学，生长发育，有性繁殖，群落结构和雌雄性别差异等，进行了广泛的研究。先后在国内外期刊上共发表学术论文 30 余篇，出版专著 3 部，即《沙棘属植物生物学和化学》《沙棘研究》（与黄铨研究员、于倬德局长合作）和《沙棘》（与肖培根院士合作）。

有关沙棘研究，先后分别获甘肃省科委、甘肃省教委和甘肃省林业厅科技进步奖三等奖、二等奖和三等奖。我本人于 1990 年和 1995 年分别被全国沙棘办评为在“七五”和“八五”期间沙棘开发利用工作中贡献突出的先进个人（或先进工作者）。1992 年享受国务院政府特殊津贴。1994 年被甘肃省政府评为省级优秀专家。

2 沙棘考察研究工作进程中的一些心得体会

2.1 艰辛仔细的野外考察是搞好研究工作的重要基础

沙棘自身的生态生物学特性和地理分布特点，就决定了沙棘工作者必须开展艰辛仔细地野外考察。那是因为：

(1) 沙棘几乎全是带刺的灌木，所以穿梭于有刺的密丛灌木中应该是家常便饭。

(2) 沙棘系雌雄异株并兼性营养繁殖，加之分布区内的气候、土壤和海拔等生态因子分异很大，其种下类型非常丰富，种类划分相当困难。

(3) 沙棘花很小又先叶开放，而类核果却成熟很晚，可又是沙棘分类的重要依据，所以早春、晚秋考察都是必需的。

(4) 沙棘分布地域广阔，在地理分布上属于森林草原过渡带的成员，其类群分布中心、类群分化中心和原始类群中心，又处于横断山及其毗邻的东喜马拉雅地区，这里不仅山大沟深、人烟稀少，又是藏区，工作艰辛程度可想而知。

由松潘去理塘考察途中，
穿越海拔 4000～4500m 的古冰川

由四川省德格县去西藏江达县考察途中

考察路过青海玉树通天河大桥

在四川过雀儿山考察途中，风景虽然很美，
但氧气十分稀薄

下边仅举几个例子，与大家分享“艰辛是什么”：

1) 在去武都县考察的路途中遇到天下小雨，我们的车仅距离前边的车辆还不到 50m，前边的车刚刚过去，泥石流突然挟带着巨大的石块咆哮而来，一下子连路带桥全部冲垮了，我们只好在两水镇住了两天。很幸运，如果我们的车稍快 1～2m，我们恐怕已经不在人间了。

2) 一天在路过四川省诺尔盖时，在一处季节性流水的河滩上我们看到一片沙棘，当我们刚走近沙棘林时一块拳头大的石头飞了过来，差点击中研究生陈怡平的头。原来是一个藏民，说我们踩踏了他的草场，非要每人赔款 100 元共计 500 元，否则就要砸车，好说歹说给了 200 元钱才得以脱身。

3) 1987 年 10 月中旬去阿克塞考察，因为海拔高天气冷，车发动不了，我们 3 个人把车推到坡度大的道路上，推上推下反复了六七次，个个满头大汗。

突如其来的泥石流冲断了道路（甘肃武都）

4）从四川进西藏要翻越高 4916m 的垭口，单下山汽车就跑了 4 个半小时，路况的险峻是不难想象的，坐在车上有人不敢向窗外看，似车子悬挂在空中。到了邦达县大雪完全覆盖了所有的高山峡谷，什么都淹没在白色雪海之中，我们害怕封山封路，只好返回。

故事太多，不必再说，满满的都是“一把辛酸泪”。

从另一方面看，如果没有这些艰辛而仔细的野外考察，就不可能能获得上述丰硕的研究成果。就不可能在一个很小的属内发现好几个新分类群，就不可能完成中国沙棘的种下类型研究。

还有考察工作，也增加了人生见闻：见到了百里河流瀑布，看到了流沙横穿马路的飘逸，见到了近在百米可永远也赶不到的湖泊，看到了接地连天像一堵墙一样的沙尘暴，见到了由白雪形成的滔天巨浪等，同时也提高了考察的兴味和激情。一路上，大家苦中作乐，你一段我一段，顺口溜不断。举例几段：

“川人修公道，围裙腰间绕，簸箕把土倒，小草锄得好。”

“小小沙棘营养好，飞禽走兽也知道，鼠兔眺兔子跳，成群野鸡林下跑。”

“面带笑容手指翘，想要搭车少走道，心急路远没想好，绕道加速赶快跑。”

忙里偷闲看看黄河（甘肃夏河）

大渡河铁索桥驻足穿越（四川泸定）

2.2 不断加强、提高系统思维、创新思维等哲学素养，是一个研究人员应该具备的基本素质

如果一个研究人员只会赶时髦，认为只有开展分子研究才是最高水平，缺乏系统论的思维，那他就不可能对棱果沙棘的物种形成得出正确的结论。

如果我本人不去想方设法地追求创新，那就不可能对沙棘属植物的起源获得上述科学的结论。

2.3 带着问题去深造学习，是提高研究成果最快捷和最有效的途径

举个例子，我在研究沙棘属植物分布的过程中，发现不仅沙棘属“有皮组”的种类与“无皮组”的种类的分界线在海拔3000m上下；而且多数器官性状的祖征态也总是出现在海拔3000m左右。开始一直理解不了，但当我阅读了有关青藏高原隆起的过程以后，就恍然大悟。原来青藏高原隆起到海拔3000m时曾经停留过一个很长的时期，这一下子就明白了沙棘属植物的起源地区，就在海拔3000m左右根本原因。

3 对进一步搞好沙棘分类研究工作的想法

根据我的分析判断，沙棘属还有新种没有被发现，地点可能在喜马拉雅山的大本营附近。希望有志于此的年轻科技工作者，未来在这方面多下功夫。成功与失败就在一瞬间。“有志者，事竟成。”年轻的沙棘工作者，加油！

发展沙棘事业应该努力践行“绿水青山就是金山银山”的理论，也就是说要把沙棘的生态效益、经济效益和社会效益结合起来一起抓。我们知道，沙棘的生物活性组分非常丰富，但市场上可以看到的产品却很少。像沙棘的花粉、沙棘油、沙棘黄酮等，都应该有更多的产品上市，推动当地经济走在高质量发展前列。

结缘沙棘三十余年，成果传播亚欧拉美

吕荣森

（中国科学院成都生物研究所，四川成都 610041）

在2011年青海西宁召开的ISA-2011国际沙棘协会大会上，我荣获了首届“国际沙棘协会终身成就奖”，一同获奖的仅有俄罗斯沙棘育种科学家潘捷列娃教授。这一奖项是ISA的最高奖项，在我的获奖评语中写道，“吕荣森的主要领域是沙棘属植物种质资源研究。他在全面调查欧亚大陆沙棘属植物各种和亚种的分布及生存状态的基础上，对各种沙棘的基本化学成分进行了系统分析，形成了最基础的科学资料，并在沙棘育种及栽培上有所应用。这是在沙棘基础研究方面的开拓性工作。”感谢国际沙棘协会对我的褒奖。我进入沙棘领域开展研究的时间不是太早，但是一进入这个领域后，我就再也没有停止探索的步伐。除了沙棘基础研究外，我还将大量的时间用于国际交流，尽力将沙棘推广到全世界能够种植沙棘的欠发达地区，以推动这些地区的脱贫致富。

1 初识沙棘——为其高 V_C 含量所震撼

我第一次接触沙棘是在1984年。那一年，我正在参加中国科学院青藏高原综合考察，重点是横断山地区。当时，我是负责生物资源的调查研究的。我们在横断山地区，特别是在四川阿坝州和甘孜州调查时，在野外有一次我忽然看见一种非常独特的浆果植物，它的金黄色的果实，非常吸引人，当时我就采了一些标本和样品带回来做试验。在实验室里，我分析了它的基本化学成分，其中最令人惊奇的是它的维生素含量相当高，当时我自己都不太相信我的数据，后来反复多次以后，证明沙棘果的 V_C 含量的确很高。阿坝州小金县的沙棘果，每100g果汁中 V_C 含量达到1000mg以上。这个时候我就对这种野生的浆果植物产生了浓厚的兴趣，我想以后重点来好好研究一下沙棘。

在查找文献时，我发现中国第一个研究沙棘果实的是四川医学院生物化学教研组的徐仲吕教授。他与侯助存、蓝天鹤于1952年在青藏高原工作时，发现沙棘果实的 V_C 含量很高，于是他们开展了沙棘果汁成分分析，温度、光线、酸碱度、金属等环境因素对果汁 V_C 的影响，以及果汁浓缩等方面的研究，研究成果发表在《营养学报》1956年第1卷第4期上。据我后来检索各种文献资料发现，这应该是中国第一个正式用科学的方法研究沙棘的一篇重要的文献，徐教授也是我国对沙棘进行最早研究或者说是先导性研究的学者。很遗憾的是，徐仲吕教授于1959年去甘孜州采样时，不幸因汽车翻进大渡河而以身殉职。这是中国科学界的重大损失，所以我们今天应该好好纪念这位沙棘研究先驱者。

经过分类学鉴定，我在阿坝州和甘孜州采到的沙棘，称为中国沙棘（*Hippophae rhamnoides* ssp. *sinensis*）。在随后的一些年里，我对沙棘果实进行了长达十余年的连续观察、分析和研究。主要

作者简介：吕荣森（1939— ），男，研究员（退休），主要从事沙棘等植物资源及化学成分研究工作。

是想要搞清楚沙棘属植物（*Hippopgae*）的主要化学成分及其变化规律，其中对 V_C 的分析次数最多。后来我发现。沙棘的 V_C 与普通的果实的 V_C 有很大的不同。比如说。柑橘类的 V_C 含量也是非常高的，但是柑橘类的 V_C 稳定性很差，一经加热或者存放时间一长就会分解、减少。但是沙棘很特殊，它的 V_C 非常稳定。我做的实验是把柑橘和沙棘的果汁同时进行加热，然后再分析他们的 V_C 含量，结果发现，沙棘果的维生素减少的量要比柑橘减少的要少很多，说明 V_C 在沙棘果汁中的热稳定度是非常高的。

2 持续研究——从沙棘资源到化学成分实现全面取样测定分析

从 1985 年开始，水利部开始开展沙棘的研究，这就开启了中国从政府层面有组织、有领导、有计划地开展沙棘的开发利用。从那时候开始，在全国范围内掀起了一个开发沙棘的热潮。因为有了一些在野外考察的经验，看到四川西部山区有很多的沙棘资源，所以我就打算开始做系统的研究，当时我向中国科学院申请了一个项目，就是进行沙棘属植物的地理分布及其生物学特性等基础性研究。

2.1 对国内沙棘的研究

我首先从西部的横断山地区开始调查研究，采集了四川境内的沙棘属植物的标本和样品，进行了种类鉴定和样品的实验室分析，这项研究一共持续了 3 年多，后来我把这些资料以“四川沙棘资源研究”为题，发表在杂志《沙棘》1988 年第 1 期上。

通过文献资料的查阅，知道沙棘属植物有很多种和亚种，四川的沙棘只有 4 种，所以我就把研究的范围扩大到整个属的各个种和亚种的研究。由于沙棘属植物的野生种，大部分分布在中国的西部地区，所以我重点进行了新疆、西藏、青海、四川和云南等地的野外考察，对各个沙棘植物属植物的原产地进行了调查和采样，对它们进行了标本的鉴定和样品的系统生物化学分析，取得了这些野生沙棘植属物的第一手资料。其中的蒙古沙棘（*Hippophae rhamnoides* ssp. *mongolica*）、中亚沙棘（*Hippophae rhamnoides* ssp. *turkestanica*）、肋果沙棘（*Hippophae rhamnoides* ssp. *neurocarpa*）、西藏沙棘（*Hippophae tibetana*）、云南沙棘（*Hippophae rhamnoides* ssp. *yunnanensis*）和江孜沙棘（*Hippophae rhamnoides* ssp. *gyanzensis*）是第一次进行样品的分析，也是第一次研究他们的基本化学成分。我把这些资料整理后，写成一篇文章《中国沙棘属植物资源研究》，发表在杂志《园艺学报》1990 年第 17 卷第 3 期上。这应该是第一次对中国沙棘属野生植物果实的生物化学成分进行系统分析的报告。

除了对沙棘属野生植物的化学成分进行了分析以外，我们还对沙棘属植物的细胞染色体数目和核型进行过分析，写成的文章名为“中国沙棘属植物核型研究”，发表在《植物分类学报》1988 年第 26 卷第 3 期上。这也是首次对沙棘属植物的细胞染色体进行研究，对以后的沙棘育种有很大的参考价值。

除了对沙棘果实的研究以外，我也注意到了沙棘叶子的营养价值。这是我在陕北、内蒙古等地考察时，发现老百姓都喜欢用沙棘叶来喂养牲口，特别是对牛羊的长膘作用很大。所以，我就想研究一下沙棘属植物各个种和亚种叶子的营养成分有什么不同？他们与代表性的牧草如三叶草等有什么不同？研究结果发现，在中国的沙棘属植物的 7 个种和亚种，蛋白质含量为 11.47%～22.92%，其中蛋白质含量最高的是江孜沙棘，它的蛋白质含量可以达到 22.92%；脂肪的含量为 3.68%～6.10%，也是江孜沙棘最高达 6.10%。其余各种和亚种的蛋白质含量比较接近，一般为 15.18%～19.28%。脂肪的含量也比较接近为 4.98%～5.61%。中国沙棘叶的蛋白质含量与红三叶草的蛋白质比较，含量不相上下，而脂肪的含量则大大的高于红三叶草，说明沙棘属植物各个种和亚种叶子都可以用作饲料。这项研究是在 1991 年完成的，论文发表在杂志《沙棘》1991 年第 4 期上，题目为“沙棘属植物叶的营养成分及其应用前景”。

1985—2001 年的十几年期间，我几乎跑遍了各个沙棘野生种的原产地，进行考察研究和采样，所以得到了比较全面的地理分布和生物学特性以及化学成分的系统资料。因为野生沙棘都分布在比较偏远的地区，采集和调查都很困难，所以我把几种比较重要的野生沙棘引种到试验站进行观察和研究。其中主要引种了西藏沙棘、肋果沙棘和柳叶沙棘，在中国科学院成都生物研究所的茂县生态站（海拔 1800～2200m）进行了栽培实验。通过几年的观察发现，只有中国沙棘和柳叶沙棘能够很好地生长发育并结果，其他的几种沙棘都逐渐的死亡，或者是生长发育很差，没有表现出这些种类植物原有的特性。

这些沙棘属植物的比较试验研究中，比较有趣的是柳叶沙棘表现得特别好。它的原产地是在西藏南部的崇山峻岭之中，海拔高度一般为 2500～3000m，但是引种到四川的海拔 1800m 的地区，它的表现仍然很好。我们做了 10 年的同步比较分析，就是拿它和中国沙棘做对比试验。研究资料显示，柳叶沙棘的果实的 V_C 含量是最高的，平均为 1300～1700mg/100g，而中国沙棘的 V_C 含量为 1000～1200mg/100g。所以这个实验结果证明，柳叶沙棘是可以引种到比较低的海拔进行栽培的。10 年期间的分析资料还表明，这两种沙棘的生物化学成分的含量是相对稳定的，证明了我采用的分析方法也是可靠的。这些研究资料都陆续发表在杂志《沙棘》上，或者是其他的国际会议论文集里。

柳叶沙棘（西藏雅鲁藏布江大峡谷）

中国沙棘（四川夹金山）

沙棘的野外考察工作，既惊险又富有挑战性，也是非常有趣的，其中特别记忆犹新的是我到西藏南部的错那地区去考察柳叶沙棘的经历。我们到错那去搞调查和采样，前后有三四次，每次都充满了艰辛和困难，但是只有在那里才能够真正采摘到柳叶沙棘的样本。因为错那是在西藏的最南边，属中印交界的敏感地区，一般人是不让去那里的，我是通过成都军区和西藏军区领导审批，经过多次磋商才成行，但是必须由解放军战士随同我们一起下去。该地区因为地处边缘，要翻过几座大的雪山，然后下到峡谷地区，道路非常的艰险，因为公路的质量很差，经常有翻车的情况，我是做好了可能牺牲的准备的，但是为了得到第一手的资料，只好硬着头皮上。功夫不负有心人，最终我们采到了我所需要的样品和拍到了图片资料。必须说一下，我们要感谢边防部队对我们的支持，我们的战士在那里长年累月地经历着艰苦的环境磨炼，守卫着祖国边疆，他们的确是最可爱的人。

2.2　对国外沙棘的研究

在完成了中国的几个沙棘属植物的研究以后，我的目光转向了国外，因为沙棘属植物里面还有好几个亚种是分布在中亚和欧洲的。在欧洲和中亚的种类主要有海滨沙棘（*Hippophae rhamnoides* ssp. *rhamnoides*）、溪生沙棘（*Hippophae rhamnoides* ssp. *fluviatilis*）、喀尔巴阡沙棘（*Hippophae rhamnoides* ssp. *carpatica*）和高加索沙棘（*Hippophae rhamnoides* ssp. *caucatica*），这 4 个亚种分布在不同的国家。所以，要采集到这些种和亚种的样品，实属不易。1976—2002 年，我利用参加国际会议和一些项目的支撑得到机会，采集到了大部分的欧洲或中亚分布的一些沙棘种类的标本和

1987 年在西藏错那调查柳叶沙棘

样品。我从瑞典、芬兰和德国收集到了海滨沙棘的样品，在法国和德国得到了溪生沙棘的样品，从阿塞拜疆收集到了喀尔巴阡沙棘的样品。目前只有一个亚种就是高加索沙棘没有得到样品，因为那个亚种的主产地是俄罗斯的车臣地区，那时候正在打仗，没法去那里采样。在这里我必须提到的是，我们曾经得到国家外国专家局提供的项目经费，去德国和法国进行考察和采样。这样一来，我就收集到了除高加索沙棘以外的所有的沙棘属植物的种和亚种的样品。

我对这一属植物的样品进行了全面系统的生物化学成分和营养成分的分析，并把分析资料系统整理以后在两次国际会议上发表。第一次是 1993 年在俄罗斯巴尔瑙尔召开的国际沙棘学术讨论会上，交流论文的题目是“The Chemical Composition Of *Hippophae* Fruits In China”，会后收集在《International Symposium on Seabuckthorn (*Hippophae rhamnoides*) Synthesis of Reports》中第 398～412 页。另一次是于 2003 年在德国召开的国际沙棘大会上，我交流的论文为“*Hippophae* and its General Chemical Compositions”，收集在《Proceedings of 1st Congress of the International Seabuckthorn Association》中第 20～35 页。这是全世界第一次全面系统的分析沙棘属植物的主要生物化学成分的论文，也是一个重要的研究成果。在德国的沙棘大会上，芬兰图尔库大学的卡里欧（Hikki Kallio）教授在对我的报告发表评论时说，什么叫国际水平的论文？这就是！

2003 年在德国柏林举办的国际沙棘学术会上
荣获最佳论文奖

沙棘的化学成分中最重要的一个成分就是黄酮类物质。国内外已经有很多研究了，但是沙棘属植物中哪些种类的黄酮含量高呢？我也把沙棘属植物中的黄酮含量进行了系统的分析，其成果“Flavonoids Content in Berries and Leaves of Seabuckthorn (*Hippophae* ssp.)”发表在美国出版的药用植物杂志《Academia Journal of Medicinal Plants》2013 年第 1 卷第 7 期第 122～136 页，从网页 http：//www.academiapublishing.org 上可以浏览。研究中发现，在果实中的黄酮含量最高的种类是肋果沙棘，它的总黄酮含量达到 2.67%。在沙棘叶子的总黄酮含量中，含量最高的种类是江孜沙棘，其总黄酮含量达到 3.10%。这个结果更新了我们对于沙棘黄酮含量分布的认识，也提供了我们寻找沙棘植物中黄酮含量最多的植物资源的视野。

2.3 我对沙棘研究与事业的贡献

上述的成果就是我对沙棘研究所做的重要的贡献，它们对于开发利用沙棘属植物的生态价值和经济价值，以及进行遗传育种的研究等，都具有十分重要的意义。

这些研究的重要价值有以下几点。第一，弄清楚了沙棘属植物各个种和亚种在全世界的地理分布、它们的生态环境以及对环境条件的要求。第二，有几种重要的沙棘属植物的化学成分是十分令人惊讶的。比如，沙棘种子含油量，最高的是西藏沙棘，含油量达到 19.5%；另外就是中亚沙棘，它的种子含油量达到 12.8%以上；从 V_C 含量来看，柳叶沙棘果实的 V_C 含量可达到 1700g/100g。还有，比较奇特的就是肋果沙棘，它的果实几乎没有果汁，大部分都是油，其种子的含油量达 16.1%，干果实的含油量达 30%以上。此外，肋果沙棘果实的总黄酮含量达到 2.67%，是中国沙棘果实的两倍以上。江孜沙棘叶子的总黄酮含量达到 3.10%，超出沙棘属植物所有种类叶子的含量。江孜沙棘果实的果汁含量很少，但是它叶子的蛋白质和脂肪的含量却很高。

这些结果让我们认识到，我们不应该仅仅把重点放在中国沙棘和海滨沙棘这两种主要的沙棘上面，我们的视野应该更多地关注到其他的沙棘属植物资源上。这些有特点的沙棘属植物，具有极高的生态价值和经济价值，是开发利用和遗传育种的重要资源植物。

2005 年，我在北京同创天源沙棘研究院工作时做了一个项目，那就是从德国引进一批海滨沙棘的优良品种。德国的品种除了果实大、品质好以外，其中有一个被称为“Hergo”的品种，特别适合机械化采收。当时从德国进口了一批苗木，分配给几个地区进行试点。在北京、辽宁、新疆、四川等地进行试种，但是很可惜的是，有许多地区没有重视后期的管理，多数被损失掉了。特别是因为 2008 年四川的大地震，那些品种几乎全军覆没，这是一件很遗憾的事情。

2007 年在 EURO - SEABUCK 培训班上授课，旁边是欧盟协调员 Maria

在我从事沙棘研究的 30 多年里，我的主要兴趣集中在沙棘的基础研究及应用基础研究方面。在沙棘领域，我一共发表了 20 余篇中英文的论文，参与编写了由黄铨、于倬德主编的《沙棘研究》，还出了一本英文沙棘专著《Seabuckthorn: A Multipurpose Plant for Fragile mountains》。我大部分的重要原创性论文都被印度学者辛格（Virendra Singh）收入到他的 5 卷本的沙棘文献集《Seabuckthorn（*Hippophae* L.）: A Multipurpose Wonder Plant Vol. Ⅰ-Ⅳ》中。

在推动沙棘事业的发展方面，我还做了一个比较重要的贡献，那就是在 1998 年，我国遭遇到大洪灾，全国都对生态环境问题有了比较深刻的认识，那一年，我代表几位沙棘专家学者，执笔写了一封信，要求中央加强对沙棘事业的支持和推动（联名写信的还有孙振华、高志义、于倬德、徐铭渔和武福亨）。领导专门做了批示并下传到各个部委，从发展改革委到农业部、林业部、水利部等都非常重视。所以后来才有了晋陕蒙砒砂岩区的陆续几个大项目的启动和实施。我觉得我做的这项贡献，远比写几篇论文的意义要重要得多！

出版的部分中英文沙棘论著

3 走向国际——从南亚多国到玻利维亚留下了我宣传推广沙棘的足迹

中国有组织、有计划、大规模的开发利用沙棘，始于 20 世纪 80 年代中期。35 年来，已经取得了令人瞩目的成就。沙棘的开发利用之所以能够以较快的速度进行，除了政府的领导与组织、企业的崛起外，大量的科技人员积极参与是重要的原因。从一开始，科技人员就密切注视着国际上沙棘开发利用与研究的动态与进展。大量外国的情报资料及高技术被介绍到中国来，同时政府与各种研究机构都非常重视国际交流与合作。因此，我们的研究与开发基本上赶上了国际步伐，与国际上同步开展各项研究。而国际交流与合作，有力地促进了我国的沙棘开发利用事业。

3.1 国际沙棘协会的建立

1989 年，在第一次国际沙棘学术讨论会于西安召开的时候，就有人提出：能不能建立一个国际机构来推动和交流沙棘的科技成果和技术经验？但是在那个时候，大家都不知道怎么样建立这个国际机构。1989 年，我应邀受聘到国际山地综合发展中心（International Center for Integrated Mountain Development，ICIMOD）去工作。作为一个技术专家，我在那里主要是搞一些跨国的项目和软科学的研究。国际山地综合发展中心是一个联合国属下的地区性国际组织，它的运作完全是按照国际范例和联合国系统的构架来进行的。在国际山地综合发展中心，我向该机构宣传了中国在沙棘开发利用方面取得的成就，他们很感兴趣。我就向国际山地综合发展中心主任德国人塔克（E. F. Tache）博士建议能不能请中国的专家到国际山地综合发展中心来开个会，做些经验介绍。塔克博士非常赞成，所以后来我就向水利部沙棘管理中心建议，能否派一个代表团到尼泊尔来考察和学习。于是第二年就有了中国沙棘代表团来尼泊尔考察的事情，代表团成员有孙振华、卢顺光和于倬德。当时在国际山地综合发展中心开了一次小型的沙棘科技交流会，我们向尼泊尔的各界人士介绍了中国的沙棘开发的成就。然后，应塔克博士的邀请，我们又到尼泊尔西部地区考察了尼泊尔的野生沙棘，在那里我们发现了有四人合抱的柳叶沙棘大树，估计有数百年的年龄，枝干苍劲，硕果累累，令人印象深刻。

中国沙棘代表团回国以后进行了很多的努力，思考怎么样来建立这个国际机构。通过多方的咨询和了解，最后我们找到了对外经济贸易部，与有关的官员进行了磋商，然后在会同水利部、外交部、联合国开发计划署（UNDP）等机构进行申报。最终我们得到了政府有关部门的批准，1995 年 12 月，在北京召开的国际沙棘研讨会上，来自亚、欧、美、非的 11 个国家的 89 位代表，在会上交流了学术研究成果及发展沙棘事业的经验。同时，联合国开发计划署（UNDP）、粮农组织（FAO）、工发组织（UNIDO）、国际山地综合发展中心（ICIMOD）、国际泥沙中心（IRTCES）的代表及中国政府有关部门的领导也出席了这次会议。于是，世界上第一个沙棘国际组织——“国际沙棘研究与培训中心”（International Center for Research and Training of Seabuckthorn，ICRTS）正式成立，并随即成立了 ICRTS 协调委员会（Coordination Committee of ICRTS，CCI），ICRTS 的活动自此开始并持

应邀在国际山地综合发展中心工作（1989—1994 年，尼泊尔加德满都）

续了好多年。直到 1999 年北京召开的国际沙棘学术交流会上，有人提出这个中心不应该仅仅是局限于科学研究与培训，还应该包含各行各业从事沙棘事业的人来参加，应该成立国际沙棘协会，并就成立事宜进行了商讨，特别是就专家还是领导担任协会主席展开了热烈争论，最后服务于中国国情。2001 年，在印度召开的国际沙棘学术交流会上就正式提出此事，同意把国际沙棘研究培训中心改名为国际沙棘协会（International Seabuckthorn Association，ISA），同时也提名选出了“国际沙棘协会”领导成员名单，中国的焦居仁、邰源临、卢顺光、吕荣森当选为理事会成员。会议期间召开理事会议，讨论了《国际沙棘协会章程（草案）》并初步通过。

国际沙棘协会于 2003 年在德国召开的国际沙棘大会上正式加以确认，此后起直到今日，国际沙棘协会就以这个名称进行的活动一直持续了下来，已召开了 ISA - 2005 中国北京、ISA - 2007 加拿大魁北克、ISA - 2009 俄罗斯别洛库里哈、ISA - 2011 中国青海、ISA - 2013 德国波茨坦、ISA - 2015 印度新德里、ISA - 2018 中国山西共 8 届协会大会。从 2001 年开始，我一直担任国际沙棘协会理事、技术委员会委员，参加各种活动至今。

ISA - 2007 在加拿大沙棘种植园与阿方索合影

ISA - 2009 与俄罗斯沙棘育种家潘捷列娃合影

ISA－2009 大会上做学术报告

ISA－2009 理事会年会成员合影

ISA－2009 参观俄罗斯利萨文科园艺所

ISA－2011 青海考察沙棘途中与卡里欧教授交流

2012 年在芬兰图尔库参加 ISA 理事会年会

2019 年 ISA 会员大会期间在德国考察

3.2 沙棘领域的国际活动

早在1991年，我还在国际山地综合发展中心工作的时候，我就了解到印度有很多的沙棘资源，但是他们基本上不知道可以开发利用。后来，国际山地综合发展中心安排我到印度去讲学，我的印度同事特吉·帕塔博士（Tej Patap）陪同我到了印度的喜马拉雅山地区的喜马偕尔邦首府西姆拉。在那里邦政府组织了一次学术讨论会，让我做了主题报告，与会者有邦政府部长、各级官员、专家学者，还有部族首领。听了我的报告，看了我的照片，他们大感惊奇。我向他们介绍了中国和俄罗斯开发利用沙棘的情况，他们感到非常的惊喜。然后又带我们考察了一些他们的野生沙棘产区。印度的喜马偕尔邦和北方邦的沙棘主要是两种：一种是中亚沙棘；另一种是柳叶沙棘。帕塔博士的家乡就是喜马偕尔邦，他鼓励邦政府自己搞开发项目，利用好自己的资源。随后在联合国开发计划署的资助下，印度政府派了一个代表团到中国来考察，我陪同他们到了我们西北、华北和东北的一些沙棘产区和企业参观，看到我们的现实成就，感觉到他们应该在这个沙棘领域做更多事情，开展更多的项目。

在随后的几年里，印度的沙棘科研和开发利用事业逐渐开展起来，无论是科研或是生产都有了长足的进步，所以在2013年，他们在国际沙棘大会柏林理事会上积极申办第七届国际沙棘大会，理事会批准了印度的申请。于是在2015年11月，第七届国际沙棘大会在印度的新德里顺利举行。这届大会由印度沙棘协会主办，印度喜马偕尔邦农业大学、印度核医学及应用研究所承办。印度农业部长，负责林业、环境及气候变化的国务部长，食品工业部长以及几个邦的首席部长都出席了大会开幕式。来自18个国家的160多名代表参加了大会，向大会提交论文摘要共123篇。会议议程紧凑，交流内容丰富，许多领域有新进展并有一定的技术创新。印度政府对于曾经帮助过他们发展沙棘事业的人还是心怀感激的，在这次大会上，我因为对印度的沙棘开发利用事业起过重要的传播和推动作用，被授予“印度国家奖”，同时也把该奖授予了卡里欧教授、杨宝茹教授和考特涅米先生，德国的莫塞尔博士，还有印度本国的辛格教授和苏吉教授。

我在国际山地综合发展中心工作期间（1989—1995年），积极开展沙棘的宣传和推广工作，促使尼泊尔、印度、巴基斯坦、不丹等国的专家们进一步了解了沙棘的价值，这也同时引起了国际山地综合发展中心领导的重视，先后组织并资助成员国代表两次到我国考察学习中国开发利用沙棘资源的经验。他们特别对沙棘在帮助贫困地区脱贫致富、改善生态环境等方面的典型及取得的成功经验感兴趣，我全程陪同进行讲解和翻译，取得了很好的效果。

ISA-2015与其他6人同获“印度国家奖”（旁为卡里欧教授）

1992年6月，尼泊尔首相柯伊拉腊应邀到中国进行国事访问时，还特意到西安参观了陕西省沙棘食品实验厂，并希望中国援助尼泊尔建立小型沙棘加工厂、培训技术人员、提供优良种子以便在尼泊尔进行荒山造林。柯伊拉腊首相对沙棘特别有兴趣，回国以后，他专门告诉中国大使馆的邵炯初大使，邀请我到他家去做客。所以我有幸去了柯伊拉腊首相的官邸，在邵大使夫妇的陪同下，与首相的家人一起喝下午茶。这时候，首相的女儿也在座，原来她患有乳腺癌。听说沙棘油对预防和治疗癌症有一定的作用，就非常希望能得到一些中国的沙棘油。后来经过邵大使的协调和努力，从中国搞到了5kg的沙棘籽油送给了她，柯伊拉腊首相一家人都很高兴。

1995—1997年，申请了一个沙棘的开发援助项目，因为开发沙棘作为扶贫的一个很有效的手段，得到了UNDP的认可。这个项目最初批准的资金是60万美元。然后我们说服UNDP驻北京办事处主任、菲律宾人加西亚（Gacia）到内蒙古去考察。在路上和现场，我一直向加西亚先生介绍讲解沙棘的作用和沙棘的扶贫效果，我陪他亲自访问农户。他看到我们做的工作后很受感动，最后决定在我们申请的资金的基础上再追加 20 万美元，总共达到 80 万美元。

在这个项目中，卢顺光担任项目负责人，我任首席技术专家。这个项目执行得非常好，相关机构和人员的能力得到了提高，专家和技术人员得到了培训，中国政府和 UNDP 方面也都非常满意。这个项目对促进内蒙古地区和全国的沙棘开发事业起到了很大的促进作用。

1995 年 11 月，我应世界银行的邀请，前往玻利维亚进行考察访问，其目的是研究在安第斯山脉高海拔地区种植沙棘的可行性。陪同我考察的是美国威斯康星大学的斯考特教授和玻利维亚农科院的博尼费雪博士（他会讲印第安人土语）。我们考察了玻利维亚的 5 个省，行程超 1500km。考察结果表明，该地区具有引种沙棘的基本条件，可以发展沙棘种植，考察报告的建议立即被玻利维亚政府采纳。

1996 年 8 月，我受国际山地综合发展中心的委托，前往巴基斯坦访问，目的是考察巴基斯坦北部地区开发利用沙棘的可行性。巴基斯坦农业部的贾斯拉（Jasra）博士陪同我考察了北部的西北边境省。完成考察报告，由巴基斯坦农业部长呈交该国总统勒加利（Leigary）。回到伊斯兰堡后，总统接见了我并在总统府讨论沙棘的事情。总统在与我谈话后，让我等他一起乘直升机去找适合种沙棘的地方。我等了一个小时后，总统的卫士长来告诉我，巴基斯坦南部发生水灾，总统必须去视察。很遗憾，选地的事只好作罢。

1997 年 10 月，巴基斯坦政府开始认真考虑开发沙棘了。于是，我和水利部沙棘管理中心副主任李永海受巴基斯坦阿迦汗基金会（Akhakhan Foundation，一个私人资助的国际组织）的邀请，前往巴基斯坦北部进行考察。考察完成后，针对该地区沙棘资源的分布状况，我们提出了开发利用当地沙棘资源的可行性方案，被该基金会采纳，后来获悉，有一些民间组织在西北边境省开发沙棘资源。

1997 年 11 月，受国家科委的派遣，以孙振华为团长的 5 人代表团（包括卢顺光、李永海、吕荣森和一名西班牙语翻译）对玻利维亚安第斯山地区进行了两周的考察访问。我们考察了拉巴斯、玻多西、苏克雷、塔里哈 4 个省。每到一处，我都通过 PPT 向当地政府官员和科技人员介绍中国沙棘开发利用的成就。这次考察最后确定了该国可以种植的地区及面积，与该国农业部初步商订了合作开发沙棘项目的意向协议。在玻利维亚访问期间，我们会见了中国大使张铭新，他对我们的考察很感兴趣，认为这是有利玻利维亚老百姓的好事。他表示要积极向外交部反映，这就促成了后来的玻利维亚沙棘援外项目。

ISA－2011 上荣获“国际沙棘协会终身成就奖”

1999 年 9 月，由国家外国专家局派出的“赴德国沙棘种质资源利用与加工技术培训团”一行 6 人，由我带队，成员有李永海、金争平、张广军、邵则夏、慕长龙。在德国的多家大学、研究所和技术开发公司，接受了他们的邀请，开展了有关沙棘种质资源、沙棘园建设与生产管理、沙棘产品加工技术等方面的技术培训，并对阿尔卑斯山脉（包括法国境内 CAP 地区）的沙棘种质资源进行了实地考察，特别是看到了溪生沙棘的生长状况和生态环境。我们访问了德国和法国进行溪生沙棘选育种的大学和种植园，收获颇多。负责接待培训团的是德国果品研究及加工工程技术公司（NIG 公司），公司的技术人员曾于 1999 年 5 月接受水利部沙棘科研培训中心的邀请来华指导沙棘加工技术，他们对我们培训团的接待、学习和考察作了热情周到的安排。双方都觉得交流活动很有意义，这也开启了中德两国（尤其是 NIG 公司）后来长期的交流合作。

2005 年 9 月，我受瑞士联邦政府对外援助机构的委托，帮助他们对一个朝鲜代表团进行培训，让他们学习中国开发沙棘和发展沙棘产业的经验。该代表团由政府农业部的一个司长、农科院的两位专家、两位农民和一个翻译组成。我把他们带到北京和辽宁的阜新进行了为期 10 天的培训，并给他们发了一批培训资料，还赠送了一批沙棘的苗木和种子以及修枝剪等。

由于我在沙棘领域的长期研究和对国际沙棘事业的推进，2011 年 9 月在第 5 届国际沙棘大会（青海西宁）上，被授予首届"ISA 终身成就奖"，我成为第一个被授予此奖项的中国人。除此之外，我还曾获中科院科技成果二等奖两次，获四川省科技成果三等奖、四等奖各一次。

4 任重道远——寄希望于年轻的沙棘从业者

中国有组织、有计划地开发沙棘 35 年来，取得了巨大的成就，这是全世界都有目共睹的，但是我们目前还不是一个沙棘强国，从一个沙棘大国走向沙棘强国，还有很长的一段路要走。我对中国沙棘事业今后的发展有如下的几点思考，供大家参考。

4.1 沙棘优良新品种的选育问题

世界上约 13 个国家有近 30 个沙棘育种项目。近 20 年，世界上释放的沙棘品种上百个，共同的沙棘育种目标为：优质、丰产、抗病虫、适应性强。鲜食品种育种目标要求浆果大、风味好、香味浓、可溶性固形物高、浆果硬度大、有不同的成熟时期；冻果加工沙棘育种目标要求果实大、风味好、香味浓、可溶性固形物高、硬度大不易碎、冻果颜色不变暗。世界上主要育种机构在考虑浆果品质风味、丰产性的同时，逐渐重视抗病虫性。其他比如枝条直立、免于绑缚等，也是近年来育种的趋势。俄罗斯沙棘育种开展比较早，成绩卓著。他们十分重视资源的收集和研究，采用远缘杂交和抗寒育种方面成绩突出，先后推出多个品种，表现丰产、抗病毒、果大、可机械采摘等优良性状。俄罗斯西伯利亚利萨文科园艺研究所近 20 年来陆续推出了 10 多个沙棘新品种，都是以上述要求为目标的。

德国的沙棘育种项目开始于 20 世纪 60 年代，于 20 世纪 90 年代推出了几个沙棘品种，在抗病方面开展了分子标记育种并取得突破。

自 20 世纪末开始，中国大规模引进了许多俄罗斯大果沙棘品种，这些品种综合性状优良，表现果大、丰产、优质、刺少，同时，满足了不同用途如鲜食、加工、机械采摘等要求。中国生产中现在采用的沙棘品种如"楚伊（丘伊斯克）""向阳（太阳）""胜利""深秋红"等，多是 10 多年前甚至 20 年前引种、驯化和培育的。目前，国际上沙棘品种已经发生了很大的变化，原来这些大果沙棘品种在浆果品质、丰产性、适应性和抗病方面，存在这样那样的不足。现在世界上又陆续推出了 10～20 个沙棘新品种，我国目前使用的这些沙棘品种与国际上相比有较大的差距，不能满足正在发展的沙棘产业的需求，也不能适应我国地域广阔，生态条件多样化的实际。显然，我国沙棘产业必须继续重视从国外引进优良品种，同时加大我国自己的沙棘选种育种事业的力度。

中国虽然植物资源丰富，被公认为植物资源起源中心之一，但是至今几乎没有国家层面的、统一规范的沙棘育种项目，而且育种是一个长周期的事情，从现在开始进行沙棘育种，最快也要 10 年后才有品种推出。因此，从长远看，中国将成为沙棘最大的生产和消费大国，我们必须从现在开始着手建立中国的沙棘育种网络，长远规划，全盘综合考虑，依据中国沙棘生产和消费大国的目标，充分考虑地域差异，尽快培育出适合中国环境条件的优良新品种，满足中国沙棘产业快速发展的要求。

4.2 沙棘采收的机械化问题

由于沙棘的人工采摘成本较高，无论国内外，其成本大体上占 40%左右。如何降低成本，是各国共同的目标。因此，用机械采摘，一直以来是大势所趋。在俄罗斯、德国、加拿大、芬兰等沙棘生产国家，都在研究和应用机械采摘。中国经济发展较快，在现有 1000 多万亩沙棘生产中大部是人工采摘，各地沙棘手工采摘劳动力成本有所不同，一般为 2.5～5.0 元/kg。这样的采摘成本，在国际上不具竞争力。黑龙江某农场曾花费巨资引进美国 Oxbo 大型沙棘采摘机械 2 部，品种及种植不配套，机械搁置多年，只能作文物或者废铁处理。近些年辽宁阜新市某些单位进行了沙棘采摘机械开发的尝试，取得了进展，但离应用还有距离。目前来看，我国 80% 以上的野生中国沙棘还是靠人工采摘，但是最近 10 年来，手工采摘加带枝果速冻脱粒的采收方式得到了推广，这对提高效率和提高产品品质起到了很大的作用。

但是，我国在黑龙江、新疆比较平缓的地方建立的沙棘种植园已有数十万亩。为了实现沙棘机械采摘，在种植方面要提早做好技术准备，包括选择适宜的品种，与机械采摘相配套的建园密度设计、整形修剪技术等都需要改进。德国、美国、波兰、俄罗斯等国家的沙棘育种目标中，适合机械采摘是重要的性状要求。沙棘机械采摘品种最近引起了国内有关科研单位的重视，从国外引进了一批可以机械采摘的品种，目前还在试验观察中，从长远看，我国需要培育自己的适于机械采摘的沙棘品种。

沙棘机械采摘还需要一整套栽培技术与之配套。在这方面，我认为德国的技术具有实用价值和推广价值。德国的沙棘品种中，只有一个“Hergo”是适合机器直接采收的，其余的都必须用剪枝加速冻脱粒的办法进行采收。他们的栽培技术是宽行窄株（4m×1.5m），有利于机械耕作及收获。在果实成熟年，用机器收获 3/4 的果枝，留下 1/4 的果实供鸟兽食用，以维护生态平衡。这是一种把收获与修剪结合在一起的办法。第二年被修剪的树长出茂盛的新枝，第三年大量结果。这种隔年结果的收获方式，效率很高，又节约成本，值得我们学习，特别是新疆和黑龙江大面积种植沙棘的地区，有很大的借鉴意义。

4.3 沙棘产业的状况及培育举措

沙棘产业是一条全产业链，从种植到加工到市场到消费，涉及许多环节。目前我国沙棘加工企业的原料来源，主要还是依靠中国沙棘野生资源，其次是大果沙棘种植园。中国沙棘野生资源受地理、气候的影响，产量极不稳定，大小年十分严重，企业不能获得稳定的原料供应。一方面，有关部门应当加强对野生沙棘林的抚育改造，提高单产，提高效益，提供更多的优质原料给企业。另一方面，沙棘企业应该建立自己的原料基地，保证自己的供应。近年来，许多企业已经这样做了，收到良好的效果。

大果沙棘种植园在最近十多年里得到突飞猛进的发展。特别是在新疆和黑龙江，已经有 40 万～50 万亩大果沙棘种植园建立起来，并陆续结果投产。但是，这些大果沙棘种植园大多数在边远地区，远离市场，远离消费者。针对这种局面，一方面要提倡大果沙棘种植园建立自己的加工企业，生产初级产品供应市场。另一方面，要鼓励多地大果沙棘种植园对接合作，优势互补，生产优质产品满足市场的需要。

沙棘产业的主要短板是市场发育很不充分。对于大多数国人来说，沙棘还是很新鲜，很生疏的。应当加强互联网等手段宣传沙棘的作用和功能，让更多国人享受沙棘的好处。沙棘产业急需一大批互联网企业及营销企业来推动沙棘产品的销售。只有沙棘产品的销售渠道打开了，市场拓展了，沙棘的加工企业才能发展，从而带动沙棘种植业的发展。

行业协会是推动产业发展的重要推手。目前我国沙棘产业的行业活动比较薄弱，虽然已经有了一个沙棘企业家协会，但是它的代表性和广泛性都不够。有必要建立一个能够团结全国广大沙棘企业家和行业从业者的组织，真正推动我国沙棘产业的发展。此外，我国曾经有过中国水土保持学会沙棘专业委员会，20 世纪 80—90 年代活动很多，前几年听说更名为水土保持植物专业委员会了，建议在此机构上，加挂沙棘专业委员会，推动沙棘的学术交流和行业的技术交流。

4.4 沙棘科研的状况及建议

自 1985 年以来，随着沙棘开发利用事业在我国广泛开展，科技工作者积极参与进来，出了许多成果。在 30 多年的时间里发表了 9000 多篇科技论文，超过同一时期任何其他林木的论文，这对促进我国沙棘事业的发展起了非常重要的作用。

进入21世纪以来，我国的沙棘科研活动开始减弱，科技成果逐渐减少。如前所述，我国虽然是沙棘大国，但不是沙棘强国。我们的沙棘育种事业不如俄罗斯，沙棘的基础研究，包括生物化学及基础医学等方面不如俄罗斯及加拿大等国；在机械化采收方面不如德国等先进国家。印度沙棘的开发利用事业在最近10余年有突飞猛进的发展，在2015年印度召开的国际沙棘协会大会上，印度人交流的论文数量超过其他国家论文数量的总和。

任何产业的发展都必须以科技为基础。我国沙棘产业的发展已经到了从数量型向质量效益型过渡的阶段，必须加强科技支撑。首先，企业是研发的主体，我国有规模、有影响力的企业，应该投入更多的资金到提升企业的质量和效益上去；其次，国家要加大对沙棘基础研究的投入，特别是对沙棘育种、生物化学及基础医学、机械化采收、高效低耗加工技术、创新产品的研发等，更要加大投入力度。到目前为止，在沙棘方面，还没有一个国家级的重大科研专项支持沙棘产业。在我国高等院校，国家级科研机构也少有沙棘的重大研究课题，这是很大的遗憾，希望有关部门引起重视。

总结起来，我国在过去的35年里，沙棘的开发利用事业取得了巨大的成就，这是不容置疑的，但是目前存在的问题还很多，我们的前景任重而道远。但是，我相信我们广大的科技工作者和沙棘从业者，只要大家共同努力，一定会把我国的沙棘开发利用事业推进到一个新的高度。对这点，我是充满信心的！

站在信息制高点，竭诚为沙棘事业服务

——我的沙棘情报研究

武福亨
（山西省农科院情报所，山西太原　030006）

时光荏苒，岁月蹉跎。一晃眼间，时间已经到我国系统开发利用沙棘资源 35 周年之际了，我也已经退休 18 年了。下面我将自己多年来从事沙棘信息工作的经历、经验与大家分享，希望能有助于中国的沙棘研发工作。恭请业内同仁参考，也望大家不吝赐教。

1　开展苏联沙棘信息研究的由来和进展

1985 年，在水电部钱正英部长提出“以开发沙棘资源作为加速黄土高原治理的一个突破口”的倡议下，我投入到了轰轰烈烈的沙棘开发热潮中，当时正值我 1984 年专业对口调到了山西省农科院情报研究所任国外情报研究室主任，加之我所学的专业是俄罗斯语言文学，而苏联又是一个对沙棘研究开始的最早的国家之一，从 1773 年发表第一篇沙棘文献起，到 20 世纪 80 年代就产生了 2300 多篇沙棘科技文献，因此我利用自己的外语优势，利用单位订阅的上千种中外文报刊，翻译了大量的科技资料。1987 年，我出席第一次全国沙棘科研学术讨论会，撰写论文“保护资源，选育良种，重视科研，综合利用——对我国开发野生沙棘资源的几点建设”受到了与会领导和科研人员的很高评价，更坚定了我研究沙棘情报的决心和信心。

第一次全国沙棘学术讨论会
（1987 年，陕西杨凌）

全国沙棘开发利用工作会议
（1990 年，北京）

作者简介：武福亨（1942—　），男，研究员（退休），主要从事国外沙棘情报研究工作。

1989 年，我作为中国当时唯一派赴苏联从事沙棘信息研究的访问学者，在 1 年时间里，考察了阿尔泰西伯利亚国营农场、西伯利亚利萨文科园艺研究所、比斯克维生素厂、全苏列宁农科院米丘林遗传研究所沙棘农场、苏联林业部伊万杰也夫林业苗圃、莫斯科纪念伊里奇国营农场果树苗圃、莫斯科大学植物园、全苏药用植物研究所、苏联科学院植物生理研究所、布里亚特色楞格区沙棘国营农场、乌兰乌德无酒精饮料厂、全苏列宁农科院西伯利亚分院布里亚特果树浆果试验站、马里自治共和国苏尔托夫国营农场、季米里亚泽夫农学院沙棘试验基地、莫斯科自然科学家协会等单位，搜集了大量的沙棘综合信息，拍摄资料幻灯片和照片 600 余张，收集了 40 余件有关沙棘的专利说明书，包括 9 个沙棘油提取专利，30 多个沙棘果采收专利，5 个沙棘果加工专利；10 件沙棘标准资料，包括 1 个沙棘苗木的标准，1 个沙棘罐头和沙棘汁的标准，8 个沙棘鲜果的标准；还有 30 余件实物情报资料，包括 10 个苏联品种沙棘种子，15 个沙棘系列药物和沙棘油，1 个红景天酊剂，1 个护手膜膏剂，复制重要文献 500 余页，还结识了近百名苏联沙棘界的专家和学者，真是不虚此行。

留苏期间上的大学——季米里亚泽夫农学院（1989 年，莫斯科）

拜访季米里亚泽夫农学院舍维卢合院士

莫斯科大学植物园（1989 年，莫斯科）

与叶非莫夫娜博士考察野生沙棘林

出席苏联蒙古沙棘学术会议的代表合影
（1989 年，布里亚特）

不过，系统的研究开始于“沙棘开发利用情报研究”课题，于 1991 年 10 月由山西省农科院立为重点攻关项目（919340），同年 12 月黄河水利委员会黄河中游治理局将其立为协作项目（91－011），目的是系统研究苏联沙棘开发利用成就，搞好信息服务，为中国沙棘开发提供一些有益的借鉴。这一课题由山西省农科院情报所作为主要承担单位，我为课题第一主持人。

承担课题后，我带领课题组人员认真总结分析了“七五”期间所做的工作，从中提炼出研究思路，将研究重点放在全局性、综合性、新颖性、针对性、迫切性等具有战略意义的重大问题上，不断调整完善了工作路线和研究程序。具体工作中，克服了工作量大、资金短缺、人力不足等困难，在全

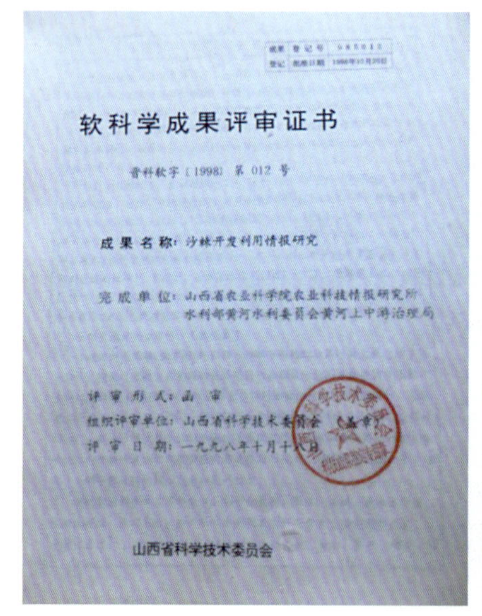

软科学成果评审证书

晋科软字〔1998〕第 012 号

成果名称：沙棘开发利用情报研究

完成单位：山西省农业科学院农业科技情报研究所
水利部黄河水利委员会黄河上中游治理局

评审形式：函审
组织评审单位：山西省科学技术委员会（盖章）
评审日期：一九九八年十月十八日

山西省科学技术委员会

科技进步奖
证书

为表彰在促进科学技术进步工作中做出重大贡献者，特颁发山西省科技进步奖证书，以资鼓励。

获奖项目：沙棘开发利用情报研究

获奖者：武福亨　赵玉珍　王俊峰　赵德恒　李寅生

奖励等级：软科学类　二等奖

奖励日期：二〇〇一年四月

证书号：2000-D-2-162

山西省科学技术进步奖评审委员会

山西省科技进步二等奖

国沙棘办、黄委沙棘办、山西省沙棘办、山西省科委和山西省农科院的共同支持下，稳扎稳打，步步为营，取得了不错的成果。“沙棘开发利用情报研究”课题1998年10月通过了省级鉴定，专家们一致认为该课题是情报研究的一个成功范例，是中国对苏联沙棘科技情报研究的重大突破，其深度和广度前所未有，在同类研究中达到国内领先水平，也未见国外有类似的研究成果。该成果于2001年4月获山西省科技进步二等奖。

在10多年的沙棘情报工作中，我们共翻译有关沙棘的俄文资料100多万字，编印《沙棘资源开发利用参考资料》共12集约43万字；撰写科技信息报告10个、5.1万字；合著专著4部；在省级以上公开刊物发表科技论文35篇、18万字；出席国内外学术会议14次，交流论文15篇、11.4万字；摄制《俄罗斯的沙棘》录像带2盘、编写了5万字的解说词；为有关部门提供实物情报17个，包括10个苏联品种沙棘的种子和沙棘系列药物及配方资料。此外，还多次应邀对中国部分科研生产单位进行考察和工作指导，并为科技人员及基层工作者解答咨询信件300余次。

这一课题的研究进展，通过信息研究和服务，为国内有关领导宏观决策起到了参谋作用，为中国沙棘的国际合作交流起到了桥梁作用，社会效益十分突出。也正是基于此，我于1990年获得全国沙棘办颁发的“七五”期间沙棘开发利用工作中贡献突出的先进个人证书，1993年又被全国沙棘办聘为信息顾问，同年还获山西省科委“山西省情报系统先进工作者”荣誉证书。1996年12月我又荣获水利部颁发的“八五”期间全国沙棘工作先进工作者荣誉证书，并荣任国际沙棘研究培训中心的信息和国际合作高级顾问，2002年10月荣获水利部“九五”全国沙棘生态建设与开发先进个人荣誉称号，任全国第二届、第三届沙棘专业委员会委员、山西省沙棘专业委员会副主任委员，同时还被一些沙棘科研单位聘为客座研究员或顾问。1993年被美国传记研究会选入《国际杰出人士名录》第5版，之后接连被收入后几版。

我们的沙棘信息研究工作，还引起了新闻界的关注。杂志《科学之友》1993年第3期以“沙棘情报专家的梦”为题，对我进行了采访报道。1994年1月25日，山西人民广播电台以“武福亨的沙棘梦”为题进行了采访报道；2月22日，《山西日报》又在农科名人访谈专栏以“访省农科院副研究员武福亨”为副标题发表了题为“沙棘——21世纪的水果”的采访报道。2002年3月18日《科技消息报》C4版“科学对话”栏目做了整版报道“关于沙棘的对话——带你走进维生素仓库”。

2　沙棘信息研究的基本方法

信息是一种普遍存在的社会现象，自从有了人类社会以来，就存在着信息及其交流。信息研究主要针对的是用户的需求，对所研究内容进行整理、加工、鉴别、判断、选择、分析和综合，最终形成新的信息产品，属软科学研究范畴。

在研究过程中，因为有了研究人员的创造性劳动，所以形成的观点、建议和方案，既保证了科学技术在继承的基础上得以发展，又深化和丰富了人们对客观世界的认识，是解决“信息爆炸”和“信息污染”等信息危机的一种有效手段。

我们采取了把国外情报与国内情报相结合、文献调查与社会调查相结合、定性研究与定量研究相结合、情报研究与信息服务相结合、宏观研究与微观研究相结合、科技情报与经济情报相结合的工作模式。这样把需要与可能、宏观与微观、定性与定量、研究与服务有机地结合起来，把信息服务视为情报研究的起点和归宿，在完成课题任务的前提下，想用户所想，急用户所急，对用户提出的信息需求立即进行收集和研究，做到及时提供，应时服务。

我们在苏联沙棘信息研究过程中采用的方法包括素材搜集、信息整序、文献计量、科学思维等过程。总之，比较与分类、归纳与演绎、分析与综合、想象与类比都是研究过程中不可缺少的方法，尤以分析与综合更具重要地位，没有分析就没有科学的比较与分类，同样归纳与演绎也离不开分析与综合。另外，我们还不同程度地应用了文献计量学、多元分析法、趋势外推法和层次分析法等，各种方法相互补充、互为前提、互为因果、相辅相成，从而构成了一组相互有机联系的方法群。这些方法的正确运用，保证了课题的顺利进展和完成。

3 开展苏联沙棘信息研究的主要成果

如前所述，信息人员是经济建设的耳目和尖兵，是领导进行科学决策的智囊和参谋。信息研究的任务是满足信息需求，其贡献就在于将有关信息通过搜集、整序、浓缩、科学思维等加工处理后，形成具有一定价值的信息产品。

3.1 为沙棘界宏观决策起到了一定的参谋作用

回顾这一为时10年的课题所经过的历程，1985—1990年为第一阶段，我主要是介绍国外特别是苏联有关信息，并结合我国沙棘开发实际提出了一些切实可行的建议；1990—1996年为第二阶段，我通过出席顾问会议、工作会议、学术会议或其他多种形式活动，参与有关讨论和决策，通过更加广泛介入，起到了一定的参谋作用。

国际沙棘研讨会闭幕式晚宴上与俄罗斯等友人同唱“莫斯科郊外的夜晚”（1995年，北京）

1993年第二届国际沙棘学术会议上偶遇莫斯科大学沙棘育种专家多尔戈切娃博士

比如，针对我国沙棘开发初期存在着破坏性采收、良种选育不力、科研跟不上开发，特别是对沙棘油的认识还不深不透等问题，我撰写了“保护资源，选育良种，重视科研，综合利用——对我国开发野生沙棘资源的几点建议”的研究报告，提出了4条具体建议。这一报告在1987年第一次全国科研学术讨论会上宣读后引起了较大反响，文中的主要观点被写入给水电部部长钱正英并全国沙棘办的报告“关于加强沙棘科研工作的建议”。建议筹办的杂志《沙棘》在1988年创办。建议编辑的《沙棘文摘》会后由山西省沙棘办采纳并编辑出版。

1990年1月，我从苏联进修沙棘信息学成归国后，针对中国沙棘开发现状，撰写了“综合开发沙棘大有可为”的文章，发表在1990年5月《山西农民报》上，紧接着又撰写了研究报告“赴苏进修归来谈我国的沙棘开发”，作为特邀代表出席了1990年7月沙棘专业委员会常委扩大会议，在会议上提出具体建议。我的发言受到与会者的好评，同时我本人被选为主要起草人之一，参加了《1991—1995年沙棘开发利用发展规划》的编制工作。归国后写的另一篇文章“苏联对沙棘的药用开发”，其中的沙棘油信息很快就引起了国内有关部门的重视。此文后被《北方园艺》刊登，直到1995年还有人来信索要此文。这些信息对促进我国沙棘油的提取起到了一定的促进作用。

1993年3月，我撰写的报告“沙棘的昨天、今天和明天——从苏联开发沙棘的成就看我国沙棘的开发前景”，入选《全国沙棘医药开发科研学术交流会论文集》，文中提出了推进中国沙棘药用开发和综合利用的5条建议。这5条建议于当年5月京城沙棘产品展示会议期间，向水利部钮茂生部长做了口头汇报，得到了部长的肯定。会后被《中国水利》记者约稿发表在该刊当年第 9 期上，还获得了《中国水利》编辑部颁发的“1993 年好作品”奖状和奖金。经补充完善改写的“沙棘的开发历史现状与前景”一文，在当年 9 月召开的“全国沙棘资源建设现场会”进行了交流。

选出几个事例，只想说明，沙棘信息课题研究过程中，在为领导决策方面确实提出过一些好的建议，并得到了肯定，一些还落实到具体工作中，为推动沙棘开发工作起到了积极作用。《沙棘》杂志 1991 年第 1 期刊登的钮茂生部长“为国分忧，为民造福，大力发展沙棘事业”一文中，称赞信息人员“提出了许多有益于科研、生产和行政决策工作的宝贵意见和建议，使沙棘事业在前进中少走了弯路，起到了积极的参谋作用”。领导的赞誉是对我及我的同行多年来开展沙棘信息工作成效的最大认可。

3.2 为沙棘科研与生产起到了先导作用

开展沙棘研究的 90 万字的信息产品中，大部分属于沙棘育种、繁殖、栽培、加工、综合利用等信息，有效地促进了中国的沙棘科研和开发进程，起到了较好的先导作用。

信息服务的方式，有应邀上门做报告，放映录像、幻灯，提供技术资料，进行咨询座谈，为用户出谋划策；有接待客户上门来访，提供信息，解释疑难；还有与来访的科研人员一起交流信息，切磋技艺，交换资料。此外，电话、来函、来信的答复，这方面的信息服务多如牛毛，浩如瀚海，仅对保存的信函资料的不完全统计，就发现服务的受众遍及全国 16 省（自治区、直辖市）800 人次，在此不再一一列举。

我只是想说，我们所做的沙棘信息服务，一是为科研提供了新思路，避免重复劳动，促使早出成果，快出成果；二是为广大用户提供信息服务，及时解决他们的各种疑难问题。

3.3 为沙棘国际交流起到了桥梁作用

信息检索的初步成果，就用到了 1988 年在我国西安召开的第一届国际沙棘学术讨论会上。当时我为大会组委会提供了苏联专家的通信方式，并在“中苏科技交流与我们的对策”一文中，呼吁组委会把会议的有关信息刊登于全苏科技情报所定期检索刊物《国际科学大会、代表大会、学术讨论会和展览会通报》上，以使苏联更多专家获悉会议有关信息。

1991 年我为山西省技术进出口公司邀请到了苏联国家农工委员会果树原种苗木国际股份公司一行 4 人来华访问，并签订了意向书。

接待苏联沙棘协作与贸易代表团
（1991 年，山西太原）

接待罗马尼亚果品贮藏专家代表团
（1992 年，山西太原）

4 开展沙棘信息研究的体会和展望

在多年的沙棘信息研究工作中，我体会到，首先，信息研究人员要有奉献精神。由于信息研究实际上是人脑对信息的获取和加工，其成果的表达则是以研究报告的形式体现。信息研究人员通过自己的研究报告和其他多种形式，向社会各方面提供信息服务，使大家从中受到启迪，在自己的实践中发现问题、分析问题、解决问题，从而在科学研究、技术研发、生产实践之间架起一座桥梁。

不过由于信息研究成果的效益是隐性的、间接的，只有通过用户的再创造才能转化为生产力，为社会创造财富，产生直接的明显的生态效益、经济效益和社会效益。因此，人们往往对用户转变出来的生产力看得比较清楚，而对信息研究成果在这一成果转化中所起的先导作用往往容易忽视，对信息这一仅次于物质和能源的第三资源重视不够，这便使信息研究人员有失落感。事实上，这与现在许多事业单位的科技推广工作者所处处境十分相似，他们扶持的协会、农户往往会发家致富，但他们却分毫无收，更不能有任何索取。索取了就是触碰了“红线”。所以，作为事业单位的信息服务，已经习惯了以无偿服务为主的方式，那就是用户满意，自己安全。

其次，我体会的更多的是，我国沙棘资源虽然位居世界第一，但在品种繁育、生态保护、开发利用等方面，国际社会还有许多值得搜集的先进信息供我们使用，这项工作今后还是一定要继续开展。

信息研究绝对不会退出历史舞台，如果说在沙棘研发初期，信息研究起到了先导作用的话，那么在沙棘深度开发的今天，沙棘信息研究更应是当之无愧的耳目、尖兵与参谋。如果说世界上有少花钱、多办事的话，信息研究就是其中之一。

再次，数十年来的沙棘信息研究经历，使我深刻地体会到，中国沙棘界应该继续重视信息研究，继续给沙棘信息研究机构和人员给以应有的支持，使信息研究人员能有一些基本的、起码的从事信息研究的条件，发挥信息研究对沙棘开发工作的促进作用。

当今的世界已跨入信息化时代。信息能帮助人类更有效地利用有限的物质和能源，创造出无限的财富来。谁掌握了信息，谁就掌握了主动权，这一点已被世人不断地有所认识。因此，信息的价值已为越来越多的人所接受。中国成功开发沙棘 35 年就是信息引路的典范。

中国沙棘部门从 20 世纪 50 年代以来，先后营造了数百万亩的用于水土保持的沙棘林，这在世界范围内是首屈一指的。进入 80 年代后，中国的科技信息部门提供了有关沙棘经济价值的信息，使沙棘的食用价值和药用价值受到了普遍的重视。沙棘的开发利用很快在全国形成一波又一波的热潮，成为许多贫困地区农民脱贫致富的一条有效途径。

如果说在沙棘开发初期，我们曾经是靠信息引路的话，那么在沙棘系统开发利用 35 年后的今天，信息更是沙棘界广大科技人员不可或缺的良师益友。许多技术性问题，固然可以靠我们自己掌握的知识，通过摸索来逐步加以解决，但借鉴一些发达国家的经验，仍然是一条众所周知的捷径。我们不能故步自封，积极搜索国外沙棘种植开发的先进经验、工艺技术和营销手段，仍然是我们不能放弃的一条基本科学途径。

以上诸点，仅供业内同行磋商，以共促我国沙棘开发大业。

（胡建忠协助整理）

协调组织沙棘开发，加快黄土高原治理

李　敏

（黄河水利委员会黄河上中游管理局，陕西西安　710018）

1985 年，水电部部长钱正英同志提出了“以开发沙棘资源作为加速黄土高原治理的一个突破口”的倡议，当时我在黄河上中游管理局（原名黄河中游治理局）宣传推广处工作，担任副处长。1986 年黄河水利委员会成立沙棘开发利用领导小组的同时，在我局成立黄委沙棘办公室，办公室就设在我所在的部门，因此，顺理成章的我就兼任了沙棘办公室副主任，主管沙棘宣传推广、规划设计、示范区建设和科学研究等一系列的工作。下面将这些方面开展的工作简单做一归纳，供大家参考。

1　调查研究，摸清底子，转变观念，通过顶层设计来逐步推动沙棘种植

从 1986 年年初开始，我主持黄河中游沙棘资源及开发利用的调查工作，到 1987 年 6 月结束，历时 1 年多，先后到陕西、山西、甘肃等“沙棘大省”进行外业调查，初步了解了黄河中游沙棘资源开发利用的状况。通过这次调研，广泛接触了沙棘专家、系统了解了沙棘特性、全面掌握了沙棘开发。

其中 1986 年 5 月到黄委天水水保站召集黄委沙棘专家座谈，首次听取了我国沙棘科研专家于倬德、王占孟等老先生对沙棘的看法和认识，系统地学习了沙棘的生物学和生态学知识，比较深入地了解了在黄河中游黄土高原地区种植沙棘的技术要求。其后，又参加了国家区划办召开的沙棘会议，进一步了解了全国沙棘开发的情况。

1986 年 5 月 6 日在甘肃天水，黄委天水水保站站长于倬德高工讲话记录

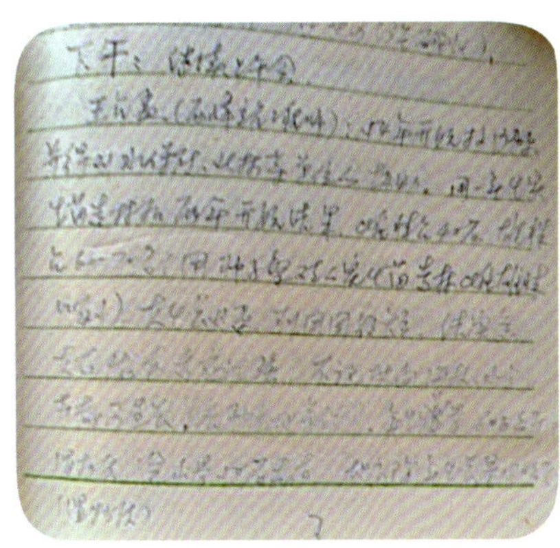

1986 年 5 月 6 日在甘肃天水，黄委西峰水保站王占孟高工讲话记录

1986 年 5 月 9 日在黄委天水水保站研究拍摄沙棘录像片会议上沙棘专家发言记录

作者简介：李敏（1952—　），正高，副巡视员（退休），主要从事沙棘资源建设和开发利用工作。

在对沙棘开发利用的认识上，我也曾经有过一个变化过程。调研中了解到，一些地方在沙棘加工利用中一哄而上，盲目建厂，同时有掠夺性采收行为。为此在 1986 年 6 月向水电部报送的第一期沙棘送阅件中，就提出了一些开发利用中存在的问题，并提出沙棘开发要少搞市场调节。对此，钱正英部长看后认为调子太低，宣传了消极的东西，不应只提问题，让农水司郭廷辅处长转告：应从积极的方面提出办法，促进沙棘发展，且不应提“少搞市场调节”。

1986 年年底，我执笔编写了“黄河中游沙棘资源及其开发利用”，作为参阅文件，提供黄河中游水土保持委员会第二次会议。文章介绍了黄河中游沙棘资源和开发利用现状，总结了开发利用的经验，分析了存在的问题，提出了黄河中游人工沙棘资源建设的意见。根据前期调查资料，1987 年我又先后编写完成了“黄河中上游地区沙棘资源开发利用调查报告”和“黄委会 1986 年沙棘工作总结及 1987 年计划”。根据黄委沙棘领导小组要求，我在完成调查报告等材料后，赴北京向全国沙棘办公室进行了汇报，使上级主管部门和领导了解了黄河中游沙棘发展情况和黄委沙棘工作开展情况。其间我还根据调查，编写了多篇宣传报道文章在《黄河报》和《水土保持科技信息》等刊物发表；根据安排，编写了“黄河中游沙棘资源开发利用”在黄河中游局 1987 年青年技术干部学习班上做专题报告。

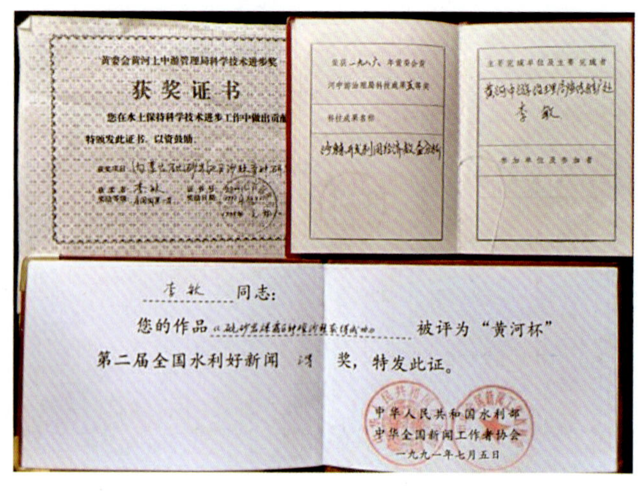

开展沙棘调研所获有关奖励

根据对调查资料数据的分析，当时我认为，黄河中游地区自 1985 年以来形成的“沙棘热”除了有行政和政策等因素的作用，更主要的是受经济规律的影响。我撰写的“沙棘开发利用经济效益分析”，采用两个指标——单位面积沙棘林果实产值和产值费用比，分析了沙棘果实采收使沙棘林产生的直接经济效益。分析后我认为，沙棘林经济效益存在空间与时间变化的特点，其高低取决于产值大小和生产性投入量的多少；野生沙棘林的产值较低，但是采收沙棘果实比经营坡耕地的经济效益相对较高。据此我建议应改造野生沙棘资源，建设人工沙棘林，研制采收和加工机具，以提高经济效益。这篇文章为进一步搞好黄河中游地区的沙棘资源建设提供了依据，并在黄委水利经济研究会 1986 年学术讨论会上进行了交流，同时还获得黄河中游局 1986 年度科技成果奖励。

2 建立示范区，树立典型，通过举办各种会议来推广典型，带动沙棘种植向纵深发展

作为流域机构的沙棘办公室，主要职能之一就是树立典型，以点带面，促进沙棘发展。因此，在开发利用之初，我就受黄委沙棘办主任于倬德委托，开始抓黄河中游地区的沙棘示范区建设，其中以黄土高原水土流失严重的区域为主。1986 年黄委沙棘办公室在黄河上中游水土流失重点地区，选择内蒙古砒砂岩地区、镇原县武沟乡等 16 个点开展沙棘造林试验示范。其中，比较成功且影响较大的有甘肃省镇原县武沟乡项目和内蒙古鄂尔多斯的砒砂岩项目。

为了配合示范区建设的宣传推广，1990 年我组织拍摄了反映砒砂岩沙棘示范区建设的录像片《绿色的希望》，和反映武沟乡沙棘示范区建设的录像片《武沟人的实践》，在以后的各种会议上播放。

甘肃省庆阳地区的镇原县，自然条件恶劣，农业生产水平低下，是黄土高原贫困县之一。该县武沟乡在新中国成立的 30 多年间，先后采用山杏、刺槐、白榆、杨树等树种，累计造林 45000 多亩。但由于树种选择不当，仅保存下来 1000 多亩，而且都成了“小老树”。在黄河水利委员会沙棘办公室

的资金扶持和黄委西峰水保持站的技术指导下，开展了沙棘造林试验示范。到1990年成功种植沙棘纯林和混交林6万多亩，占全乡总面积的27%，基本上使荒山、荒沟得到绿化，大面积的沙棘林产生了显著的效益。在武沟，首先，种植沙棘地区已大大减轻了水土流失危害。据观测，3年生以上沙棘林上层林冠茂密，林下草本植物丛生，枯枝落叶层3～4cm，形成垂直防护层次，减少了土壤侵蚀的发生。其次，这一地区基本解决了长期制约生产发展的饲料、燃料、肥料缺乏问题，粮食产量大幅度提高，稳定地解决了温饱问题。

1986年7月和1987年7月，我先后两次在甘肃省西峰市举办黄河上中游沙棘重点发展区沙棘培训班。

在黄委西峰水保站主持工作期间，我多次陪同带领上级部门领导和各地专家学者到武沟乡考察沙棘，宣传武沟沙棘种植的效益，推广武沟种植沙棘的经验。

1990年12月，在河南省郑州市召开了第二届全国沙棘开发利用工作会议。这是在中国沙棘开发利用事业由起步阶段转入攻坚阶段的关键时刻召开的一次重要会议。水利部副部长钮茂生在会上做了“为国分忧，为民造福，大力发展沙棘事业”的工作报告。会上表彰了“七五”期间在沙棘开发利用中做出突出成绩的先进单位和先进个人。会议指出：虽然我们面临着许多问题和困难，但问题和机遇同在，困难和希望并存，只要坚定信念，持之以恒，积极工作，踏实稳步地向前发展，沙棘开发利用事业就一定会取得更大成绩。本次会议为使沙棘开发利用事业走出低谷、健康发展起到了积极的推动作用。我参加了这次会议，为更好地开展黄河流域沙棘示范区建设借到了东风。

1991年7月，黄委沙棘办公室与甘肃省林学会等4个单位，联合主持在甘肃省西峰市召开了甘肃黄土高原科技兴林学术讨论会。来自甘肃省各地、州、市及大专院校、科研单位的90余名代表出席了会议。我作为黄委沙棘办副主任，当时为西峰水保站的负责人，正好也是东道主，带领代表们考察了武沟乡人工沙棘林，观看了反映武沟乡人民艰苦奋斗科学营造沙棘林、治理水土流失、促进山区经济发展的电视片，听取了黄委西峰水保站沙棘课题组关于“黄土高原干旱地区沙棘营造技术和综合效益研究”的学术报告。经过研讨，大家一致认为，在甘肃省中部和东部地区推广武沟的经验，将会大大加速甘肃治理黄土高原的进程。

1994年9月，黄河流域沙棘示范区建设工作会议在甘肃省镇原县召开，我还是继续牵头负责筹办这次会议。会议安排部署新一轮沙棘造林示范工程，传达学习1993年在内蒙古东胜市召开的全国沙棘资源建设现场会及1994年全国沙棘育种工作研讨会的有关精神，并宣讲讨论了“沙棘林规划设计方案及技术要点”和“黄河流域沙棘示范区建设管理办法”。当时，沙棘资源建设已在黄河流域全面展开。这次会议向来自黄河流域7省（自治区）16个县（市、区）的项目管理人员明确了搞好沙棘示范区建设的要求：一是要提高认识，切实加强对这项工作的领导；二是要组建一个强有力的工作班子；三是要有一个好的规划；四是要建立一套科学的管理体系。全国沙棘办的领导和我国著名育种专家也在会上发表了讲话。《沙棘》杂志编辑部对此项工作给予了大力支持，在杂志上开辟专栏“黄河流域沙棘示范区建设工作会议专稿”，宣传示范区建设工作。

内蒙古自治区伊克昭盟的砒砂岩裸露区受严酷的自然条件的影响，加之过度的土地利用，这里植被破坏殆尽，砂质和泥质基岩大面积裸露，土地沙化严重，被称为是“地球上的月球”“环境癌症”，每平方公里每年流失土壤达3万t以上，最高超过6万t，相当于每年流失表土2cm以上，因此，这里同时也是黄河中游地区风蚀和水蚀剧烈的多沙粗沙产区。严重的水土流失，不仅对黄河下游是一个很大的威胁，而且给当地群众的生产生活带来很大危害。长期以来，砒砂岩地区许多地方由于土地的质量下降和数量减少，致使当地群众到了无地可种、无草可牧的境地，丧失了起码的生存条件，成了“环境难民”。为了治理这一地区的水土流失，伊克昭盟水保办做了大量的试验研究，终于找到了种植沙棘治理砒砂岩这一有效的措施。从1986年开始，黄委沙棘办在这里与伊克昭盟水保部门合作，开展了沙棘造林示范工作。1990年全国沙棘工作会议后，又增加治理投资力度，扩大沙棘种植范围，加快沙棘造林速度。在地方各级政府和业务部门的共同领导和推动下，在砒砂岩大量分布的准格尔旗、东胜市、达拉特旗的8个乡规划了一个大面积沙棘示范区，当时已累计种植沙棘超过30万亩，早期种植的沙棘平均株高已超过1.5m，长势旺盛，有的地方已形成了茂密的沙棘灌丛。我调查中了解到，1990年伊盟大旱100天，一些树草大量死亡，农作物大幅度减产，但当年种植的沙棘成活率仍在75%以上。沙棘在伊盟砒砂岩地区大面积试种成功，改造了砒砂岩裸露区的环境，有效地控制了水土流失，使这里的广大群众看到了绿色，看到了生机，看到了希望。

砒砂岩地区沙棘种植成功，也得到了各级领导的重视和支持。1992年中国水土保持学会沙棘专业委员会和全国沙棘办等单位，组织我国沙棘行业的专家考察了砒砂岩沙棘种植区。1993年，水利部部长钮茂生同志出席了在内蒙古东胜市召开的“全国沙棘资源建设现场会”，并发表了重要讲话。他指出：“实践证明，钱正英副主席前几年讲的话是正确的，就是‘以开发沙棘资源作为加速黄土高原治理的一个突破口’。因此我们要下定决心，抓住机遇，加速发展，使我们的沙棘事业、水土保持事业再上一个新台阶。”

沙棘外业调研

1995年10月6—9日，黄委沙棘办公室在内蒙古东胜市召开了第二次黄河流域沙棘示范区建设工作会议。参加会议的有黄河上中游有关各省（自治区）水土保持局和各示范县（市、区）的负责人共70余人。黄河上中游管理局副局长兼黄河水利委员会沙棘办公室主任于倬德作了工作报告。与会代表认真讨论了这个报告，并参观了伊克昭盟的沙棘示范区建设现场，交流了各示范区建设工作的经验，明确了1996年的任务，落实了责任，增强了信心和决心。

3　开展沙棘育种科研，积极投身国际合作，从全球层面上推动沙棘种植和开发事业

由黄委沙棘办组织，由我具体牵头，1988年在甘肃、宁夏、陕西、内蒙古等省（自治区）进行中亚沙棘、蒙古沙棘引种驯化试验。经过几年的引种试验研究，蒙古沙棘已经在陕西、内蒙古等省（自治区）开花结果，取得了引种的成功。1991年，黄委沙棘办与中国林科院协作，我作为主持人之一，协助第一主持人黄铨研究员开展工作。课题采用“选、引、育、繁”的技术路线，在黄河中游地区选择东胜、离石、磴口、西峰、绥德、永寿等试验点，开展沙棘良种选育研究。为了加快育种进度、保障育种效果，加速第一代良种的繁殖推广和第二代良种的选育，1995年，黄委沙棘办公室与中国林科院进一步合作，建立了磴口沙棘良种繁育基地。这一课题在总结鉴定时并入“沙棘遗传改良系统研究”课题，1995年课题在北京通过林业部组织的鉴定，认为该成果达到国际领先水平。1997年这一成果获得林业部科技进步一等奖，1998年成果又获得国家科技进步一等奖。该课题培育了“辽阜1号”“辽阜2号”“乌兰沙林”“森淼”“橘丰”“橘大”“棕丘”“白丘”“红霞”“川秀”“草新1号”“草新2号”“深秋红”“壮圆黄”“无刺丰”等一系列沙棘新品种。

1995 年 3 月，黄委沙棘办公室与全国沙棘办公室联合在陕西省临潼县举办了全国沙棘良种繁育研讨班，我参与筹办了这次培训班。参加这次研讨班的有来自北京、河北、山西、内蒙古、黑龙江、辽宁、陕西、甘肃、宁夏、青海 10 省（自治区）从事沙棘科研、教学和生产管理的 60 多位专家、教授及有关沙棘示范区建设基地县的行政、技术人员。研讨班上有 10 位专家教授做了专题讲课，系统讲解了沙棘良种选育和栽培的理论、技术、方法，交流了近 10 年来我国在沙棘良种选育和栽培方面取得的成就。

在水利部主管部门和全国沙棘办公室的支持下，我作为主持人，1992—1996 年主持了水利部水利技术开发基金项目“内蒙古础砂岩地区沙棘育种研究”。该课题延续与中国林科院育种课题的技术路线，对适应础砂岩地区恶劣环境的沙棘进行了选育，完成了科研任务，通过了课题鉴定，科研成果获得 1997 年黄河上中游管理局科技进步一等奖。

1993 年 8 月 23—26 日，第二届国际沙棘学术会议在俄罗斯阿尔泰边疆区首府巴尔瑙尔市利萨文科园艺研究所召开，我随同于局长等一起参加了这次会议。在会议上亲眼目睹俄罗斯在沙棘育种、种植及开发方面的成绩，让我大开眼界。

参加第二届国际沙棘学术会议（1993 年，俄罗斯巴尔瑙尔）

1995 年我当选中国水土保持学会沙棘专业委员会副秘书长，参与了“九五”期间我国沙棘学术活动。1995 年 6 月，作为学术组负责人，负责了 1995 年北京国际沙棘研讨会学术方面的筹办工作。这次会议有来自亚、欧、美、非 11 个国家的专家和联合国开发署（UNDP）、联合国粮农组织（FAO）、联合国工发组织（UNIDO）、国际山地综合发展中心（ICIMOD）、国际泥沙中心（IRTCES）以及中国政府有关部委的官员出席了会议。会议促成了国际沙棘研究培训中心（ICRTS），中心坐落在北京，水利部副部长朱登铨为中心剪了彩。我作为中方专家，在关于在中国北京成立国际沙棘研究培训中心的《北京宣言》上签了字。

1999 年 8 月 30 日至 9 月 2 日，作为副秘书长，我参与主持了北京国际沙棘研讨会（IWS - 99）。全国政协副主席钱正英出席了开幕式。在开幕式上，水利部副部长朱登铨、中国国际经济技术交流中

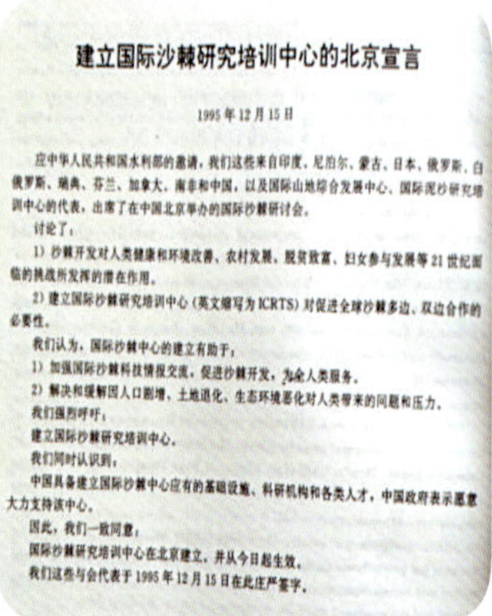

建立国际沙棘研究培训中心的北京宣言

1995年12月15日

应中华人民共和国水利部的邀请，我们这些来自印度、尼泊尔、蒙古、日本、俄罗斯、白俄罗斯、瑞典、芬兰、加拿大、南非和中国，以及国际山地综合发展中心、国际泥沙研究培训中心的代表，出席了在中国北京举办的国际沙棘研讨会。

讨论了：

1）沙棘开发对人类健康和环境改善、农村发展、脱贫致富、妇女参与发展等21世纪面临的挑战所发挥的潜在作用。

2）建立国际沙棘研究培训中心（英文缩写为ICRTS）对促进全球沙棘多边、双边合作的必要性。

我们认为，国际沙棘中心的建立有助于：

1）加强国际沙棘科技情报交流，促进沙棘开发，为全人类服务。

2）解决和缓解因人口剧增、土地退化、生态环境恶化对人类带来的问题和压力。

我们强烈呼吁：

建立国际沙棘研究培训中心。

我们同时认识到：

中国具备建立国际沙棘中心应有的基础设施、科研机构和各类人才，中国政府表示愿意大力支持该中心。

因此，我们一致同意：

国际沙棘研究培训中心在北京建立，并从今日起生效。

我们这些与会代表于1995年12月15日在此庄严签字。

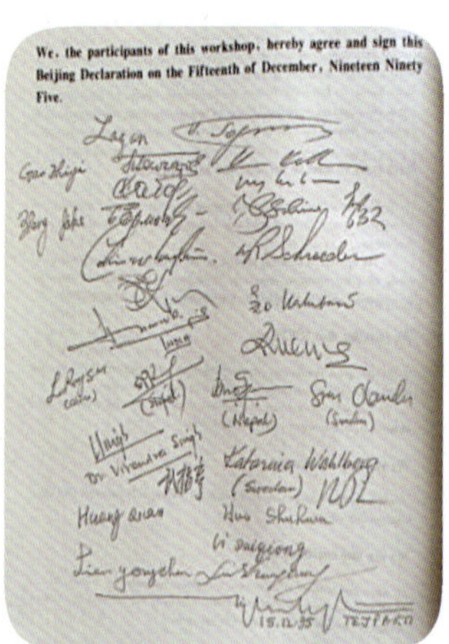

We, the participants of this workshop, hereby agree and sign this Beijing Declaration on the Fifteenth of December, Nineteen Ninety Five.

1995年《北京宣言》

参加沙棘国际学术交流会议（1999年，北京）

心主任梁丹、国家发展计划委员会农经司副司长高俊才以及联合国开发计划署柯斯汀、联合国粮农组织库瑞希、国际山地综合发展中心巴塔博士等在主席台就座，并发表了热情洋溢的讲话，他们盛赞沙棘资源开发利用的重大意义，对中国和世界的沙棘开发利用成就给了高度评价，并表示将一如既往地支持沙棘事业。

35年，弹指一挥间。在沙棘宣传推广、规划设计、示范区建设、科学研究甚至国际合作等方面，我都做了一些力所能及的工作，也取得了一些进步。粗略算来，这些年，我合著了《中国沙棘开发利用（1985—1995年）》《中国沙棘开发利用“九五”发展战略》《世界沙棘研究与开发》《沙棘油脂概论》《大果沙棘引种与栽培》《沙棘研究》等8部书籍，发表了30余篇沙棘论文，在一些国内外会议上宣读了10余篇科技论文，获得了近10项科技进步奖，特别是1998年随同黄铨先生一起获得了国家科技进步一等奖，算是对自己科研工作的一个非常完美的总结。

我在从事流域沙棘工作的同时，也从沙棘学到了很多很多，其中体会深刻的是沙棘的“生存策略”和“处世之道”。从植物学（生物学）知道，一种植物（生物）种群的扩大和发展至少有两种模

参与编辑的部分出版物

Significance of Exploitation and Utilization of Seabuckthorn Resources to the Development of Chinese Local Economy

Li Min , Zhang Li

(Seabuckthorn Office of the Yellow River Conservancy Committee, Xi'an , Shaanxi , China)

Abstract Environmental protection alleviation of poverty, and sustainable development of the social economy are serious problems facing the world today. The Chinese government has made great effort in this direction. In 1985 the requirement of "speeding up the improvement of loess plateau with seabuckthorn exploitation and utilization as its breaking-through point" was been declared. In the past ten years, large areas of seabuckthorn have been afforested in Loess Plateau such as the Yellow River basin, Haihe River basin, and Song-Liao River basin, and at the same time established more than 200 seabuckthorn processing factories producing foods, beverage, health protecting products, medicine and cosmetic, totalling eight series, and more than 200 products. Compile statistics show that in 1994 the total amount of fresh seabuckthorn utilized was 60 000t, the total value of seabuckthorn processing was ¥300 million, the direct income of collecting fruit and seed by the farmers was ¥50 million, and all this has contributed to solving the shortage of fuel and fodder in these areas. Analysis shows that farmers by collecting fruit, fuel and grazing can attain a pure income of ¥380 million, which comes to ¥127 per person, and which is 20% of the total ¥634 per person in 1993. The exploitation and utilization of seabuckthorn has indeed played an active role in speeding up the environmental improvement of China, increasing the amount of income of the farmers in the poor areas, and promoting the continual economic development of the less developed regions.

key words exploitation; local economy; seabuckthorn

1995 年北京国际会议交流论文

式：一种模式是形成高大个体，占据光合作用的“制高点”，获得更多的阳光，并抑制其他植物的生长，同时个体高大利于种群的延续；另一种模式是大量繁殖，产生尽可能多的个体，保障种群的延续。沙棘同时具有这两种生存策略（模式）：在生态环境友好的地方，沙棘生长成为乔木，在植被中成为上层植被，获得尽可能多的光合作用机会，保障在与其他植物的生存竞争中占据有利地位；而在生态环境较差的地方，沙棘则可以“委曲求全”，利用其固氮能力，自己产生营养，无性繁殖，形成大量的根蘖苗，“独木成林”，同时产生大量的类“浆果”果实，给鸟兽提供一些“小恩小惠”，促进其种子的传播，达到保持沙棘种群的繁衍。从沙棘的这些特性中得到启发，“悟”出了一些人生哲理，也给自己的工作和生活带来一定的启迪。

戈壁滩上建沙棘种植园 助力一七〇团场高质量发展

王东健
（新疆农垦科学院林园研究所，新疆石河子 832000）

小时候我听老师讲，世界上首位宇航员，苏联的加加林进入太空时带的食品就有沙棘营养餐。那时就感到沙棘是一种非常神奇的植物，渴望能够接触了解。

2002 年 6 月因申报国家发展改革委一个项目，我到北京答辩，正遇上“中国沙棘开发利用与生态工程建设国际研讨会”在北京召开，在会场上我认识了黄铨研究员。请教了黄先生一些品种方面的问题，知道黄先生选育的优良品种多在内蒙古磴口的基地里。

随后我赴内蒙古磴口，引进了几个优良沙棘品种，将其栽植到项目试验地里。项目实施后，黄先生常来现场指导。黄先生认为，这些引自俄罗斯、北欧的大果沙棘品种在新疆种植，果形、果色、果柄长度、果重都有所变化，由此推测，营养成分也可能有所变化。

深受黄先生教诲，我由此对沙棘育种深感兴趣，与沙棘结下不解之缘。

1 戈壁滩上初试沙棘，果然与众不同，长势喜人

我从内蒙古磴口引入的一批沙棘品种，定植在北疆地区新开垦的育苗地里，或与退耕还林的乡土树种种植在一起。

黄铨来新疆指导发展沙棘工作

套袋的为 3 年生白榆，旁边为 1 年生的沙棘

作者简介：王东健（1955— ），男，研究员，所长（退休），主要从事沙棘等林果种植研究工作。

由于北疆地区冬季最低气温可达−41℃，一般果树基本都被冻死，而沙棘定植后，我发现它们居然安然无恙，表现了它们突出的抗寒性。

在退耕还林的戈壁荒滩地，营养缺乏，乡土树种新疆白榆、胡杨、沙枣3年生长量极小，而种植的沙棘，种植当年的生长高度就超过了上述一些树种3年的生长量，足以说明荒漠戈壁滩非常适宜沙棘生长。

经过后来的几年种植试验后，证明所引进的优良大果沙棘品种，在新疆有广阔的发展前景，可以审定、推广。

所引这些沙棘品种经过单株选育、提纯、区试，由新疆维吾尔自治区林木审定委员会审定为良种的有“新垦沙棘1号”“新垦沙棘2号”。后经申报，获得国家科技部新品种中试与示范立项资助，还获得国家林业局推广项目支持。

“新垦沙棘1号”

“新垦沙棘2号”

2　协助水利部沙棘开发管理中心开展区域试验，引进沙棘品种全部获得成功

新疆深居欧亚大陆腹地，幅员辽阔，戈壁苍茫无边。为“屯垦戍边”，新疆生产建设兵团许多团场就驻扎在万里国境线和茫茫戈壁滩上。这里气候冷凉，土地难以利用，种植粮棉均不适，职工群众非常贫困，兵团第九师一七〇团就是具有代表性的单位之一。该团地跨托里、额敏两县境内，团部设在距自治区三类高寒山区的托里县铁厂沟镇约18km处的莫合台地区（北纬46°21′，东经84°45′）。极端最低气温−40℃，土地全为砾石，难以利用。曾经试验种植过小麦、棉花、打瓜、苹果树、苜蓿、啤酒花、薄荷、花生等，均告失败。广大职工有工作热情，但没工作做；上级部门有帮助愿望，苦于没有门路。

由于有前期沙棘引种试验作保证，我在多种场合，向第九师有关领导推介沙棘，宣传沙棘的三大效益，在一七〇团开始了种植试验。沙棘在一七〇团种植后生长、结果表现很好，3年就进入盛果

一七〇团所在地的戈壁滩

期，戈壁滩地有了实实在在的经济效益了。之后，一七〇团种植沙棘的面积就逐渐由几百亩、几千亩到几万亩，定格在5万亩。

为了得到更多的优良大果沙棘品种满足新疆各地区发展的需要，先后申请获得了兵团科技局少数民族聚居地区发展、国家林业局绿化项目的支持。特别是2012年，水利部沙棘开发管理中心将我所在的新疆农垦科学院林园所列为协作单位，将我列为专题负责人，实施沙棘948引进项目。据科技合作处处长胡建忠正高说，他选择我也是黄铨先生推荐的。从那时起一直到现在，我在一七〇团建立了200亩的沙棘引种试验区，试验品种为来自俄罗斯的22个大果沙棘品种，还有5个杂交沙棘品种。

在实施948引进项目过程中，新疆农垦科学院在一七〇团研究出的在高寒干旱区戈壁地种植沙棘的配套技术措施起到了很大的作用，在全国5个协作点中，以一七〇团所种沙棘保存率最高、长势最旺、果实品质最好，而受到水利部沙棘开发管理中心的好评，更让一七〇团以及其他团场看到了在环境恶劣区发展沙棘的重要作用。

3 从引种、种植沙棘走起，逐步开展开发利用，促进戈壁滩系统生态经济功能的充分发挥

2019年7月，水利部沙棘开发管理中心在一七〇团举办了“全国沙棘学术交流会”，来自全国各地的代表们在看到一七〇团从戈壁到绿洲的巨变后，一个个都竖起了大拇指。代表们看到的是，一眼望不到边的戈壁滩核心区，有一片面积达5万亩的以沙棘为主体的绿洲。引进的大果沙棘似五色珍珠，挂满了树体，酸甜可口，美丽动人。晚熟的“深秋红”等种植园，绿中泛黄的果实串，压得树体弯了腰，丰收在望。

这次会议上，新疆生产建设兵团及第九师林业局、科技局、农业局、发展改革委、农发办及统战部也来参会，一七〇团的沙棘让他们受益匪浅。会议召开的第二天，师部就命令其他10个团来一七〇团取经学习，号召各团根据实际情况，从一七〇团调苗，从一七〇团请人，用一七〇团的技术开展种植。

一七〇团这个典型，获得了干部群众的一致好评。作为兵团科技人员，我做这些是本职工作，是理所当然的。沙棘在高寒干旱区戈壁地种植的成功，显示了兵团领导的重视，兵团人独特的干劲，水利部等各方面的支持。我认为，方向定好了，只要齐心协力，事情一定会成功的。

我亲眼目睹到，戈壁滩上沙棘种植的成功，已经完美地体现在三大效益上。下面通过图片来具体展示。

（1）生态效益。10余年的沙棘种植，使古荒原成为万顷林海。

种沙棘前的亘古荒原

种沙棘后成为万顷林海

（2）社会效益。10 余年的沙棘种植，解决了当地大批人员的就业问题。

春忙种植

夏忙收获

（3）经济效益。多数种植园已进入盛果期，采收果实、叶子的效益十分明显，看得见摸得着。在新疆高寒区戈壁滩地种植大果沙棘，恶劣的环境条件成了自然优势，打冻果采冻果反而成了一种比较容易采果的方式。

戈壁滩上显现一片“红云”

寒天雪地中采沙棘果

在大量出售鲜果的同时，一七〇团还利用沙棘果开发出了果汁等功能产品，利用沙棘叶开发出了沙棘茶，利用沙棘枝干生产出了沙棘蘑菇，使整株沙棘都得到高效利用、无废料开发，促进了一、二、三产业融合发展。许多沙棘承包户直接在田间地头安起了家，种植、管护、销售沙棘一条龙，通过勤劳种植沙棘走上发家致富路。

沙棘果汁

沙棘茶

沙棘蘑菇

以地为家，管护沙棘

一七〇团在沙棘林下散养鸡、鸭、鹅等禽类，通过畜禽放养直接消灭林间、林下土壤中的有害昆虫，而且动物粪便及时归还土壤，增加沙棘林有机肥供给。沙棘林下养殖业是一种种植、养殖双赢的模式，综合成本下降，经济收入倍增。

围绕种植沙棘，运输、物流、加工、观光、旅游等在当地已经兴起，经营沙棘林成为一项令人羡慕的产业，过去的破败村落成为美丽的城镇。广大职工群众解决了后顾之忧，就能够安身、安心、安业建好家园，巩固国防。

田间地头的收果运输已成体系

交售沙棘果

外运沙棘果

荒凉的戈壁滩变成美丽的“沙棘第一团”

4　新疆戈壁滩的高质量发展指日可待

引自高纬度地区的大果沙棘品种，冬季寒冷是保持其生物学特性的必要条件，荒漠戈壁地是其最适宜的生长土质，新疆的环境生态条件与北欧、俄罗斯在种植沙棘上应属同一生态地理群，新疆高寒区戈壁地恶劣的环境条件，种植这些大果沙棘品种，反而变废为宝，都变成了自然优势。

新疆更有沙漠效应积温高，滴水灌溉能保持土地湿润，能够满足沙棘的生物学和生态学特性，使这些沙棘品种将比原产地生长更好，必将在新疆真正形成地域优势、资源优势、规模优势、产品优势和未来国内外的市场优势，成为新疆的新兴产业和实现经济可持续发展的重要途径之一。

兵团人有自己艰苦奋斗的优良传统，有敢打硬仗的硬朗作风。我为作为一个兵团人而自豪！在新疆的广大戈壁荒漠中，一七〇团只是树立的一个典型。我认为，只要大家科学行事，团结奋进，砥砺前行，必将建立多个像一七〇团一样的团场，使沙棘在各个团场发挥改善环境、脱贫攻坚、加强国防、增强人民健康、造福人类方面发挥越来越重要的作用。我坚信，戈壁荒漠的高质量发展，应该是完全可行的！

半生沙棘缘，情深意又重

胡建忠

（水利部沙棘开发管理中心，北京 100038）

我自幼即与沙棘结下了不解之缘。很小的时候，估计有六七岁吧，我就已经认识“沙棘”了，那是20世纪60年代中后期，距今50年前的事。认植物是农村孩子的天性和基本技能，我们家坐落在“羲皇故里”甘肃天水的凤凰山下。凤凰山是西秦岭余脉的余脉，海拔1895m，渭河海拔约1200m，我们村子海拔1270m左右。山里的农村孩子苦，从小就承包了看管弟弟妹妹，给家里打猪草、砍烧柴的基本任务，出门上山下沟，常常能碰到沙棘，它是很好的薪炭树种。那时我们管它叫“酸刺”，枝条上有刺，扎手，果实很酸，无法入口，所以这个名字，感觉很妥帖。南方有“望梅止渴”，北方的沙棘就有这种效果。后来慢慢了解到，北方许多地方多是这种叫法，当时书里边也是这样写的。其他俗称还有“酸啾啾”或“酸溜溜”，比较形象。青海叫“黑刺”，与区内分布的“白刺”“黄刺”一起合称“三刺”。山西一些地方叫它“醋柳”，叶子像柳，果实味道像醋，果然是醋乡的独特叫法。后来不知何故，我国文献中就统一改名为沙棘了。这样就产生了一个很大的问题，让人特别容易误解为这是一种沙生植物！其实不然，沙棘只是一种喜光、稍耐大气干旱的中生植物，不具备沙生植物既抗风蚀又耐沙埋的任何特性！

1 初出茅庐试错频

我于1978年9月考上北京林学院（1985年更名为北京林业大学）水土保持专业，1982年春季大学毕业实习时，我独自一人进入陕甘交界的子午岭林区，在路线普查的基础上，选定5种灌木开展了水保效益研究，其中位列第一的为酸刺！是的，毕业论文上写的就是酸刺！当时指导我毕业论文实习的是高志义教授，他不仅教会我水土保持林方面的理论知识，还是我从事研究工作的第一导师，他教会了我沙棘等水土保持植物方面的基本试验技能，更多的还有做人的诚实、厚道等原则。大学毕业后我能继续考研、读博以及进博士后流动站，都是高先生鼓励和支持我的结果。十分感谢高先生，他是我的人生导师。

1982年4月大学毕业实习时在子午岭（甘肃正宁）开展沙棘等研究

作者简介：胡建忠（1962— ），男，农学博士，理学博士后，正高（三级），正处级（退居二线），主要从事沙棘等水土保持植物资源建设和开发利用研究推广工作。

1994 年 11 月在辽宁大连会议上
与高先生（左二）相遇

1997 年 11 月在四川都江堰会议上
与高先生（右二）邂逅

2002 年 6 月高先生（左图右三，右图左五）在北京林业大学出席我的博士论文答辩会

大学的教育，使我明白了沙棘枝条上的刺，其实是耐旱性的一种表现；沙棘果实酸，是它富含果酸的缘故。不过有时偶遇一些沙棘，也能品出甜味来，那种果实含糖量肯定高。1982 年夏季大学毕业后，起先我在地方党政部门工作。1989 年年初的一个偶然机会，77 级师兄李敏来我们单位开会时，看到我仍处于打杂的样子，学非所用，就建议我调往他所在单位黄委西峰水保站工作。

新的单位从事新的工作后，李敏师兄就将当时发行的仅有的几期《沙棘》杂志推荐给我看，我也从他那儿学到了植物生长呈 S 形曲线，以及如何建模的知识和技能。从此，我就迷上了沙棘——这种 20 年前就已认识，7 年前曾经研究过的植物，也迷上了数学，迷上了计算机。总归一句话，就是热衷

李敏师兄与我都陶醉于“俄中鲜”的
酸甜可口，风味绝佳（新疆额敏）

2018 年 11 月陪同李敏师兄
在甘肃庆阳检查沙棘示范田

于用计算机建模，探究沙棘生长发育规律。当年，“天然沙棘林的水保作用研究”就在《沙棘》杂志第 2 卷第 4 期发表，也是我正式发表的第一篇科研论文。此前，我也曾发表过政研和科研方面的文章，只不过都是非公开发行刊物。从此，我有关沙棘的科研论文也就一篇篇地发表了出来。李敏师兄是我重归沙棘队伍的带路人，十分感谢、感激、感恩他！

20 世纪 80 年代，在黄委“三站”从事水土保持林研究的知名专家，西峰水保站有王占孟高工，天水水保站有于倬德高工，都在沙棘研究方面取得了丰硕的成果，获得了水利部“七五”期间“全国沙棘开发利用先进个人”的称号。我有幸能在王占孟老师课题组开展沙棘和水土保持林研究，虽然不久后他因年龄原因就将研究主持工作全盘移交给了我，但此前长期的交往，使我们之间早已建立了情同师生的关系。在王老师的安排下，我带人赴甘肃镇原武沟开展了沙棘人工林综合效益研究，按不同立地条件、林龄、雌雄株等的组合，对沙棘生长量以及地上、地下生物量进行了系统测定，特别是对大样本根系的根量、根长测定和分析，在国内还是少见的，有关论文发表在 1992 年《林业科学》上。这项研究属于黄河流域水土保持科学研究重点科研课题内容之一，协作单位很多，后来研究成果以专著形式体现——《黄土高原水土保持灌木》由中国林业出版社于 1994 年出版，我们在镇原武沟的沙棘研究和南小河沟的灌木研究成果，都属这本书的组成部分，王老师和我均被列为专著编写人员。

1982 年春季大学毕业实习时与王占孟高工（前排中间）在南小河沟试验场

1989—1992 年在甘肃镇原调研沙棘人工幼林

1994 年 5 月查看沙棘实生育苗（甘肃西峰）

1994 年 8 月随同甘肃省植物学会与会专家考察植物群落（甘肃华池）

在黄委西峰水保站，除了开展不同立地条件适地适树研究、灌木研究和沙棘生物学生态学方面的一些研究外，我开展的另外一方面重要工作就是沙棘育种。这是一个全国性协作课题，课题负责人是中国林科院鼎鼎大名的黄铨研究员。通过种源、小群体等试验，黄铨先生领我进入了沙棘育种大门！他应该是我从事沙棘研究的第二个导师！通过这一课题，我系统地学习并实践了育种的一些理论和技术，并运用于其他植物研究之中。十分感谢黄铨研究员，我的育种导师！黄先生带我们搞的这一课题，后来荣获国家科技进步一等奖，作为协作单位的黄委西峰水保站也得到了单位获奖证书，这也算是我对单位所做的一点贡献。不过我个人没有要奖，因为黄铨先生让我报一个完成人员时，作为协作单位专题负责人的我，慷慨推荐了我的助手！与人无追悔，施恩不图报！

2005 年 9 月与黄先生在北京沙棘成果验收会上

黄铨、于倬德两位沙棘老前辈主编，国内沙棘界许多知名专家参与写作，2006 年由科学出版社出版的鸿篇巨制《中国沙棘》，我承担了其中一章的编写任务，这是多年来跟随黄先生研究沙棘，取得个人挂名的宝贵成果。

2007 年 4 月陪黄先生与蒙古学者拉根（右二）在北京座谈

2011 年 9 月与黄先生在青海西宁 ISA 大会会场

2 牛刀小试风雨中

1995 年、1996 年连续两年，我被全国沙棘办，也就是我现在单位水利部沙棘开发管理中心的前身借调，参与承办了一次国际会议、一次国内会议，筹办了一个国际中心（ICRTS），负责编辑、参与编辑出版各一本书，几乎跑遍了“三北”地区种植沙棘的沟沟岔岔。接触的高水平专家多了，看的基地、试验、企业多了，眼界也开阔了，积累了好多沙棘知识，自我感觉这两年间业务能力有了突飞猛进。特别是跟随孙振华主任，耳濡目染，言传身教，初步培养了大局观、团队意识和为人处世能力。1996 年 12 月，我获得了水利部“八五”期间全国沙棘工作“先进工作者”的称号。

2000 年，我主编的《沙棘生态经济价值及综合开发利用技术》由黄河水利出版社正式出版。书中论述了沙棘的生态价值、“三料”（燃料、饲料、肥料）价值、经济价值及其影响因素，总结了有关沙棘的生态工程建设、“三料”林的经营以及围绕沙棘果实等所进行的药品、保健品、饮料食品、化妆品等开发利用的新型实用技术。山西省农科院情报所武福亨研究员负责撰写了“沙棘的经济价值与

1995 年借调期间与李敏师兄
在月坛北小街自食其力，津津有味

1996 年搬在条件优越的西郊江河大厦
（从左至右为袁海珍、武福亨、史玲芳、胡建忠、解柱华）

1995—1996 年借调全国沙棘办期间经常
往来于月坛与大兴

产品开发”这一十分重要的章节，他运用了大量多年来搜集到的俄罗斯沙棘资料。十分感谢武先生。现在也时常回想起在北京西郊筹备国际会议期间，与他相处的日日夜夜。这本书反响不错，许多培训班都用来作为教材使用，书很快就脱销了。有些不知名的企业老板甚至农民兄弟，也时不时来信或打电话向我讨书。我只得将珍藏图书免费寄给，以示对知音的回馈！

我在北京林业大学读博期间，正值全国退耕还林还草工程实施如火如荼之际。青海大通是国家林业局副局长周生贤主抓的县，北京林业大学负责技术支撑，需要派去一人担任副县长主抓这项工作。时任北林大校长的我导师朱金兆教授建议我去，经国家林业局同意并推荐青海省后，由西宁市委组织部发文、大通县人大任命，我担任了大通县副县长，一干就是 3 年（2001—2003 年）。在青海大通，中国沙棘有一些优良类型，退耕还林工程中自然少不了它，甚至在多数乡镇作为退耕还林的当家树种。北林大派出多个学科团队来大通工作，由我来协调安排，其中由我重点负责的技术工作包括围绕“十五”科技攻关项目建立了生态定位站、径流观测场等，并协助导师带领一些博士、硕士和本科生开展野外试验研究工作。当时在野外工作时，我们自己扎帐篷，自己动手做饭，干劲十足、热火朝天的工作场景，互相关怀、亲如一家的生活情节，也经常浮现在面前，仿佛昨日，又恍如隔世。试验研究成果除提交课题利用外，基本上为参与研究者的学士、硕士和博士论文，以及我的博士后出站报告。数年后，我将出站报告加以修订，定名为《黄河上游退耕地植被恢复重建与可持续经营》，于 2007 年由中国环境科学出版社出版，书中自然也少不了中国沙棘的有关内容。

2001—2003 年在青海大通带领北林大博士、硕士和本科生开展退耕还林试验研究

砒砂岩区是黄河中游地区水土流失最为严重的地区，沙棘在这一区域自 20 世纪 80 年代之初已开展了试验种植。借调全国沙棘办期间，我参与了 UNDP“中国沙棘开发”项目前期准备工作，数年后项目实施时我负责编写了有关培训教材。有此项目的催化带动，国家基建项目“晋陕蒙砒砂岩区沙棘生态工程”于 1999 年开始实施，实施期限 10 年。

项目责任主体为水利部沙棘开发管理中心围绕工程建设，2006—2009 年列专题开展研究，2010 年完成技术报告撰写。受当时沙棘中心郜源临主任安排，我有幸牵头负责，并从头至尾承担了这项科研工作。其中，野外沙棘人工林的综合研究由我带的一些研究生和沙棘中心部分人员参与完成。同时，又委托北京林业大学、东北林业大学、黄委西峰水保站分别承担了环境资源价值、经济效益和社会效益，景观格局，减水减沙等方面的有关研究内容。中心下属的高原圣果沙棘制品有限公司提供了一些申报专利的文字说明等技术资料，由我来汇总，作为产业化开发章节的重要内容。

我在水利部沙棘开发管理中心时还带着北林大的研究生，事情是这样的：2004 年年初博士后出站后，我先在北京林业大学工作，2005 年夏季又从北林大来到沙棘中心。当时水利部沙棘开发管理中心通过向上级机关报文，以引进人才名义将我调入。从 2006 年 5 月起，我担任了科技合作处处长，重点承担了规划设计、科技推广和国际合作方面的一些工作。我当时担任的北林大研究生导师尚未辞去，还带着几个硕士研究生。利用这些智力资源，我领着他们对砒砂岩区沙棘人工林的群落、生长、土壤、森林水文等方面做了系统研究和总结。

2006 年 7—8 月在内蒙古准旗西召带领北京林业大学研究生一起开展沙棘野外综合试验研究

通过连续 4 年（2006—2009 年）的相关研究，砒砂岩沙棘研究获得了以下 8 个方面的成果：一是获得一套系统的适用于砒砂岩区的苗木繁育技术；二是选择出适宜砒砂岩各类型区的一系列沙棘配置模式及种植技术综合体系；三是系统总结出砒砂岩区沙棘资源管理模式；四是掌握了砒砂岩区沙棘生长发育规律和空间结构变化特征；五是初步搞清了砒砂岩区沙棘群落的生物多样性及演替规律；六是研究得到沙棘在砒砂岩区种植后的主要生态功能；七是提出了一整套沙棘产品系列开发的综合工艺技术；八是定量评价了砒砂岩区沙棘工程的经济效益和社会效益。

砒砂岩沙棘成果报告印出，正准备召开鉴定会议时，中心郜主任通知我说课题不鉴定了。没办法，此项成果只能半途而废，戛然而止（此后紧接着又用四五年时间，全身心投入搞了一个南方坡耕地苎麻研究课题，也写出了科研报告，也正准备鉴定之时，也是同样原因放弃了……）。后来，在参与此项目研究人员的一致要求下，我将成果报告改为书籍《砒砂岩区沙棘生态控制系统工程及产业化开发》，由中国水利水电出版社于 2015 年正式出版（苎麻专著也同步出版），这时距离报告完成，已经过了5个年头了。在这儿我还得感谢我的博士后合作教师、中国科学院院士蒋有绪先生。砒砂岩沙棘成果准备鉴定之前，承蒙蒋先生对报告进行了仔细审核，提出了许多宝贵修改意见，并对成果名称作了修订。这一书名就是采用蒋先生拟定的成果名称。

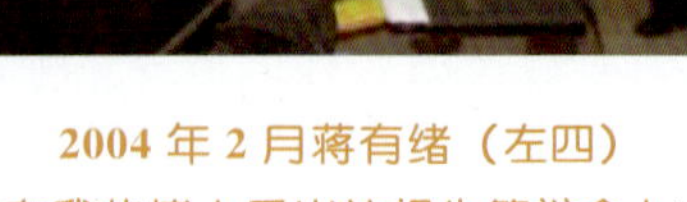

2004年2月蒋有绪（左四）
在我的博士后出站报告答辩会上

2008年9月蒋有绪（右一）参加晋陕蒙甘
沙棘论坛野外考察（内蒙古准旗）

沙棘适应性强，“三北”地区许多地方都可以种植。水土流失治理重用沙棘，退耕还林工程热衷沙棘。加之沙棘有一特性，我称其为“国性”，那就是种植前三年，它长得最好，最适合检查验收交账；五年郁闭，郁郁葱葱；一直到八年至十年前后，就开始衰败直至死亡。有鉴于此，我曾经反复呼吁营造沙棘乔木混交林，前期利用沙棘的优势，快速郁闭，辅佐乔木生长，同时顺利验收；种植八年后沙棘开始退化时，利用乔木优势，遮掩沙棘英年早逝的劣势——此时乔木已成林，沙棘作为伴生树种的使命业已完成，两者顺利交接，相得益彰。即使此时再进行后评估，仍然是一片郁闭度很高的林子，没有审计风险。这种思路及模式，我在甘肃庆阳、青海大通等地都曾经实践过，成功过，也撰写发表过有关文章。但遗憾的是，未能在全国沙棘生态建设任务最大的砒砂岩区得以实施，甚感遗憾。看着砒砂岩区那一片片黑压压衰败死亡的沙棘林，感慨万千。必须得强调，这些区域的生态林更适合营造沙棘与生态树种间进行混交的模式。生态树种主要为乔木，包括常见的油松、侧柏、刺槐、山杏等，采用常规种植技术，株间混交或行间混交，保证能造一片，成一片，绿一片，美一片。

漆树＋中国沙棘混交林
（甘肃西峰）

油松＋中国沙棘混交林
（甘肃华池）

青海云杉＋中国沙棘混交林
（青海大通）

3 力推工业原料林

作为生态建设树种，沙棘在“三北”地区发挥着十分突出的作用。但是，“三北”地区普遍位于农牧交错带，也是水蚀风蚀交错区，自然条件很差，生态灾难频繁，人民生活水平相对较为低下。如果将生态建设与脱贫致富能有机结合起来，那真是功德无量了。因此，在“三北”地区系统开展沙棘工业原料林建设的想法早就在我脑海中产生了，且无时无刻不在萦绕着、思考着、谋划着。2017—2018 年连续两年，我在开展高效水土保持植物调研时，就开始对“三北”地区沙棘种植园、主栽品种、构建模式以及龙头企业等进行调研和分析，当然也免不了检索、咨询以及求取有关资料包括图片等。然后，就是利用早上上班早到的两个小时，以及出差时晚间的所有空闲时间奋笔疾书，阶段性写作，初稿就拿出了。紧接着，就是配图、润色、校核、订正等也陆续完成，2019 年《三北地区沙棘工业原料林资源建设与开发利用》这本书就由中国环境出版集团出版，与读者见面了。这本书一出版，就受到国内许多沙棘开发企业的热捧。

2016 年 9 月在黑龙江绥棱
考察沙棘资源

2017 年 6 月在内蒙古达旗
考察沙棘资源

沙棘工业原料林的建设，既是解决企业原料供给、增加农民收入的重要手段，也是有效保护现有天然林资源和公益林的客观要求。在这部书中，我首次将全国沙棘工业原料林种植区域，划分为半湿润气候“自然型”沙棘种植带、半干旱气候“集流型”沙棘种植带、干旱气候“灌溉型”沙棘种植带等 3 个一级区，又在每个一级区下，按现阶段适宜种植的范围划出 6 个二级区——东北“自然型”沙棘种植区、华北北部“集流型”沙棘种植区、黄土高原中部“集流型”沙棘种植区、河套“灌溉型”沙棘种植区、河西走廊“灌溉型”沙棘种植区、北疆“灌溉型”沙棘种植区、南疆“灌溉型”沙棘种植区，并就每个二级区提出了良种选择、苗木繁育、种植模式等对应方案，在此基础上，介绍了沙棘果实、枝条、叶片的采收和储运，详述了资源初加工和有效成分提取方法，特别是对十大类沙棘产品的开发利用工艺技术，浓墨重彩，用笔颇多。

2017 年在黑龙江延寿
考察沙棘加工企业

沙棘开发是我2005年调入水利部沙棘开发管理中心之后开展的新工作之一。在承担一些省区沙棘规划的过程中，时任高原圣果沙棘制品有限公司副总工的忻耀年高工（现定居德国），提供给我一些沙棘药品、保健品、食品、化妆品等方面开发利用的工艺技术材料，使我获益颇多。就是现在，遇到开发方面不明白的问题，我也时常向他请教，他也照样能不吝赐教。忻耀年高工应该算是我步入沙棘开发大门后的领路人，特别的敬意送给他！

我确信，沙棘工业原料林建设是目前振兴沙棘的关键，把握住了这点，沙棘企业的腾飞指日可待。当然，资源建设必须防止一哄而上，要根据自然条件及市场需求，合理布局，适度发展。随着在"一带一路"中沙棘资源、技术和产品的持续输出，相信必然会对沙棘工业原料林的发展起到加速推动作用。

在开展沙棘工业原料林资源调查过程中，我还与沙棘育种协作单位专家一起，于2018—2020年分数次对沙棘起源地的青藏高原及周边川西、祁连山等地沙棘资源进行了路线踏查。根据调查结果，提出应将我国沙棘资源分为野生、半野生和人工3大类型的设想。我认为，野生资源指纯自然起源，呈野生状态；半野生资源指人工资源放任不管，呈野生状态，或野生资源经人工改造而来；人工资源指各类种植园，以及管理较好的一些荒地造林资源。同时，对各类沙棘资源按种或亚种选取果实、叶片和枝条取样进行了测定，明确了果实和叶的油、黄酮等含量按种、亚种的排序，进而为开展生产利用提供了新的指导依据；特别是发现果实的白藜芦醇、叶的白雀木醇、枝的5-羟色胺含量都较高，叶的黄酮含量远高于果实，这些都为调整沙棘种植开发思路奠定了科学基础。

青海果洛调查肋果沙棘

青海玉树调查中国沙棘

西藏普兰调查西藏沙棘

西藏札达调查中亚沙棘

四川若尔盖调查棱果沙棘

甘肃肃北调查中亚沙棘

西藏日喀则调查江孜沙棘

西藏错那调查柳叶沙棘

4 殚精竭虑抓育种

2006年年初，分管科研的水利部沙棘开发管理中心副主任卢顺光交流至兄弟单位，我从他手中接过了沙棘研究工作，并且一干就是15年，而且我担任科技合作处处长也是他交流临走之前向沙棘中心主要领导推荐的。当年我在全国沙棘办借调时，就是在卢副主任的直接领导下工作，他对我比较了解，也较为信任。育种工作十分重要，它是沙棘种植开发的起点。好的良种资源，对种植和开发来说，都意味着高的效益——生态效益和经济效益。我接手的沙棘育种工作，当时重点就是开展杂交子一代的区域性试验。对我来说，算是重新捡起了我在黄委西峰水保站干过的业务，轻车熟路，所以开展起来还算得心应手。不过对于一个事业单位中层管理者来说，头绪多，杂事不少，不可能常年在外搞试验。因此，田间试验工作主要交由中心聘请的专家在内蒙古东胜基地负责实施，一直干到2016年年底。东胜基地主要承担了蒙中、俄中两类沙棘杂交后的优株选择和无性系比较试验工作，同时，无性系比较试验工作还有达旗、准旗和太谷3个试点。这项工作是杂交育种的重要组成部分，也为从2014年开展的区域试验奠定了良好的基础。

1997年，我曾经主持过一个948项目（引进国际先进农业科学技术项目）——“水土保持优良植物引进”（975143）。2012年有幸再次申请主持了一个948项目——“俄罗斯第三代沙棘良种引进”（201216），于2013年从德国、2014年从俄罗斯引进良种沙棘无性系苗木、插条和种子，重点在黑龙江绥棱、辽宁朝阳、甘肃庆阳、青海大通、新疆额敏5个地点定植，陆续开展了初选试验、区域性试验和生产性试验。

1998年甘肃西峰948项目研讨会

2012年内蒙古鄂尔多斯948项目研讨会

育种课题主要人员 2017 年
在甘肃华池考察

因此从 2014 年起，沙棘杂交子一代的区域试验与大果沙棘引种两个研究课题得以合二为一，相互借鉴对比，同步开展区域试验。工作主要由 10 余家协作单位承担，包括黄河水利委员会西峰水土保持科学试验站、辽宁省水土保持研究所、黑龙江省农业科学院乡村振兴科技研究所、新疆农垦科学院林园研究所、青海省农林科学院青藏高原野生资源研究所，以及山西师范大学生命学院、沈阳农业大学林学院和植保学院、北京林业大学生物技术学院等。

在开展沙棘杂交子一代区域试验过程中，我带着山西师范大学的硕士研究生于 2015 年和 2016 年的 6—7 月，连续两年开展了沙棘抗旱性的研究，现场取样测定了 15 种沙棘叶片的自由水、束缚水、临界含水量和饱和含水量等值，室内通过扫描电镜和石蜡切片对叶、枝、根的样品进行了全方位测定分析，由此得出了一系列相关数据，并综合评价了参试杂交沙棘新品种的抗旱能力，为所研究课题增色不少。这是我第 3 次带研究生团队，集中人员、集中时间开展沙棘试验研究，和前两次一样，费少效宏，成果多多。

2015—2016 年夏季在内蒙古东胜带领山西师范大学研究生开展沙棘抗旱性试验研究

沙棘杂交子一代的区域试验课题经过长达 13 年（2007—2019 年）的试验研究，实际选育出“蒙中雄”“蒙中黄”“蒙中红”“达拉特”“俄中黄”“俄中鲜”6 个良种无性系，其共同特点是适应性好、抗逆性强、生长发育快、果叶经济产量高，与引进大果沙棘和中国沙棘相比，经济、生态和社会效益均十分突出。课题提出并实施了小、中、大不同尺度试验地区随试验时间延伸而相应变化的杂交沙棘动态种植试验示范体系，并根据果实、叶生化分析结果，将6种杂交沙棘划分为“工业原料型”“鲜食型”“保健饲料两用型”3个类型，为生产实践中分类种植、开发利用沙棘提供了科学依据。试验为杂交沙棘量身研制了微枝扦插方法，确定的最优扦插方案为三叶三芽、浓度400mg/L的GGR、插床沙层5cm厚度，研发了沙棘微枝扦插专用生长调节剂可以加快沙棘微枝扦插技术的推广。定名为“广适优质高产沙棘杂交新品种选育与应用”的科研成果已完成科技成果评价，荣获2020年中国水土保持学会科学技术二等奖。

大果沙棘引种课题经过长达8年（2013—2020年）的自创“三阶段交叉式”引种试验，在设立多个主点基础上随时间延伸逐渐增加副点，22个沙棘良种无性系全部引种成功，其中11个品种属“大果型”，12个品种属“高产型”，6个品种属“高油型”，5个品种属“高黄酮型”，10个品种属“高胡萝卜素型”，8个品种属“高白雀木醇型”，6个品种属“矮生型”，6个品种属“红果型”，全部21个雌株品种属“早熟型”，1个雄株品种为“保健型”“茶用型”和“饲料型”。课题提出并计算了单位面积沙棘林可以提供的可溶性固形物、油、黄酮和V_E等产量，可供有关种植合作社和加工企业使用。有了这些营养成分的数据，经营和生产单位可以提前判断所种沙棘各类干物质含量的生产潜力，核算产投比，作为后续采收和开发利用的重要依据。课题提出的“高截干更新技术”，即将衰败沙棘植株地上0.8～1.0m以上部分完全剪除（或锯除），同时在主干上保留3～5个侧枝，当年即能形成主要由结果枝组组成的庞大树冠，次年即可丰产，更新复壮很快，效果较地面平茬好得多得多。引进成功的沙棘良种，普遍适应性较好、抗逆性较强、生长发育较快、果实和叶等经济产量很高，与原引进大果沙棘和中国沙棘相比，经济效益也十分突出。目前，定名为“俄罗斯第三代沙棘良种引进试验技术创新与应用”的科研成果已完成科技成果评价，正在申报有关奖项。

庆阳试点物候观察

大通试点生长观测

额敏试点生长观测

朝阳试点果实发育观察

绥棱试点果实样品采摘

额敏试点果实参数测定

科学巨匠牛顿曾有振聋发聩的名言，“如果说我比别人看得更远些，那是因为我站在了巨人的肩上”。我负责的沙棘杂交育种区域试验示范（2008—2020年）工作和大果沙棘引种试验示范（2013—2020年）工作，就是在全国沙棘育种协作网前期开展工作的基础之上，充分利用国内沙棘育种界前辈们丰富的经验，以老带新，干中学，学中干，全身心投入试验示范。课题组人员在科研工作中，系统化了所学知识，历练了操作技能，开阔了视野，结成了紧密的学术合作团队。多年来的合作研究工作，五味俱全，思想与理想齐飞，辛苦与欢乐共存，相信会是课题组所有参加人员一生中值得大书特书的一页，令人难忘。

感谢各协作单位参加这项工作的所有人员，特别是感谢王东健研究员、单金友研究员、闫晓玲教高、张东为研究员和赵越研究员，感谢大家几乎不计回报的付出，踏实肯干、雷厉风行、认真负责的工作态度，任劳任怨、积极进取、密切合作的团队精神，举一反三、学以致用、融会贯通的学术能力，以及对我这个课题负责人的尽力拥戴、慷慨协助和密切配合。

5 振兴沙棘待后人

在水利部沙棘开发管理中心工作的岁月，已经过了整整15年。这些年，我主笔编写了“内蒙古鄂尔多斯市沙棘资源建设与综合开发利用规划”“陕西省吴起县沙棘资源建设与综合开发利用规划”“黑龙江省孙吴县沙棘资源建设与综合开发利用规划”“新疆维吾尔自治区克拉玛依市沙棘精品工程建设与综合开发利用规划”“新疆维吾尔自治区阿勒泰地区沙棘资源建设与综合开发利用规划”等规划报告，“青海省黄河干流地区沙棘开发基地建设可行性研究报告”“新疆吉木萨尔国泰新华矿沙棘生态治理项目可行性研究报告”等可研报告，获得了3项沙棘部级科技成果奖，申报成功了10项沙棘专利，建立了10余个沙棘良种示范点，参与筹备和召开了5次国际沙棘会议、3次全国沙棘会议，在沙棘工业原料林资源建设、沙棘乔木混交林、沙棘良种选育以及沙棘复合配置模式等方面提出了新的设想并付诸实践。

掐指算来，我从事沙棘研究始于1982年年初，至今已将近40年。如果从1989年回归科研工作以来算起，迄今也已30余载。纵观我对沙棘的研发，可谓情有独钟，情怀永存，情窦常开，情深义重。和国内外许多“沙棘迷”一样，将沙棘从一项普通产业做成了一项终身求索奋斗的事业。

2006年5月在新疆青河参加沙棘生态产业园奠基仪式

2006年9月在北京负责欧盟沙棘项目EAN－SEABUCK培训班

2007 年 8 月在加拿大 ISA 大会
做学术报告

2009 年 9 月在俄罗斯 ISA 大会
做学术报告

2008 年 12 月在深圳参加
媒体见面会介绍沙棘

2011 年 8 月在青海西宁参加
ISA－2011 新闻发布会

这些年来，由我主笔编著出版了 5 部沙棘专著、2 部沙棘文集，参编 2 部沙棘专著、1 部沙棘文集；主笔撰写发表了 80 多篇沙棘科研论文，还有近 20 篇沙棘论文在国内外相关学术会议上交流。几乎每年都有沙棘方面的科研论文发表，虽然高质量的不算太多，但从弘扬沙棘精神、传播沙棘思想、倡导沙棘方法以及普及沙棘知识等功用来看，应该算是达到目的了。特别是从 2019 年以来，我在《中国水土保持》杂志上以彩页方式，陆续宣传介绍我国沙棘自然种质资源和人工选育良种，为在水保行业内推介沙棘起到了一定的作用。由我负责引进成功的 22 种大果沙棘良种、培育成功的 6 种杂交沙棘良种，负责建立起的全国沙棘育种协作网，以及 10 余个沙棘良种研究示范点、每年 10 万株的良种沙棘苗木生产能力，相信会在沙棘工业原料林资源建设中发挥出十分重要的作用。

2019 年 7 月全国沙棘学术会议期间
与同行专家交流（新疆额敏）

2022 年 6 月我即将退休。目前我已退居二线一年多，管理任务没有了，时间充裕了。水利部沙棘开发管理中心主任赵东晓特意安排我重点将多年来所做的一些科研工作进行及时总结，同时做一些发挥余热的工作。因此，现在的工作更加饱满了，激情燃烧，起早贪黑，整理资料，撰写报告，一发不可收拾。已近花甲之年，但我依然朝气蓬勃！

发表沙棘论文的部分期刊

一半沙棘论文发表在两份沙棘期刊上

不过，冷静下来，仔细思索，我还是留有一些愿望，自己没有时间去做了，只能有待后人去完成！一是逐步建成黑龙江、新疆和西藏“三足鼎立”的我国沙棘工业原料林基地；二是全面实现黄土高原地区沙棘与其他生态树种的混交林建设局面；三是引进国外先进采果机械，在国内加以吸收嫁接改良转化，快速实现沙棘工业原料林建设地区的采果机械化；四是真正建成全国沙棘育种、繁育、种植、经营、加工和销售等方面的综合体系，多部门、多行业实质性地联合起来，在构建人类命运共同体中发挥突出作用。

“一个人是渺小的，当回忆过去所刻画的轨迹，只是在各种社会力和自然力的作用下完成的。在回忆中，也许感到惊奇，而在当时，却是奋斗或挣扎”（引自肖纪美院士《梳理人、事、物的纠纷——问题分析方法》一书的后语）。人生难得几回搏。回顾自己所从事的沙棘研发，虽然做了一些力所能及的工作，有些方面有些许窃喜，自鸣得意，但对自己总体评价还是略不满意，有些时候真是虚度了年华，本来可以做得更多、更好些。

在纪念我国系统种植开发沙棘 35 周年之际，林林总总，絮絮叨叨，啰里啰唆，写了许多，既是自我盖棺定论，对自己所从事沙棘研发工作的宏观总结，也可供年轻科技人员借鉴，吸取教训，总结经验，传递接力棒，少走弯路，多出成果。“革命尚未成功，同志仍需努力！”

最后，感谢师长的谆谆教诲，感谢领导对我的放手任用，感谢同事的支持激励，感谢家人的风雨同舟！感谢喜爱沙棘的人们！我爱你们！

硕果来自勤耕耘

围绕东北黑土区沙棘种植开发工作 积极开展沙棘良种资源收集保存创新

单金友

（黑龙江省农业科学院乡村振兴科技研究所，黑龙江哈尔滨　150028）

我于 1989 年正式着手国内外沙棘种质资源的搜集整理及观测评价，1996 年开始沙棘的杂交育种工作。30 多年来，我围绕沙棘种质资源引进、优良品种选育、良种繁育等核心工作，开展了利用沙棘防治荒漠化及草原退化、盐碱地营造沙棘林及果汁保鲜加工、沙棘果实采收加工及产品开发，以及沙棘蛀干害虫的发生及防治等多个领域力所能及的工作。

1　育种研究始终是我开展的核心工作

多年来，我先后承担国家林草局、水利部、大连民族大学及黑龙江省相关部门的沙棘研究项目 10 余项，立足东北，面向全国，开展沙棘研究。其中，参加水利部 948 项目“东北黑土区国外沙棘优质资源引种试验”1 项，推广项目“国外沙棘优质资源试验示范”1 项，国家自然科学基金面上项目“沙棘果不同器官油脂合成、积累与分配的分子机制研究”等 3 项，国家林草局重点示范推广项目“沙棘良种‘白丘杂’与‘黑棘 6 号’产业化示范”1 项，主持参加省级研究项目多项。在黑龙江绥棱县等地建立了沙棘育种、育苗及栽培技术的示范体系。

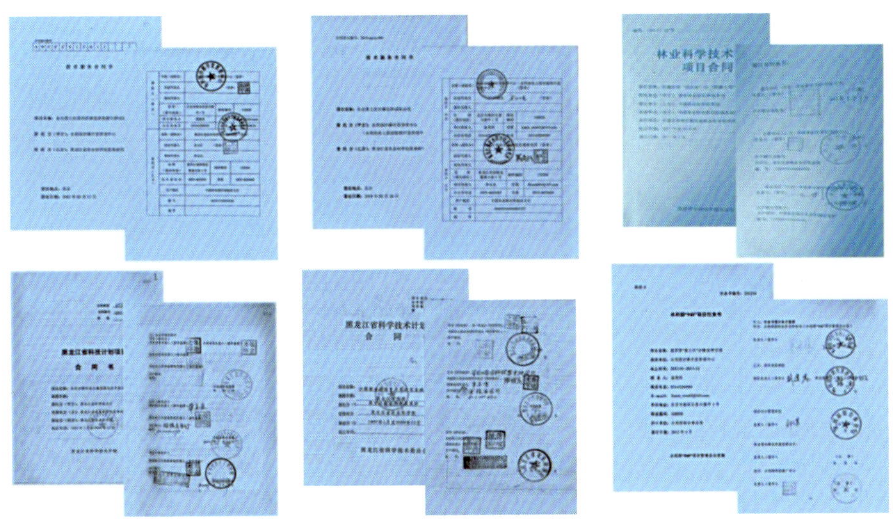

部分鉴定的沙棘科研成果

作者简介：单金友（1963—　），男，研究员（三级），主要从事沙棘良种选育、高效栽培及成果转化等技术研究工作。

我研究工作的重中之重是开展沙棘的“选、引、育”研究工作，引进国内不同沙棘种源地自然授粉种子 18 份，俄罗斯沙棘良种自然授粉种子 10 份，蒙古国沙棘良种自然授粉种子 1 份；引进俄罗斯沙棘优异种质资源无性系 40 份，德国沙棘良种资源无性系 6 份，代表性品种有“丘伊斯克”“巨人”“向阳”“阿尔泰新闻”“优胜”“首都”“芬兰”“新俄 3 号”“乌兰格木”“201307”“201315”“201318”“201319”等；选育出“绥棘 1 号”“绥棘 2 号”“绥棘 3 号”“绥棘 4 号”沙棘良种 4 个，申请新品种权保护 2 个；选育沙棘果用型、叶用型等加工专用型材料杂交种近 100 份，将陆续试验报审及推广。

2 多项成果获奖，多部论著得到出版，助力当地扶贫攻坚工作

在我所及沙棘研究室人员的共同努力下，我们课题组共获各类科技成果奖 13 项，其中：“盐碱地营造沙棘林及果汁保鲜加工技术研究”获黑龙江省科技进步二等奖（第三名）；“寒地浆果资源搜集保存与创新利用”获黑龙江省科技进步三等奖（第二名）；“优质丰产沙棘系列新品种选育与推广”获黑龙江省农业科技进步一等奖（第一名）；“沙棘果实加工特性研究及产品开发”获黑龙江省农业科技进步二等奖（第五名）；“沙棘良种选育及适应性研究”获国家林业局科技进步一等奖（第 4 名）。

另外，还获实用新型专利“一种沙棘扦插盘”1 项，申请发明专利 1 项。

部分沙棘成果获奖证书

在工作之余，我主编或参与编著《沙棘高效栽培技术》《沙棘研究》《沙棘栽培技术百例问答》《龙江果树》等涉及沙棘的书籍 7 部，发表论文 40 余篇（其中合作发表 SCI 论文 4 篇），起草沙棘果实省级标准 1 个，沙棘生产技术规程 1 个，沙棘育苗技术规程 1 个，修订国家沙棘果实质量标准 1 个。

利用建立的沙棘种质资源库及保存的沙棘种质 100 多份，示范推广了大果沙棘资源面积 30 多万亩，并积极申请参加贫困县的帮扶项目，助力脱贫攻坚。在地方生态工程建设、农村产业结构调整、乡村城镇化建设及林下经济发展等方面发挥了重要作用，为黑龙江省沙棘产业的发展做出了积极贡献。

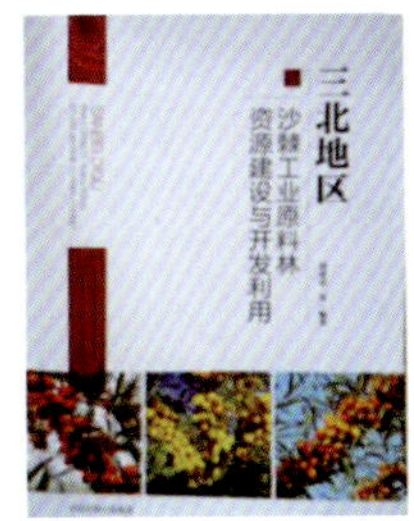

出版的部分书籍

3　积极参加学术交流和科学考察活动

作为沙棘研究室主任，我积极参加了一系列国内外沙棘学术会议，地方政府、企业组织召开的沙棘专题会议，并做了相应的报告，经常承担一些业务培训。

参加国内外沙棘学术会议或在培训班授课

同时，我通过加强与有关大学、科研院所、加工企业的沟通合作，已使黑龙江绥棱成为相关大学、科研院所研究生、博士生实训研究基地和企业的合作基地。

在绥棱基地开展沙棘试验研究工作

在工作之余，我还能不断加强业务学习，虚心向前辈求教，屡次奔赴国内沙棘生产区和野生沙棘资源分布区开展沙棘资源的考察调研，努力提升自身的能力水平。2009 年，在国家外专局引智项目支持下，我亲赴俄罗斯利萨文科园艺研究所，参加为期一个月的沙棘、穗醋栗等浆果的相关技术培训，收获满满。

基于上述工作，我多次被评为院级先进科技工作者和优秀党员、县级科技英模等称号，特别是在第八届国际沙棘协会大会上被授予“国际沙棘协会杰出贡献奖”（一同 4 人，其余 3 人均为国外科学家）。

开展沙棘野外科学考察

获得“国际沙棘协会杰出贡献奖”

4 多年来从事沙棘育种研究工作的一点体会

我现任黑龙江省沙棘工程技术研究中心主任，黑龙江省果树专业委员会委员，黑龙江省农业科学院沙棘学科带头人，国家林草局、水利部沙棘开发管理中心沙棘项目东北区负责人，水利部水土保持植物专业委员会副主任委员，中国园艺学会小浆果分会理事，国际沙棘协会会员，在国内沙棘研究领域享有一定的知名度。

沙棘育种工作的前提是应具备丰富的沙棘种质资源，即育种材料，而我国是沙棘资源大国，且种质资源丰富，分布区域广。我认为，沙棘育种的首要任务就是国内外沙棘种质资源的搜集，即引种工作。沙棘引种应根据气候相似理论，适地适树适品种，就近引种，这样才能引种成功。然后通过对引进的种质资源试验研究，加以评价合理利用及保存，为沙棘种质创新提供丰富的育种材料。

沙棘种质资源的搜集是一项持续且耗费资源较多的长期工作，有些资源又是稀缺珍贵的，且生态区域较窄，为此，沙棘育种工作首先应立足本土，做好资源保护的同时，根据水保、生态及产业加工需求选择优良株系，进行深度研究，加以推广应用。对于国外引进的优异种质资源，首先做好材料的分析整理及评价工作，然后开展区域性试验，选择性地推广应用，并加强长期保存工作，最后利用国内外沙棘优异种质资源的优势，多地多方位地开展沙棘杂交育种工作，挖掘沙棘良种的生态经济潜能，拓展沙棘良种的适生区域，打造具有中国特色的沙棘大国。

5 对今后沙棘育种工作的一些建议

（1）资源考察及选优。深入开展中国沙棘种质资源的考察工作，摸清完善沙棘的种类、分布及开发利用现状，开展特异种质资源优良株系的选择、功能成分检测等相关研究，以期当地推广应用。

（2）资源保护。依据国内外沙棘优异种质资源的适生区域，全国范围内划定资源的保护保存区，建立沙棘种质资源库，即沙棘育种的种质基因库。

（3）杂交育种。果大、功能成分丰富，抗逆性强，适应性广，果实成熟期晚，生命周期长，利于采收，同时注重专业加工品种、叶用品种的选择是今后沙棘育种的发展方向，而且具有广阔的市场和应用前景。为此，利用国内外优异的沙棘种质资源，在多地多方位地开展地理远缘、种间亚种间的沙棘杂交育种工作，应视为今后长期重要的工作任务。

（4）联合攻关。倡导国内的科研院所、大学、企业及相关职能部门创建沙棘种质协同创新体系，分工协作，根据沙棘种质资源适生和保存区域，异地开展沙棘的杂交育种、区域试验等项工作。

一朝学沙棘，终生为沙棘

卢顺光[1,2]

（1. 水利部沙棘开发管理中心；
2. 国际沙棘协会，北京 100038）

沙棘作为一种天然生长在欧亚大陆和我国青藏高原及黄土高原的小灌木，吸引了全世界 20 多个国家的几千名沙棘从业人员为之投入、为之痴迷，也包括我国 3000 多名来自农业、林业、水利、医药、食品、商贸、金融等众多行业的专家。从 1985 年开始的 35 年孜孜以求，得到了钱正英、钮茂生、郭裕怀等沙棘界的老领导以及国家领导人的关怀和支持。沙棘真是不简单！我有幸作为全国沙棘开发 35 年来一系列重要活动的参与者和推动者，结合 35 年重大事件的回顾与梳理，今天和大家一起总结这 35 年的发展历程，应该是一件很有意义的事情。

1 作为学生，学习沙棘，研究沙棘（1986 年 2 月至 1989 年 6 月）

我是从 1986 年年初，也就是大学四年级第二学期开始做毕业论文的时候和沙棘结缘的。那时候，我的论文指导老师北京林业大学高志义、火树华教授正承担“六五”和“七五”期间林业部下达的“三北”地区干旱造林技术、沙棘品种改良科技攻关课题，我选取其中的沙棘生态效益研究子课题。而在 1984 年 10 月，山西省右玉县已经成立沙棘研究所。从 1985 年开始，高志义、火树华教授每年都要带老师和学生到右玉县搞沙棘研究、做论文。我应该是第二批学生。

1.1 在山西省右玉县研究沙棘根系

由于高志义先生是研究“三北”地区水土保持造林的，火树华教授的研究领域是树木学，当时的大学毕业论文完成时间是 3—5 月，包括外业调研和内业撰写论文，6 月要答辩。因此，我选了我认为比较容易完成的研究论文题目：沙棘根系研究。

在右玉县这三个月时间里，我系统观测了沙棘的物候期，包括沙棘林地萌动、气温与地温、沙棘花芽的膨大、开花以及雄花粉飘散、雌花授粉及果实形成过程，每天上午、中午、下午各一次外出观测；在右玉县威远镇的苍头河滩、山坡的阳坡和阴坡沙棘纯林以及与小叶杨混交林地分别挖土壤剖面，观测沙棘根系分布及生物量；参加了在研究基地开展的种子育苗和沙棘硬枝扦插繁殖的生产性试验；参观了杀虎口沙棘饮料厂，第一次品尝了刚刚加工出来的、酸甜可口的天然沙棘汁。正是在右玉县的三个月中，我系统了解了沙棘的生物学、生态学特性，算是入了门。

1.2 在右玉县研究沙棘对苍头河治理的水土保持作用

1986 年 7 月大学毕业后，我继续师从高志义、火树华教授读研究生。到了 1988 年研究生论文选

作者简介：卢顺光（1966— ），男，MBA，正高（三级），副主任，ISA 秘书长，主要从事沙棘研发和管理工作。

题的时候，我对沙棘资源的分布产生兴趣，尤其在右玉县，除了在坡面人工种植沙棘混交林外，在沿苍头河两岸，分布着宽窄不一却生长旺盛的沙棘纯林，兼或混杂少量乌柳等灌木。这条连续不断的护岸林带长期以来塑造了右玉县苍头河的河流地貌，也守护着一百多公里的河段，保护一河清水从杀虎口汇入内蒙古境内的浑河。

为完成研究生论文，我拿着从总参测绘局开来的介绍信，从山西垣曲县的军营基地买来地形图和20世纪70年代的黑白航空照片，沿着苍头河从上游走到下游，把两岸沙棘资源都调查一遍，然后与航片资料对比，分析沙棘护岸林及苍头河河流地貌的变化，以及对河流的影响。正是在这个时候，我尝遍了右玉县不同地区、不同颜色的沙棘果，对沙棘的先锋树种、伴生树种、经济树种的综合特性有了更全面的认识。

当年的苍头河流域（2020年9月底，山西右玉）

2 作为参与者，助力沙棘事业发展高潮（1989年7月至1997年12月）

我于1989年7月毕业，得益于高志义先生的推荐和孙振华先生的赏识，来到全国水土保持工作领导小组沙棘协调办公室（全国沙棘办公室）工作。刚一报到，我就开始基本独立的工作，也得到了锻炼和成长，从此我与沙棘就分不开了。那时候的沙棘办公室只有孙振华、冯奎伍、关堡、李永海、温中平等人。在最初的几年中，我主要从事技术性工作，这期间经历了三个重大的标志性活动。

2.1 参与筹备第一届国际沙棘学术研讨会

毕业后的第一项工作是参加筹备1989年10月在西安举办的第一届国际沙棘学术研讨会。从7月到9月的三个月中，在陕西省武功农业科研中心的每一天，一早起来就跟着马英才、张哲民、邱德明等老专家一起审阅、校对来自世界各国沙棘专家提交的数百篇中英文论文及摘要，然后顶着烈日走30分钟路，送到农科院印刷厂打印样稿，再拿回来审核校对，反复5～6遍，一直到9月底大会召开前夕正式印制大会论文集（中英文各一本）。

这项工作在当时觉得很枯燥，现在回想起来却是很难得，收获很大。正是在这个时候，通过反复通读论文集的每一篇文章、每一个句子、每一个中文词汇和英文单词以及标点符号，我了解了全世界沙棘发展历史概况、最新研究成果、国外知名沙棘专家，尤其是通过论文认识了当时全国各地、各专业领域的所有沙棘知名专家。这也为我后来从事全国沙棘管理和国际沙棘合作交流工作奠定了比较好的基础。

随后举办的大会具有里程碑意义，我有幸作为大会秘书处技术资料组成员参加了会议全过程，不仅有机会与各国沙棘专家交流，建立与专家的联系，提高英语水平，也学会了国际会议的办会模式，积累了经验。

会前给水利部领导与联合国有关官员做翻译

会议中交流学术论文

参加国际沙棘研讨会（1995 年，北京）

2.2 筹建和运行管理国际沙棘研究培训中心

从 1989 年举办第一届国际会议开始，水利部领导就要求我们要建立一个机构，开展国际沙棘合作交流，引进国外沙棘新技术、新品种，同时巩固和提升国际地位。通过与苏联、蒙古、瑞典、芬兰、加拿大，国际山地综合发展中心及印度、尼泊尔、巴基斯坦等之间频繁的交流访问，特别是在水利部部长钮茂生的关心支持下，国际沙棘研究培训中心于 1995 年在北京成立，与全国沙棘办公室合署办公。同时仿照国际组织的管理模式，建立了由 12 个主要沙棘国家代表组成的国际沙棘协调委员会，协调推进国际沙棘活动。我本人有幸和孙振华、于倬德、吕荣森、李敏、胡建忠等老同志一起，共同开展国际沙棘研究培训中心的筹建及运行工作。

23 年前的我随团出国参加 ICRTS 协调委员会会议（1997 年，芬兰图尔库）

2.3 组织申请和实施第一个国际组织援助沙棘项目

有了国际沙棘研究培训中心后，接下来的一个重要任务就是申请国际援助项目。为此，在水利部国际合作司刘志广等人的指导下，多次拜访联合国开发计划署、粮农组织、教科文组织驻北京代表处，向对外经济贸易部汇报，起草项目文件。1997 年，联合国开发计划署和外经贸部批准了为期 3 年、总金额为 104 万美元的国际援助沙棘开发项目。我有幸作为项目申请的主要负责人，从 1995 年到 1997 年，带领中心的马超德、安宝利、徐双民等同志，和黄委会沙棘办公室、内蒙古伊克昭盟沙棘办公室的同志们一起，开展了为期两年多的前期工作，并作为项目经理，成功组织实施种植示范、专家咨询、技术考察、学术交流、国外培训以及国际沙棘研究培训中心的机构能力建设等活动。2000 年 12 月，项目顺利通过了终期验收。

3 作为管理者，引领沙棘开发务实发展（1998—2005 年）

随着沙棘工作团队的扩大以及新老队伍交替，经中央机构编制工作办公室批准，原先的全国沙棘协调办公室于 1997 年更名为水利部沙棘开发管理中心，人员编制从不到 10 人增加到 25 人，我个人的工作角色开始从技术参与人逐步转为综合管理者。同时，单位的工作性质也从一个跨行业协调推动机构转向隶属于水利部门的具体执行单位。这期间，水利部沙棘开发管理中心开展了三个比较有影响的活动。

3.1 组织申请和实施第一个中央预算沙棘种植基本建设项目

为落实“建设秀美山川”的号召，从 1998 年年初，国家计划委员会组织农业、林业、水利、环境等部门编制《全国生态环境建设规划》，我本人有幸参加了水利部门负责的有关水土保持篇章的编写。1999 年 1 月，国家计委正式批准实施《全国生态环境建设规划》，其中，在“总体布局”部分明确提出：在对黄河危害最大的砒砂岩地区大力营造沙棘水土保持林，减少粗砂流失危害。

在《全国生态环境建设规划》正式批复前的 1998 年 9 月，国家计划委员会先期批准实施全国第一个中央预算沙棘基本建设项目“晋陕蒙砒砂岩区沙棘生态工程”。随后在 2007 年和 2012 年，国家发展改革委又分别批准实施了“晋陕蒙砒砂岩区窟野河流域沙棘生态减沙工程”和“晋陕蒙砒砂岩区十大孔兑沙棘生态减沙工程”，三个项目合计中央投资 6 亿多元，累计在晋陕蒙接壤的砒砂岩区种植了沙棘生态经济林 880 万亩。

这三个项目的特殊之处在于其组织方式有别于传统的投资计划自上而下、地方水利水保部门负责实施的水土保持重点治理工程，而是由水利部沙棘开发管理中心作为项目法人，采取“公司＋农户＋地方沙棘协会”管理模式，地方水利水保部门负责技术服务，项目收到了良好效果。

3.2 组织申请并实施第一个中国政府援助外国沙棘项目

这个项目的前期工作可以追溯到 1995 年 11 月，中国科学院成都生物研究所研究员吕荣森受世界银行邀请，前往玻利维亚进行考察，研究在南美洲安第斯山脉高海拔地区种植沙棘的可行性，以及 1996 年 11 月，我本人随水利部沙棘代表团访问玻利维亚，实质性推动双边科技经济合作。随后在 1997 年 3 月，中国水利部和玻利维亚农业部签署沙棘合作备忘录；2000 年 12 月，中国外交部和玻利维亚外交部代表两国政府正式签署经济技术援助协议，明确由中国政府援助玻利维亚建立 150hm² （2250 亩）沙棘示范林。

玻利维亚项目组考察团来华考察培训
（2003 年，北京）

2001 年 10 月，总金额为 600 万元人民币的“中国政府援助玻利维亚政府沙棘示范种植工程”正式启动，由水利部沙棘开发管理中心总承包。我和卢健等人具体负责项目实施，先后派出中心的三名副处长马超德、钟勇、安宝利为项目组长，以及内蒙古准格尔旗的两名沙棘育苗、种植专家张瑞、段宝财和一名西班牙语翻译常有。到 2004 年 12 月结束，无偿援助沙棘苗木 42 万株、种子 350kg，在玻利维亚的拉巴斯、波多西和塔里哈三个省共种植沙棘 2700 亩，建设苗圃 4900m²。

实施这个项目的意义在于，我们开启了国际沙棘经济合作的先河，积累了经验和教训，为今后申请和实施援助玻利维亚二期项目，以及援助其他国家，或者总承包其他国家的沙棘种植开发合作项目打下了基础。

3.3 筹备并运行国际沙棘协会

从 1995 年成立国际沙棘研究培训中心以来，国际沙棘合作日益频繁，深度广度也在增加。为此，在 1999 年北京举办的第五届国际沙棘研讨会上，我们就在会议期间推动与会代表提出成立国际沙棘协会的倡议，很快得到大家的支持。随后两年，我和在中心工作的德国专家 Ralf Kwaschik、温秀凤、孟晓棠，以及其他同志一起起草协会章程，与俄罗斯、德国、芬兰等几个主要国家的关键人物商议理事会组成，然后向水利部领导请示汇报有关理事会主席、秘书长人选和秘书处设置、运行管理等具体问题。

在前期工作准备就绪后，2001 年 2 月，第六届国际沙棘学术研讨会在印度新德里举办。我陪同水利部水保司领导参加了期间召开的国际沙棘协调委员会会议。会议上，宣布正式成立国际沙棘协会，与会的 12 个创始成员国代表同意设立临时理事会，并决定协会秘书处永久设在水利部沙棘开发管理中心。随后，经过沙棘中心的十年的努力，2011 年 9 月，经国务院领导批示、外交部同意、水利部批准，国际沙棘协会作为社团法人机构在民政部正式登记注册，成为第 27 家总部设在中国的国际组织。自此，国内外沙棘从业人员就有了自己的家，而协会主办的每两年一次的国际沙棘大会也先后在德国（ISA－2003）、中国（ISA－2005）、加拿大（ISA－2007）、俄罗斯（ISA－2009）、中国（ISA－2011）、德国（ISA－2013）、印度（ISA－2015）、中国（ISA－2018）举办八届，第九届于 2021 年 5 月在希腊举办。从此，国内外沙棘发展步入正常发展轨道。

参加 ISA－2007（加拿大魁北克）

参加 ISA－2009（俄罗斯阿尔泰）

参加 ISA－2011（中国青海）

4 作为行业组织者，对沙棘发展未来的思考

回顾全国沙棘发展 35 年的历程，总结 35 年的成果和经验，目的在于更好地谋划沙棘事业的未来。

4.1 目前现状与不足

回头看看这 35 年，我发现有几个有趣的现象：

（1）有一支包括大家在内的执着于沙棘种植、加工、销售、研究、宣传，坚定沙棘事业的队伍，有人把这些人称之为“沙棘迷”。全国有 20 年以上从业时间的大约有 500 人，有 30 年从业经历的有 200 多人。有些中间离开一阵子，然后又回归到沙棘行业。

（2）粗略统计一下，全国有 30～50 家的企业从事沙棘超过 20 年，有 10 多家超过 30 年，而且，这些企业看来还很有信心继续做“百年老店”。

（3）社会各界对沙棘的评价和定位逐步从神化演义回归科学理性，不再认为沙棘油是神药。与此同时，社会对沙棘知识的宣传、沙棘产品的知名度以及市场对沙棘产品的认可度已经上升到一个新高度。

（4）沙棘加工工艺、设备及其产品质量和包装已经赶上了其他大众欢迎的营养食品、饮料的高档次，线上线下营销模式说明沙棘行业已经跃升到先进水平。

（5）大家对沙棘事业、沙棘行业的关心和爱护的责任感更强烈了，更愿意依靠沙棘组织、参与沙棘集体活动。

（6）同时，我也感觉目前存在的一些明显短板：

1）具有生产推广应用价值的沙棘优良品种（具有高产、稳产、果大、刺少、营养成分丰富、适应性强等经济学和生态学特性）还比较少。

2）沙棘果实原料（经济学意义）不足、不稳定，有一定规模的标准化种植园（原料林）不多。

3）缺少适应规模化生产需要的果实采收工艺及设备。

4）新产品研发后劲不足，市场上产品高度雷同，竞争激烈。

5）行业技术标准滞后，产品质量保障存在较大风险。

6）沙棘行业市场较小，科普宣传力度较弱，虽然沙棘开发产业链似乎比较长（包含食品、酒、保健品、药品、日用品等），但上、中、下游产品规模均比较小，行业可持续性能力不强。

4.2 沙棘事业的发展方向

首先，看应用领域（行业定位）：

（1）水土保持、荒山绿化（生态树种）。

（2）产业扶贫、经济林结构优化（经济树种）。

（3）系列功能食品开发（食品资源）。

（4）有效成分提取（果实、种子和叶片提取物）及其在医药保健的应用（药用资源）。

其次，看创新与改革：

（1）新品种培育。

（2）标准化种植园建设与管理。

（3）产品加工工艺与设备。

（4）行业标准制定。

（5）市场营销模式。

（6）产业政策与营商环境。

最后，看组织与协调：

（1）事业做大做强的需要。

（2）分工合作与资源共享需要。

（3）有序竞争需要。

4.3 国际沙棘协会的职责使命

国际沙棘协会至少有5大职能：

（1）服务职能。加强沙棘基础研究，为政府、行业和企业提供服务。为企业会员提供定制化服务，包括提供技术培训、专业咨询，协助企业改善经营管理等。

（2）协调职能。推动行业转型升级、健康可持续发展。协调沙棘开发行业上下游、企业间的供需合作，促进新技术进步。

（3）平台职能。在国内市场上，促使企业建立良好的自律规范和消费者服务意识，充分发挥诸如建立行业相关标准、构建行业信誉及企业品牌平台等职能；在国际市场上，既要发挥协会平台职能，又协助企业开拓国际市场。配合政府进行经济规划及相关政策出台，加强行业宣传推广，协调企业与政府部门、消费者、媒体等之间的关系。

（4）自律职能。自律一般体现为两方面内容：一是促使会员企业遵守行规行约，阻止无序竞争；二是保证产品质量，诚信经营，不损害消费者利益。

（5）国际合作职能。作为国际性专业组织，协会将在我国外事部门的支持和指导下，积极服务，务实参与“一带一路”建设，推动和组织开展与德国、俄罗斯、芬兰等国家之间的科技经济合作，积极寻求与联合国开发计划署、环境署、粮农组织、欧盟等国际机构的联系合作，开展技术交流，宣传推广我国沙棘资源种植、保护、利用的成功经验和沙棘系列产品。

4.4 国际沙棘协会的重点任务

根据《国际沙棘协会章程》，有7项主要任务：

（1）发挥沙棘行业自律作用，制定行业规章（包括政策制度、行业规划、技术标准等），规范行业行为，推动行业发展。

（2）调查研究国内外沙棘发展动态和趋势（包括发布行业发展报告），提供沙棘建设与开发咨询服务。

（3）承办政府机构等组织委托或资助的国际交流与合作项目。

（4）建设国际沙棘信息网络和资料库（包括资源分布、市场需求、新产品与新技术等），促进国际沙棘交流与合作。

（5）编辑出版专业刊物，加大沙棘知识的普及和宣传力度。

（6）组织举办国内外沙棘学术研讨会等交流活动。

（7）开展沙棘领域的人才培训和项目考察。

4.5 国际沙棘协会秘书处近期的重点工作

近期的重点工作有8项：

（1）会员信息服务。行业动态、行业统计、年度发展报告、企业供求信息、文件资料库、网站建设等。

（2）组织举办技术交流与培训、成果评价评奖、项目考察、技术论证、商业推广等。

（3）行业宣传与产品展览、展示（线上与线下、网站与微信）。

（4）政策调研，制定产品技术标准、行业规范、专项规划等。

（5）发展新会员，扩大队伍和影响力。

（6）秘书处自身能力建设，充实办事机构和人员。

（7）会员单位联络员队伍建设。

（8）服务会员单位提出的需求。

最后，我再说说水利部沙棘开发管理中心和国际沙棘协会的关系。

2019年12月，水利部副部长陆桂华主持召开专题会议，听取国际沙棘协会有关情况汇报，研究水利部沙棘开发管理中心和国际沙棘协会发展问题。陆桂华副部长指出，国际沙棘协会是水利国际合作的一个重要平台、一张名片，为服务水利外事工作、服务水土保持生态建设发挥了积极作用。要求水利部水土保持司、国际合作与科技司、人事司、财务司等相关司局要更加关心和支持协会的发展，支持沙棘中心的发展，帮助沙棘协会科学定位、做好顶层设计、编制中长期发展规划。

陆桂华副部长强调，沙棘及沙棘协会具有独特的优势。沙棘协会要全面贯彻新时代外交思想，统筹国内国际两个大局、两种资源，利用沙棘的生态、经济特性，发挥协会自身的专业优势，着力开展沙棘国际标准、援外项目、新技术研究推广、考察培训等业务，尽快做大做强，更好服务中国特色大国外交战略、服务“一带一路”建设。

今后，将继续充分发挥沙棘中心的职责使命，一如既往地支持全国各行业、各单位，支持国际沙棘协会各会员单位，力争共同把沙棘开发各项工作做好。同时，也期望社会各界更加关心和支持沙棘事业，对沙棘中心和国际沙棘协会的工作提出宝贵意见建议。

新疆温宿（2018 年 7 月底）

新疆额敏（2018 年 7 月底）

辽宁阜新（2018 年 11 月中旬）

北京（2018 年 11 月底）

新疆乌恰（2019 年 6 月初）

新疆塔什库尔干（2019 年 9 月初）

三十五年的

一、"好大一棵树"

——基本查清国内沙棘自然资源，初步培育沙棘主要种植区当家栽培品种

35 年中，中国科学家更新了沙棘分类系统，使沙棘属植物由原来的 4 种 8 亚种，修订、更新为 6 种 17 亚种；通过选、引、育手段丰富了可用于生产实践的沙棘品种，由无一人工培育品种发展到拥有引进品种 50 余种、选育品种 30 余种、杂交品种 20 余种，使中国主要沙棘种植区域都有了适于栽培的沙棘品种。

（一）自然资源基本查清

青藏高原及周边喜马拉雅山、横断山脉等地区是沙棘属植物的起源地。一般认为，沙棘起源后，

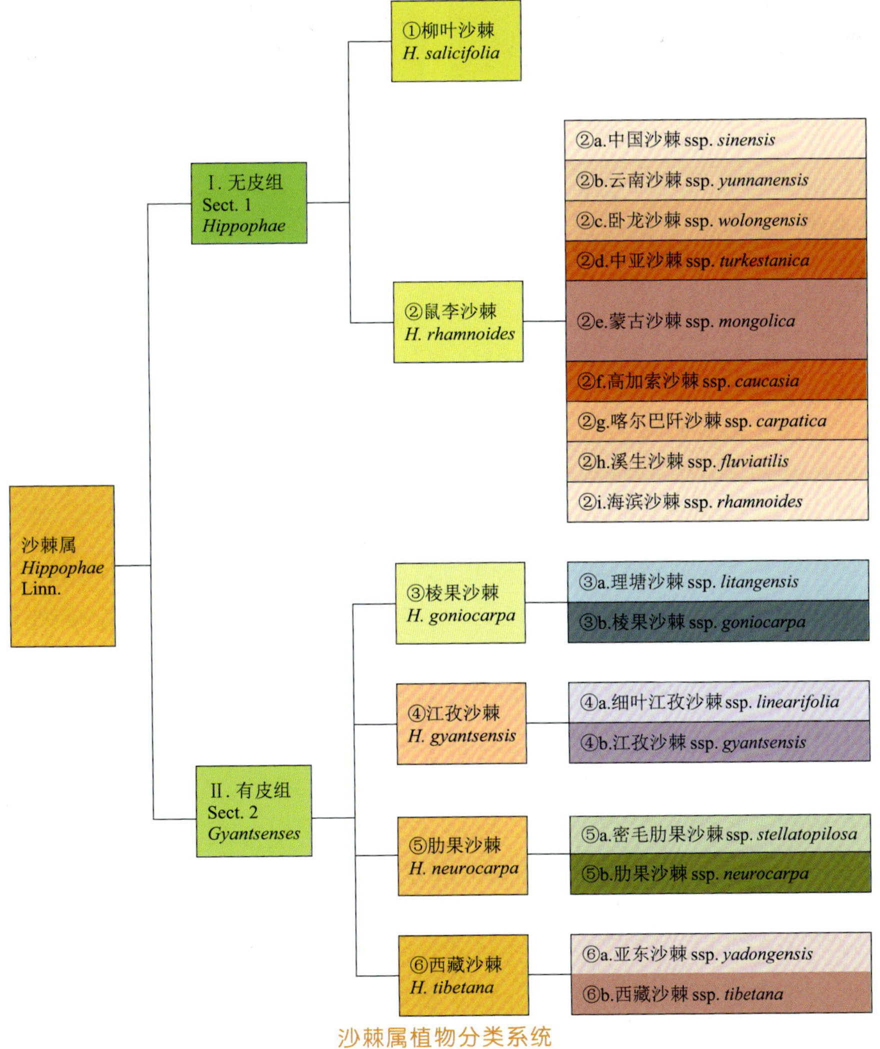

沙棘属植物分类系统

一支向我国黄土高原、华北地区迁移演变，另一支经中亚向欧洲大陆迁移演变。在迁移的过程中，与不同地貌、气候的结合，产生了不同的种和亚种。

根据西北师范大学教授廉永善的沙棘属（*Hippophae* Linn.）植物分类系统，到目前为止，发现沙棘属植物共有 6 种 17 亚种，其中中国产 6 种 13 亚种，仅缺分布于欧洲的海滨沙棘、溪生沙棘、喀尔巴阡沙棘和欧亚交界地区的高加索沙棘。

1. 柳叶沙棘

柳叶沙棘在我国西藏的错那等地有自然分布，这些地区气温较高，适宜柳叶沙棘生长。柳叶沙棘为落叶乔木或小乔木。枝条纤细，老枝淡棕色。叶互生，披针形，边缘通常反卷，叶柄长约 2mm。果实近球形，直径（4）6～8mm，黄色、橘黄色，味酸，果梗长约 1mm。花期在 6 月，果实成熟期 10—11 月。

麻麻门巴民族乡自然分布的柳叶沙棘（西藏错那）

在中国，柳叶沙棘的原产地是在西藏南部喜马拉雅山南坡的崇山峻岭之中，海拔高度一般在 2600～3500m 的范围。在错那县麻麻乡调研时，发现坡面和沟谷都有柳叶沙棘。坡面大者高达 6～8m，最大胸径在 1m 以上，平均高度 3～4m。在谷地勒布沟流域，溪流两侧的柳叶沙棘顺流水呈间断条带状分布，此处树高较坡地的高，一般高者达 8～10m，平均 5～6m。考察中感觉麻麻乡柳叶沙棘面积应在 1 万亩以上，雌株较多，果实密度较中国沙棘稍有稀疏。与柳叶沙棘相伴而生的有乔松、尼泊尔黄花木、蔷薇等。

水利部沙棘开发管理中心胡建忠正高等于 2020 年在西藏错那取样测定，发现柳叶沙棘干全果含油率达 22.14%，黄酮含量为 7.92%；干叶黄酮含量为 4.58%，粗蛋白含量为 14.93%，粗脂肪含量为 4.58%。

据中国科学院成都生物研究所研究员吕荣森等测定，沙棘属植物中以柳叶沙棘 V_C 含量最高，果实成熟期最晚（11 月）。这些优良性状，使得柳叶沙棘成为培育无刺、高 V_C、晚熟等优良品种的上好原始材料。该所将柳叶沙棘引种栽培到四川海拔 1800m 的地区（应注意到纬度提高 3°左右所造成的影响），它的表现仍然很好。实验结果证明，柳叶沙棘可以引种到较高纬度、较低海拔地区进行栽培。

2. 中国沙棘

中国沙棘自然分布于西藏、四川、甘肃、青海、宁夏、陕西、山西、内蒙古、河北等地，常生长于温带地区海拔 800～3600m（四姑娘山可达 4070m）的山坡、谷地，多砾石或沙质土壤或黄土上。我国黄土高原自然分布极为普遍。落叶乔木、小乔木或灌木，高 2～30m，棘刺较多，粗壮，顶生或侧生；嫩枝褐绿色，密被银白色而带褐色鳞片或有时具白色星状柔毛，老枝灰黑色，粗糙；芽大，金黄色或锈色。单叶通常近对生，与枝条着生相似，纸质，狭披针形或矩圆状披针形，长 30～80mm，宽 4～10（～13）mm，两端钝形或基部近圆形，基部最宽，上面绿色，初被白色盾形毛或星状柔毛，下面银白色或淡白色，被鳞片，无星状毛；叶柄极短，1～1.5mm。果实圆球形或稍扁，直径 4～6mm，橙黄色或橘红色（中国“三北”地区西部多黄，东部多红）；果梗长 1～2.5mm；种子小，阔椭球体至卵形，有时稍扁，长 3～4.2mm，黑色或紫黑色，具光泽。多地考察发现，就分布面积而言，雄株明显多于雌株。花期 4—5 月，果实成熟期 9—10 月。

四川省四姑娘山自然分布的中国沙棘最引人注目。此地由于受到区域特殊气候环境的影响，中国沙棘普遍长成了高大的乔木，大树普遍高达 20～30m，最大胸径近 2m，在当地“高大乔木—中国沙棘—小乔木—灌木”的林层中，居于第二层。经生长锥取样分析，四姑娘山许多沙棘古树年龄多为 300 多年。树体虽然很庞大，但每年却能正常结实。不过由于树太高，基本上无法开展人工采摘。四姑娘山自然保护区内现有中国沙棘面积约 5 万亩。

四姑娘山自然分布的高大中国沙棘（四川小金）

在四姑娘山双桥沟，中国沙棘分布的海拔上限达 4070m，已超过了已知文献中中国沙棘和云南沙棘分布记录的 4000m 的上限。或许与双桥沟和长坪沟（四姑娘山另一主沟）呈南北走向，南部沟口的暖湿气流可以直达北部有关，使得中国沙棘可以分布到更高的海拔高度。

在从四川茂县经红原、小金至汶川的这一区域，在土石山坡、路旁、河道边，几乎都能看到自然分布的中国沙棘，或成大块状群落，或与大乔木混交，形成林下第二个较高的林层。

山坡上分布的中国沙棘（四川松潘）

岸边分布的中国沙棘（四川若尔盖）

草原公路路基边自然生长的中国沙棘（四川红原）

与其他高大乔木生长在一起的中国沙棘（四川马尔康）

溪流旁自然分布的高大中国沙棘（四川汶川）

甘肃省境内中国沙棘自然分布很广。20世纪80年代前在子午岭曾有300多万亩中国沙棘自然灌丛，后来在次生林改造中，通过种植油松，而使沙棘面积激剧下降，目前很难见到成片的沙棘天然林。不过省内陇东南、甘南等地自然分布的沙棘资源仍有不少。

秦直道上的天然沙棘大树（甘肃正宁）

桑科草原上的天然沙棘群落（甘肃夏河）

村落旁自然生长的中国沙棘（甘肃天祝）

东流河自然保护区的中国沙棘（甘肃肃南）

甘肃省也是我国十分重要的中国沙棘采果基地，每年都有东部地区的许多企业来甘南等地收购沙棘果实。关山梁也是我国著名沙棘育种专家中国林科院研究员黄铨确定的我国重要的中国沙棘采种基地。

青海省海东、西宁、黄南、海南、海北等地均有中国沙棘自然分布。青海省的沙棘天然资源在我国处于较为丰富的地位，大通县东峡林场的中国沙棘种源为黄铨研究员确定的中国沙棘采种重要基地，海东、西宁为省内甚至东部地区每年采果的主要地区。

青海大通东峡的中国沙棘，树高一般也较大，大树树高5～8m，常见于海拔2000m以下地区，呈乔木状自然分布。

胡建忠正高等于2019年对子午岭（甘肃合水）自然分布的中国沙棘进行取样测定，发现干全果含油率为8.24%～10.76%，黄酮含量为2.81%～4.39%；干叶黄酮含量为5.52%～6.28%，粗蛋白含量为13.13%～18.06%，粗脂肪含量为3.58%～7.62%。同期对采自青海班玛的中国沙棘枝条测定白藜芦醇的干基含量为2.21μg/g。

呈乔木状的中国沙棘（青海大通）

河滩上自然生长的中国沙棘（青海祁连）

吕荣森研究员等于20世纪80年代后期在四川小金（海拔2800m）取样测定，发现中国沙棘叶的粗蛋白含量为16.59%，粗脂肪含量为4.41%，粗纤维含量为15.20%，粗蛋白含量与红三叶草含量（17.1%）相差不多，而粗脂肪含量则高于红三叶草（3.6%），表明了中国沙棘叶子用于饲料很好。

3. 云南沙棘

云南沙棘在我国西藏、云南、四川等地皆有自然分布。落叶乔木或小乔木。与中国沙棘极为相近，但叶互生（中国沙棘叶通常对生或近对生，与枝条着生相似），基部最宽，常为圆形或有时楔形，上面绿色，下面灰褐色，具较多而较大的锈色鳞片。枝条柔软或具软刺，表面具多数细条纹状纹饰。果实黄色，圆球体，直径5～7mm；果梗长1～2mm，果味酸。种子阔椭球体至卵形，稍扁，通常长3～4mm。花期4月，果实成熟期9—10月。

西藏自治区东部的林芝，常能在溪流边发现呈带状分布的云南沙棘天然群丛或孤立木，一般树高6～8m，很难见到片林。果味酸，挂果较为均匀，果实密度远较中国沙棘稀疏。雄株枝条十分粗壮，叶片很大，叶长55～63mm，宽11～13mm，叶柄长2mm，用于育种材料或枝叶开发利用，发展潜力很大。

河滩地自然分布的云南沙棘（西藏林芝）

云南省西北的高寒山地（海拔 2200～3700m），如中甸、宁蒗、维西、德钦等县，发现有云南沙棘野生资源分布，常见果色为橙红色和橙黄色两类。沿河流在冲积草甸土上分布的云南沙棘树高常达 10～20m；在生境较差的河漫滩砂石区，云南沙棘树高一般为 2～6m。在云南曲靖马雄山珠江源水畔见有云南沙棘植株。

珠江源自然生长的云南沙棘（云南曲靖）

四川省乡城、得荣、稻城、木里、九龙、巴塘、理塘、雅江、康定、道孚、新龙、白玉、德格（2900～3800m）等地，多有云南沙棘自然分布。

胡建忠正高等于 2019 年在西藏林芝进行取样测定，发现干全果含油率达 12.63%～13.23%，黄酮含量为 6.85%～8.77%，黄酮含量在所测各种、亚种中含量位居第二（稍低于柳叶沙棘）；干叶黄酮含量为 7.49%～14.05%，白藜芦醇含量为 0.54μg/g，粗蛋白含量为 14.39%～18.06%，粗脂肪含量为 3.96%～4.26%。

吕荣森研究员等于 20 世纪 80 年代末在四川中甸（海拔 3200m）取样测定，发现云南沙棘叶的粗蛋白含量为 19.28%，粗脂肪含量为 4.36%，粗纤维含量为 14.28%，粗蛋白含量较红三叶草含量（17.1%）高，粗脂肪含量也较红三叶草（3.6%）高，表明云南沙棘叶子用于饲料的价值更好，且较中国沙棘还好。

4. 中亚沙棘

中亚沙棘在我国西藏、甘肃、新疆等地有自然分布。落叶小乔木或灌木。西藏阿里地区，甘肃肃南等地，新疆阿克苏、喀什、和田等地，沿河道两侧皆有呈条带状分布的中亚沙棘自然群落。一般高达 3～5m，稀 10m 以上。嫩枝密被银白色鳞片，一年生以上枝鳞片脱落，表皮呈白色，光亮，老枝树皮部分剥裂。叶互生，少有对生者，狭披针形，两面银白色，密被鳞毛。果实呈阔椭球体或倒卵形至近圆球形，通常纵径大于横径，纵径 5～9（11）mm，横径 3～4（8）mm，干时果肉较脆，橘黄色或橘红色；果梗长 3～4mm。种子形状不一，常稍扁，长 2.8～4.2mm。在多地野外考察中，发现雌株分布数量多于雄株。花期 5 月，果实成熟期 8—9 月。南疆塔河流域一带，中亚沙棘果实是当地维吾尔族制作果酱的重要食材。

西藏自治区西部的阿里地区是中亚沙棘的主要分布区，中亚沙棘多位于河流两岸的河滩低地。

在西藏札达考察时发现，所谓“土林”的山坡上，竟然也有中亚沙棘自然分布。札达的土林，就像鄂尔多斯的砒砂岩，也是一种湖相沉积的砂岩，不同的是只有一种颜色——土色。在土林崖坎处，土壤水分远远低于河滩处，但也有条带状的中亚沙棘分布，足见其卓越的抗旱性能。

沿河滩分布的果实形状色泽各异的中亚沙棘（西藏札达）

当年果实和上年宿存果实同出现在一株

雄株

沿河滩分布的中亚沙棘雌雄株形态（西藏札达）

悬崖陡坡上自然分布的中亚沙棘（西藏札达）

甘肃省中亚沙棘分布在祁连山最西段的党河峡谷（海拔 1900～2000m），一般多呈条带状断续分布，树体一般较高（4m 左右），灌木柳（*Salix* sp.）等已成其下木；果实也明显较中国沙棘大，百果重 25～30g，果柄很长，平均在 6～8mm。2020 年 8 月 24 日调查时，发现果实已呈过熟状态，可见果实成熟较中国沙棘能提前一个月以上。

党河河谷自然分布的中亚沙棘（甘肃肃北）

中亚沙棘群落（乌恰）　中亚沙棘群落（阿克陶）

中亚沙棘＋铁线莲群落（温宿）　中亚沙棘＋铁线莲群落（阿克陶）

自然分布的中亚沙棘各类群落（新疆）

新疆维吾尔自治区沿塔里木河流域野生分布的中亚沙棘资源很多，主要位于阿克苏、克州、喀什等地区。与中亚沙棘相伴而生的植物以铁线莲（*Clematis* spp.）最多，对沙棘树体的缠绕，严重影响了沙棘果实的产量和采摘。

南疆地区自然分布的野生中亚沙棘范围大，果实颜色以橙黄色、红色为主，且红色比例能占到20%～30%，果实形状以椭球体和圆球体两类为主，百果重平均18g左右。

南疆多地自然分布的野生中亚沙棘果实（新疆）

南疆地区沿塔里木河流域中亚沙棘野生资源分布不少，多年来当地维汉各族群众通过采收沙棘果实，压榨果汁自用或将果实交售给有关收购企业，经济效益一直不错。

胡建忠正高等于2019年西藏札达和新疆喀什、阿克陶取样测定，发现中亚沙棘干全果含油率达13.24%～26.09%，黄酮含量为2.23%～4.69%；干叶黄酮含量为4.42%～7.75%，粗蛋白含量为11.88%～14.69%，粗脂肪含量为3.06%～6.81%，（札达）白藜芦醇含量为0.39μg/g。（阿克陶）干枝条5-羟色胺含量为291.05μg/g，白藜芦醇含量为1.35μg/g。

吕荣森研究员等于20世纪80年代末在新疆霍城（海拔800m）取样测定，发现中亚沙棘叶的粗蛋白含量为15.18%，粗脂肪含量为5.61%，粗纤维含量为17.35%，粗蛋白含量较红三叶草含量（17.1%）低，粗脂肪含量较红三叶草（3.6%）高，表明中亚沙棘叶子用于饲料的价值尚可。

5. 蒙古沙棘

蒙古沙棘自然分布于我国新疆准噶尔盆地北部、西部的阿勒泰地区，以鄂尔齐斯河流域、乌伦古河两岸为多，多分布于海拔 1800～2100m 的河漫滩。落叶大灌木或灌木，一般高 2～6m；幼枝灰色或褐色，老枝粗壮，侧生棘刺较长而纤细，常不分枝。叶互生，长 40～60mm，宽 5～8mm，中部以上最宽，顶端钝形，上面绿色或稍带银白色。花螺旋状着生，呈塔形。果实椭球体或近圆球体，长 6～9mm，直径 5～8mm，果梗长 1～3.5mm，橘红色、橘黄色，种子椭球体，稍扁，长 3.8～5mm。果实成熟期 9 月。

蒙古沙棘呈条带状或小片状分布，常与沙枣（*Elaeagnus angustifolia*）、铃铛刺（*Halimodendron halodendron*）、铁线莲、禾本科（Gramineae）植物等相伴而生。在北疆，野生蒙古沙棘面积约有 8 万亩。

蒙古沙棘＋沙枣群落（布尔津）

蒙古沙棘＋沙枣＋禾草群落（布尔津）

蒙古沙棘＋铁线莲＋禾草群落（布尔津）

蒙古沙棘＋铃铛刺群落（青河）

自然分布的蒙古沙棘群落（新疆）

从布尔津、青河等蒙古沙棘自然分布地区的沙棘果实来看，果实种类比较多样化，有类似大果沙棘的长圆柱体形状的类型，也有呈短圆柱体形状甚至圆球体形状的类型，果实颜色多为橙黄色，偶尔也有呈红色的，百果重为 30g 以上。

新疆野生蒙古沙棘面积约 8 万亩，也是我国仅有的蒙古沙棘自然分布区域。

新疆自然分布的形形色色的蒙古沙棘果实

胡建忠正高等于2019年在新疆青河取样测定，发现蒙古沙棘干全果含油率达19.06%～24.40%，黄酮含量为2.30%～2.55%；干叶黄酮含量为5.19%～6.09%，粗蛋白含量为11.65%～14.06%，粗脂肪含量为4.40%～5.68%。

廉永善教授于1992年首次发现棱果沙棘（四川松潘）

6. 棱果沙棘

棱果沙棘是沙棘属中发现较迟的一个种，自然分布面积不大，在我国四川、青海有天然分布。落叶小乔木或灌木，高（3）4～7m。一年生枝条柔软，淡褐色，通常镰状弯曲，先端刺状，密被白色星状鳞毛或褐色鳞片状鳞毛；老枝黑褐色或深褐色。叶互生、近对生或对生，稀三叶轮生；叶片窄披针形、披针状条形、近条形或窄条形，长20～57mm，宽2.5～7mm，先端渐尖，基部楔形或宽楔形，叶缘平展或反卷，上面绿色，嫩时被白色鳞片状鳞毛或被星状鳞毛，以后脱落，下面密被白色星状鳞毛或鳞片状鳞毛，或仅在叶缘或中脉混生极少数褐色鳞片状鳞毛；中脉在叶上面凹陷；叶柄长1～2.5mm。雄花芽呈“十”字形，稀三棱状，雌花芽近“十”字形，即二裂的卵形，其第二对芽鳞明显可见，花芽外密被锈色鳞片状鳞毛。果实圆柱状或短圆柱状，未成熟前似肋果沙棘果实，纵径（5.5）6～7（10）mm，横径（3.5）4.5～5.3（5.9）mm，纵横比值为（1.26）1.4～2.1，常具5～7条纵棱，汁液丰富，果实成熟时呈橘红色、深橘红色、禾秆色或杏黄色，表面被稀疏的白色鳞片状鳞毛，果柄长0.9～1.2mm。种子倒卵状矩圆形，稍扁，长4～6（7）mm，宽

1.8～2.7mm，基部稍稍向内弯曲，暗褐色，具不明显 3～5 条纵棱；果皮与种皮贴合，有时上部彼此分离而种子表面具光泽。果实成熟期为 10 月。

棱果沙棘是沙棘分类学家廉永善教授等于 1992 年 10 月在四川省松潘县樟腊发现的一个新种，分布海拔为 2700～3200m。这个种的两个亚种总是分别出现在中国沙棘和肋果沙棘，以及云南沙棘和密毛肋果沙棘相混生的地段。有学者认为，棱果沙棘是肋果沙棘与中国沙棘的自然杂交种，并有 ITS 序列分析测定为据。不过，最初发现棱果沙棘并给予命名的廉永善教授不这样认为，他通过 9 个方面的论证，认为棱果沙棘就是自然种。

四川省阿坝州常能发现棱果沙棘。在川西考察时，如在结实期，就能发现棱果沙棘自然分布于土石山坡上。在果实未变色之前，棱果沙棘确实与肋果沙棘有许多相似之处。许多情况下，发现棱果沙棘与肋果沙棘为近邻，或生长地区相邻。

松潘

若尔盖

红原

土石山坡上自然分布的棱果沙棘（四川）

青海省祁连县考察时发现，棱果沙棘与肋果沙棘分布距离很近，不过周围近距离处并未发现有中国沙棘。棱果沙棘一般高近 4m，而肋果沙棘高不到 2m，两种沙棘结实密度都较高。

远处为祁连圆柏，左下角为棱果沙棘，右下角较矮的为肋果沙棘

棱果沙棘（青海祁连）

遗憾的是，目前国内外尚未有系统的棱果沙棘果实营养成分的测定资料。

7. 江孜沙棘

江孜沙棘在我国西藏等地有天然分布。落叶乔木或小乔木。树体普遍较为高大，一般高度为5～8m，常能见到8～13m的大树。小枝纤细，灰色或褐色；节间较短。叶互生，纸质，狭披针形，基部最宽，顶端钝形，边缘全缘，微反卷；叶柄极短或几无。果实黄色，椭球体，纵径5～7mm，横径3～4mm，成熟后很快收缩为具6条纵棱体（就像阳桃）、再到果干，果味涩苦；果梗长约1mm；种子甚扁，具6纵棱，长4.5～5mm，直径约3mm，带黑色，无光泽，种皮微皱，羊皮纸质。果实成熟期9月（甚至8月）。

在西藏拉萨、山南、林芝、日喀则等地考察时，常能在河床石砾地或河漫滩发现呈条带状或片状分布的江孜沙棘群落，万亩以上的片林常能碰到。在布达拉宫下面的坡面上，也生长着一些江孜沙棘灌丛，十分醒目。藏药中江孜沙棘（藏文名“巴尔达尔”）系其干燥成熟果实，为藏族传统习用药材，《晶珠本草》记载其具益血功效。在西藏地区，江孜沙棘种质资源面积很大，具有较大的开发利用价值。

在西藏错那考察时发现，沿娘姆江河谷两边多分布着高大的江孜沙棘，其中以曲卓木乡分布最为集中，这儿有2000亩古江孜沙棘，号称“千年沙棘”（实际年龄约为300年），其中乡政府边集中分布着800多亩江孜沙棘，树高普遍在10m、胸径在1m以上，最大的树高达15m、胸径1.5m左右。老树上依然硕果累累，树下萌蘖株郁郁葱葱。更加奇特的是，萌蘖株枝刺极多，但成年树刺却稀少或无。

号称“千年沙棘”的江孜沙棘古树（西藏错那）

2018 年 8 月 22—23 日考察时，发现隆子境内果实近熟，呈黄色，稍有棱，果味苦涩，而海拔很高的错那境内果实尚绿。2019 年 9 月中旬再次考察时，发现墨竹工卡、隆子和错那三地果实均已干瘪，果实收缩为棱状或呈果干。

胡建忠正高等于 2019 年在西藏墨竹工卡、错那、隆子取样测定，发现江孜沙棘干全果含油率达 8.53%～11.09%，黄酮含量为 2.59%～3.51%；干叶黄酮含量为 4.98%～8.41%，粗蛋白含量为 11.95%～14.99%，粗脂肪含量为 4.32%～5.04%，（错那）白藜芦醇含量为 1.72μg/g。2020 年再次取样测定的结果为，干全果含油率达 13.66%～17.03%，黄酮含量为 2.89%～4.60%；干叶黄酮含量为 4.53%，粗蛋白含量为 15.39%，粗脂肪含量为 7.22%。2019 年与 2020 年两次测定结果，含油率、黄酮含量均以 2020 年测定结果稍高，是否与 2019 年果实为纯干果有关，尚需继续研究。

未成熟的果实

成熟果实与上年宿存果实共存一枝

成熟的果实

干瘪的果实

萌蘖株上面密密麻麻的枝刺

自然分布的呈多态的江孜沙棘（西藏错那）

吕荣森研究员等于20世纪80年代后期的研究发现，中国沙棘属植物7个种和亚种的叶子，蛋白质含量为11.47%～22.92%，其中蛋白质含量最高的是江孜沙棘，它的蛋白质含量可以达到22.92%；脂肪的含量为3.68%～6.10%，也是江孜沙棘最高，达6.10%。其余各种和亚种的蛋白质含量比较接近，一般为15.18%～19.28%。脂肪的含量也比较接近，为4.98%～5.61%。说明沙棘属植物各个种和亚种叶子都可以用作饲料，不过江孜沙棘叶子用于饲料的价值最高。他的研究还发现，在沙棘叶子的总黄酮含量中，含量最高的种类是江孜沙棘，其总黄酮含量达到3.10%。当然叶黄酮测定结果与2019年和2020年两次测定结果相比，还小了很多。

8. 肋果沙棘

肋果沙棘在我国西藏、四川、甘肃、青海等地有天然分布。落叶灌木。冠形多呈伞盖状，似非洲草原的合欢树。枝条坚挺密集，枝刺粗硬，当年生枝灰白色或暗褐色。叶互生，条形或近条形。肋果

四川松潘

四川若尔盖

四川红原

川西土石山坡上自然分布的肋果沙棘

沙棘多分布于河岸滩处，但山坡上也有很多，高度为1.3～2.3m，雌株较多，结果不少。不同于其他沙棘种（亚种）的是，肋果沙棘无果汁，但果味挺好，以酸为主稍带甜味。果形成熟时为弯曲柱状（就像微缩的发黑的香蕉），具5～7条纵棱，纵径5.7～6.4mm，横径2.3～2.7mm，当果实由绿色全部变为褐色，且外被一层银白色鳞片时，即为成熟。果实成熟期9—10月。

四川省西部的阿坝、甘孜两州，肋果沙棘自然分布较多。从松潘（海拔2836m）、若尔盖（海拔3430m）至红原（海拔3450～3580m）的土石山坡上，均发现有硕果累累的肋果沙棘。在川西考察时发现自然坡面上肋果沙棘分布很多，与其他灌木混生在一起，只在局部形成肋果沙棘分布较为集中的情况。不过树冠形状虽然不像河滩地上典型的伞盖状，但也有点近似，所以即使对于较远的山坡，一眼就能辨认出肋果沙棘来。

肋果沙棘还在四川稻城、理塘、石渠、炉霍、甘孜等地3500～4000m处有自然分布。

青海省的肋果沙棘野生资源面积较大，约有3万亩，除了祁连山区的祁连、门源等地为主要分布区外，在果洛州达日县黄河岸边人工修建河堤上及边坡，发现有大面积自然侵入分布的肋果沙棘群丛。

在青海省祁连县八宝河流域长达20km的范围内，河滩地常见到数千米长、由团块状组成，或呈长带状群落分布的肋果沙棘。

河滩上自然分布的肋果沙棘（青海祁连）

在青海门源的仙米林场考察时，发现河滩上的肋果沙棘自然群落长势不错，硕果累累，不过也发现有枯死的植株。

肋果沙棘虽然多见于河滩地，不过在青海祁连小八宝河流域发现有肋果沙棘分布在裸石坡面上，且能正常结实。

甘肃省的甘南玛曲有肋果沙棘自然分布，另外在祁连山区也有肋果沙棘分布。

河滩上自然分布的肋果沙棘群落（青海门源）

黄河岸边河堤上自然侵入分布的肋果沙棘大片群丛（青海达日）

河滩边自然分布的肋果沙棘
（青海达日）

土石山坡上分布的肋果沙棘（青海祁连）

胡建忠正高等于2019年在青海门源取样测定，发现肋果沙棘干全果含油率达12.02%，黄酮含量为2.55%；干叶黄酮含量为5.94%，粗蛋白含量为14.03%，粗脂肪含量为3.56%，在青海天峻取样的干叶白藜芦醇含量为0.54μg/g。但由于2019年取样时果实已干燥，故2020年再次在果实成熟且未全变干时取样，测定结果发现，肋果沙棘干全果含油率达23.99%，黄酮含量为2.33%；干叶黄酮含量为3.47%，粗蛋白含量为17.43%，粗脂肪含量为3.46%。两次测定结果的干全果含油率相差很大，2019年采样时间过迟，果实已干透，可能造成含油率的大幅下降（尚需继续研究核实）；而黄酮含量相差较小。

9. 西藏沙棘

西藏沙棘在我国西藏、四川、甘肃、青海等地的高原、高山上有自然分布。落叶小灌木。一般资料皆称其为形态60cm以下的矮小灌木，但我们在西藏墨竹工卡考察时发现，西藏沙棘天然灌丛高度普遍达1.2m左右。叶片3枚轮生，稀对生，条状。果实成熟期8—9月。果柄较长，果实较大，一般横径大于纵径，纵径7.4～9.6（11.1）mm，横径8.1～11.1（12.5）mm，百果重达35～48（60）g。在青海海拔2940～3100m的河滩上，西藏沙棘的果实于8月上旬开始变色，中旬至下旬全变色。果实色泽随着成熟过程逐渐变化，由最初的浅绿色，向黄绿果带有深绿爪瓣长条纹、黄橙果带有深绿爪瓣短条纹（亦称芒状饰纹，就像微缩的番茄）直至全部为橙色或橘红色带有很短芒状饰纹变化。西藏沙棘果大、汁多，酸甜适中，没有强烈的酸涩味，且其植株低矮，无硬刺，便于果实采收，这些有利性状为其直接引种栽培，以及开展沙棘属种间杂交育种等提供了十分优越的条件。不过这只是在西藏墨竹工卡的感觉，在西藏普兰就大不一样了，此处沙棘枝顶附近刺很多，太扎手，人工采果几乎无法进行。

高密灌丛（伴有金露梅）

中密灌丛

紧邻溪流（伴有高山柳）

株型呈紧凑扫帚状

绿果上隐约能看见更深的绿纹饰

果色渐变中的橙果带有长绿纹饰

自然分布的果实变色中的西藏沙棘（西藏墨竹工卡）

西藏自治区境内呈天然群落状态大片分布的首推西藏沙棘。在墨竹工卡考察时，发现在念村河谷两侧地带有近万亩西藏沙棘天然林，以条带状分布，中间杂有金露梅（*Potentilla fruticosa*）、高山柳（*Salix cupularis*）、鲜卑花（*Sibiraea laevigata*）等灌木。天然灌丛高度，成龄林普遍达 1.2m 左右，幼龄林呈数十厘米高度不等，灌丛呈扫帚状，或似造型盆景，相当漂亮。8 月下旬果实大部分呈绿色，变色果实稀少，但果实顶端星芒状纹饰清晰可见。

在西藏普兰考察时，发现仁贡村有万亩以上的西藏沙棘天然林，呈条带状分布在河流两岸，有些在河滩低地，有些在稍高一些的阶地，有些在两者之间的坡地上。沙棘群落中几无其他灌木，多为禾本科（*Gramineae*）植物。虽然为 9 月中下旬，但沙棘果实部分已呈过熟状态，果味酸甜，较为可口，而且能明显地看到果实上的绿色长、短纹饰。

灌丛外貌，禾草比西藏沙棘长得都高

星状长纹饰的成熟果实，纹饰更像一只蝴蝶或蝴蝶结

自然分布的果实达成熟期的各种各样的西藏沙棘（西藏普兰）（一）

星状短纹饰的成熟果实，纹饰消退到成了星芒

枝条顶部和叶腋的枝刺

自然分布的果实达成熟期的各种各样的西藏沙棘（西藏普兰）（二）

分布于海拔稍高阶地上的西藏沙棘树高20～30cm，果实星状纹饰长（同墨竹工卡）；分布于河滩和较低坡地上的树高40～50cm，果实星状纹饰短，经判断应该是纹饰继续缩短造成。是否为亚种，需要继续研究。经测定，这两类沙棘，长纹饰的干全果含油率达34%，黄酮含量2.6%，β-胡萝卜素含量252mg/100g，V_E含量1401mg/100g；短纹饰的干全果含油率26.4%，黄酮含量3.3%，β-胡萝卜素含量116mg/100g，V_E含量891mg/100g。除黄酮含量低于柳叶沙棘、云南沙棘等外，其余各个指标含量均为最高。

四川省阿坝州考察时，常能发现路侧自然边坡及公路路基上有自然分布的西藏沙棘，呈间断性。自然边坡上的西藏沙棘为自然起源，是确定无误的；而公路路基的西藏沙棘，经判断可能是自然分布的西藏沙棘被动物采食后，将未消化的种子排泄至路堤边坡而成；或路边自然边坡上的种子被风、水带至建路后还较松软的路基，然后种子萌发、萌蘖而来。这就纠正了常有的一种观念，即西藏沙棘全是在人迹罕至的地方，事实上只要人类干扰少，西藏沙棘会在距人类越来越近的地区正常生长。同时，这一发现还纠正了传统认为的西藏沙棘只在河滩分布的认知。

土石坡面上自然分布的西藏沙棘（四川红原）

公路路基上自然分布的西藏沙棘（四川若尔盖）

西藏沙棘还在四川理塘、新龙、炉霍、壤塘、色达、德格、石渠等地（3300～5200m）有自然分布。

甘肃省紧邻青藏高原的甘南州碌曲、玛曲、卓尼、临潭、夏河等地，位于祁连山麓的天祝、山丹、肃南等地，也有西藏沙棘自然分布。

在天祝县马牙雪山与乌鞘岭之间的抓喜秀龙草原（海拔 3000m），沿河滩分布有群团状的西藏沙棘，多数与高山柳和金露梅等相伴而生，且为下木；在未有其他灌木的河滩地段，西藏沙棘首先侵入，估计为河流带来成熟果实繁殖所致。肃南的东流沟也有西藏沙棘分布。

河滩上自然分布的西藏沙棘（甘肃天祝）

在位于河心岛的河滩较高处，由河水冲来的种子繁衍的西藏沙棘群丛，先是呈零星分布，后逐渐呈团块状分布。

河心岛上自然繁衍的西藏沙棘灌丛（甘肃天祝）

青海省境内的西藏沙棘，主要见于祁连山地的祁连、门源、大通、湟中、海晏、互助等地，面积约7万亩，均为天然起源，在西宁、大通等地做过多次人工挪移、试种均不成功。除一般认为的河滩地外，在土石山地的悬崖上亦可见到西藏沙棘呈团块状分布。祁连县八宝河流域的小八宝河（海拔3100m），多处见到有小片西藏沙棘分布于悬崖峭壁上，且结有果实。这一发现，继续在更新人们的认知——西藏沙棘可在悬崖绝壁上自然分布。

土石山悬崖上自然分布的西藏沙棘（青海祁连）

2003 年在青海大通开展植被群落调查时，发现在杂灌丛中也混有西藏沙棘，不同于其他地点发现的西藏沙棘叶片呈灰白色，这儿的叶片呈纯粹的草绿色。将根系挖掘出来后，看到 3 株西藏沙棘根系连在一起，水平根系粗壮发达，垂直根系很浅，根系上有根瘤。调查地点由于位于脑山区，水分条件很好，因此垂直根系不发达也是易于理解的。

杂灌丛下的西藏沙棘及根系（青海大通）

胡建忠正高等于 2019 年在西藏普兰取样测定，发现西藏沙棘干全果含油率达 26.39%～33.97%，含油率为测定诸种中最高的，黄酮含量为 2.58%～3.33%；干叶黄酮含量为 1.59%～3.01%，粗蛋白含量为 12.28%～17.06%，粗脂肪含量为 4.29%～4.95%。

西藏沙棘果大、汁多，酸甜适中，没有强烈的酸涩味，且其植株低矮，便于果实采收，这些有利性状为其直接引种栽培，以及开展沙棘属种间杂交育种等提供了十分优越的条件。

（二）品种培育有序开展

35 年中，我国除了不断从自然界中发现、挖掘新种（亚种），理顺沙棘自然资源的分类系统外，还通过“选、引、育”手段，极大地丰富了可用于人工种植的沙棘品种。这些沙棘品种，包括引进品种、选育品种和杂交品种。

1. 引进品种

我国引进的沙棘品种约有 50 种，始于 20 世纪 80 年代，绝大多数从俄罗斯引进，只有很小一部分是从蒙古、德国以及北欧一些国家引进的。

（1）从俄罗斯引种。

20 世纪 30 年代开始，以苏联西伯利亚利萨文科园艺研究所为代表的一些单位，就开始了沙棘育种工作，截至 20 世纪末已筛选出了近 200 种大果沙棘优良品种，其中 50 多种进入了国家品种目录。我国引进的俄罗斯（包括苏联）大果沙棘品种，在生产实践中广为栽培的主要有丘伊斯克（*Hippophae rhamnoides* ssp. *mongolica* “Chuyskaya”）、橙色（*Hippophae rhamnoides* ssp. *mongolica* “Orangevaya”）、浑金（*Hippophae rhamnoides* ssp. *mongolica* “Samorodok”）、巨人（*Hippophae rhamnoides* ssp. *mongolica* “Velikan”）、优胜（*Hippophae rhamnoides* ssp. *mongolica* “Prevoschodnaya”）和太阳（*Hippophae rhamnoides* ssp. *mongolica* “Solnechnaya”）等。

“丘伊斯克”由俄罗斯西伯利亚利萨文科园艺研究所采用杂交育种手段获得，引进种亦称“楚伊”。

大果沙棘引进品种——“丘伊斯克”（新疆青河）

该品种在俄罗斯推广区域，主要位于阿尔泰、新西伯利亚、伊尔库茨克等15个州（区）。

在原产地，“丘伊斯克”树高2.5m，树冠圆形，棘刺较少。定植3～4年后进入结果期，成熟期为8月上旬。果实呈长椭球体，橙色，采收时不破浆。果柄长2～3mm，百果重90g，6～7年后进入盛果期，株产达14.6～23.0kg，盛果期可达8～10年。果实含糖6.4%，含酸1.7%，含油率6.2%，V_C含量134mg/100g，胡萝卜素含量3.7mg/100g。耐严寒，抗病虫害。

在我国内蒙古磴口中国林业科学研究院沙漠林业试验中心（简称“沙林中心”）的试验结果表明，“丘伊斯克”种植后第4年普遍进入结果期，初果期百果重63.22g，果纵径1.28cm，横径0.86cm，果柄长0.34cm，种子千粒重20g；定植第5年“丘伊斯克”树高139cm，地径2.4cm，冠幅96cm，单株鲜果产量0.9kg，单产3064kg/hm^2，种子千粒重14.4g；定植第6年“丘伊斯克”单株鲜果产量6.6kg，单产11055kg/hm^2。

黑龙江绥棱定植第5年“丘伊斯克”树高163cm，地径3.6cm，冠幅155cm，单株鲜果产量2.5kg，单产5550kg/hm^2，种子千粒重18.1g；定植第6年“丘伊斯克”单株鲜果产量5.7kg，单产6350kg/hm^2。

“橙色”由俄罗斯西伯利亚利萨文科园艺研究所采用杂交育种手段获得。

该品种在俄罗斯推广区域，主要位于弗拉基米尔、下诺夫宁罗德和阿尔泰等州（区）。

在原产地，“橙色”树高3m，树冠呈正椭圆体，棘刺较少。定植4年后进入结果期，成熟期为9月中旬。果实呈椭球体，橙红色，采收时不破浆。果柄长8～10mm，百果重60g，6～7年株产达13.7～22.1kg，盛果期可达10～12年。果实含糖5.4%，含酸1.3%，含油率6%，V_C含量330mg/100g。耐严寒，对枝干枯萎病有一定抗性，抗病虫害。

大果沙棘引进品种——“橙色”（黑龙江绥棱）

在磴口，沙林中心的试验结果表明，“橙色”种植后第4年的百果重36.84g，果纵径0.96cm，横径0.79cm，果柄长0.37cm，种子千粒重18.46g；定植第5年“橙色”树高157cm，地径3.5cm，冠幅130cm，单株鲜果产量1.1kg，单产3497kg/hm^2，种子千粒重

17.1g；定植第6年“橙色”单株鲜果产量2.7kg，单产4463kg/hm^2。

黑龙江绥棱定植第5年“橙色”树高155cm，地径3.4cm，冠幅130cm，单株鲜果产量3.5kg，单产7770kg/hm^2，种子千粒重17.4g；定植第6年“橙色”单株鲜果产量3.1kg，单产3474kg/hm^2。

“浑金”由俄罗斯西伯利亚利萨文科园艺研究所采用杂交育种途径获得。

大果沙棘引进品种——“浑金”（黑龙江绥棱）

该品种在俄罗斯推广区域，主要位于库尔干、车里雅宾斯克和阿尔泰等州（区）。

在原产地，“浑金”树高2.4m，树冠张开形，棘刺较少。定植4年后进入结果期，成熟期为8月底。果实呈椭球体，橙黄色，采收时不破浆。果柄长3～4mm，百果重70g，6～7年株产达14.5～20.5kg，盛果期可达10～12年。果实含糖5.3%，含酸1.55%，含油率6.9%，V_C含量133mg/100g，胡萝卜素含量3.81mg/100g。耐严寒，耐干旱，抗病虫害。

在磴口，沙林中心的试验结果表明，“浑金”种植后第4年普遍进入结果期，初果期百果重32.63g，果纵径0.96cm，横径0.81cm，果柄长0.30cm，种子千粒重18.33g；定植第5年“浑金”树高161cm，地径3.6cm，冠幅142cm，单株鲜果产量1.1kg，单产3497kg/hm^2，种子千粒重12.6g；定植第6年“浑金”单株鲜果产量2.3kg，单产3813kg/hm^2。

黑龙江绥棱定植第5年“浑金”树高168cm，地径3.7cm，冠幅161cm，单株鲜果产量2.8kg，单产6210kg/hm^2，种子千粒重14.9g；定植第6年“浑金”单株鲜果产量4.4kg，单产5318kg/hm^2。

“巨人”由俄罗斯西伯利亚利萨文科园艺研究所采用杂交育种途径获得。

大果沙棘引进品种——“巨人”（黑龙江绥棱）

该品种在俄罗斯推广区域，主要位于库尔干纳、彼尔姆和斯维尔德诺夫等州。

在原产地，“巨人”树冠呈尖圆锥本，棘刺较少。定植3～4年后进入结果期，成熟期为9月下半月。果实呈圆柱体，橙黄色，采收时不破浆。果柄长3～4mm，百果重80g，6～7年株产达11.2～

15.5kg，盛果期可达10～12年。果实含糖6.6%，含酸1.7%，含油率6.6%，V_C含量157mg/100g，胡萝卜素含量3.1mg/100g。耐严寒，抗病虫害，对枝干枯萎病有一定抗性。

在磴口，沙林中心的试验结果表明，“巨人”种植后第4年普遍进入结果期，初果期百果重45.25g，果纵径1.29cm，横径0.68cm，果柄长0.18cm，种子千粒重19g；定植第5年“巨人”树高112cm，地径1.6cm，冠幅85cm，单株鲜果产量0.1kg，单产200kg/hm²，种子千粒重15.2g；定植第6年“巨人”单株鲜果产量3.3kg，单产5528kg/hm²。

黑龙江绥棱定植第5年“巨人”树高170cm，地径3.2cm，冠幅131cm，单株鲜果产量1.7kg，单产3765kg/hm²，种子千粒重18.7g；定植第6年“巨人”单株鲜果产量3.6kg，单产4029kg/hm²。

“优胜”品种由俄罗斯西伯利亚利萨文科园艺研究所采用杂交育种途径获得。

大果沙棘引进品种——“优胜”（黑龙江绥棱）

该品种在俄罗斯推广区域，主要位于阿尔泰、新西伯利亚、狄明等州。

在原产地，“优胜”树冠呈长圆柱体，无刺。定植4年后进入结果期，成熟期为8月底。果实呈长卵圆体，橙黄色，有光泽，采收时不破浆。果柄长7mm，百果重80g，株产达7～8kg（最高可达22.1kg）。果实含干物质17%，含糖7.6%，含酸1.6%，含油率6.5%，V_C含量118.2mg/100g，胡萝卜素含量2.5mg/100g。耐严寒，耐干旱，抗内源性真菌病，抗沙棘蝇，但不抗枝干枯萎病。

在磴口，沙林中心的试验结果表明，“优胜”种植后第4年普遍进入结果期，初果期百果重42.35g，果纵径1.10cm，横径0.87cm，果柄长0.50cm，种子千粒重19g；定植第5年“优胜”树高122cm，地径2.6cm，冠幅78cm，单株鲜果产量2.6kg，单产4492kg/hm²，种子千粒重15.9g；定植第6年“优胜”单株鲜果产量3.5kg，单产5844kg/hm²。

黑龙江绥棱定植第5年“优胜”树高180cm，地径4.2cm，冠幅158cm，单株鲜果产量4.1kg，单产9105kg/hm²，种子千粒重17.2g；定植第6年“优胜”单株鲜果产量1.8kg，单产1943kg/hm²。

“太阳”由俄罗斯莫斯科大学植物园选育，亦称“向阳”。

大果沙棘引进品种——“太阳”（黑龙江绥棱）

在原产地，“太阳”树冠紧凑，呈微叉开式。结实较早，定植 2～3 年后进入结果期，成熟期为 8 月底。果实呈椭球体，橙黄色，有光泽，采收时不破浆。果柄长 4.5～5.0mm，百果重 50g，5 年株产达 8kg。果实含糖 0.4%，含酸 1.3%，含油率 3.5%，V_C 含量 122mg/100g，胡萝卜素含量 3.9mg/100g。

在磴口，沙林中心的试验结果表明，“太阳”种植后第 4 年普遍进入结果期，统计初果期百果重 58.23g，果纵径 1.32cm，横径 0.88cm，果柄长 0.27cm，种子千粒重 20.06g；定植第 5 年“太阳”树高 146cm，地径 2.7cm，冠幅 120cm，单株鲜果产量 0.6kg，单产 $2065kg/hm^2$，种子千粒重 15.0g；定植第 6 年“太阳”单株鲜果产量 3.4kg，单产 $5654kg/hm^2$。

前面介绍的多为俄罗斯第一代、第二代沙棘良种，水利部沙棘开发管理中心于 2013 年年底从俄罗斯西伯利亚利萨文科园艺研究所引进的第三代沙棘良种中，表现较好的有 8 种：

“克拉维迪亚”(*Hippophae rhamnoides* ssp. *Monglica* “Klavdija”)。

“伊丽莎白”(*Hippophae rhamnoides* ssp. *Monglica* “Elizaveta”)。

“伊尼亚”(*Hippophae rhamnoides* ssp. *Monglica* “Inya”)。

“埃特纳”(*Hippophae rhamnoides* ssp. *mongolica* “Etna”)。

“杰塞尔”(*Hippophae rhamnoides* ssp. *Monglica* “Jessel”)。

“苏达鲁斯卡”(*Hippophae rhamnoides* ssp. *Monglica* “Sudarushka”)。

“热姆丘任娜”(*Hippophae rhamnoides* ssp. *Monglica* “Zhemchuzhnica”)。

“格诺姆”(*Hippophae rhamnoides* ssp. *Monglica* “Gnom”)。

除最后一种“格诺姆”为雄株外，其余均为雌株，这些品种百果重达 53～100g，株产 1.57～6.54kg，每公顷产 2550～10950kg，产量普遍很高，主要适用于新疆（有灌溉条件地区）、黑龙江、吉林、内蒙古（有灌溉条件地区）等地区，是建设沙棘工业原料林的优质主栽材料。

“克拉维迪亚”

“伊丽莎白”

“伊尼亚”

“埃特纳”

“杰塞尔”

“苏达鲁斯卡”

“热姆丘任娜”

“格诺姆”

(2) 从其他国家引种。

从蒙古引进的主要品种有乌兰格木(*Hippophae rhamnoides* ssp. *mongolica* "Ulaangom")、川人(*Hippophae rhamnoides* ssp. *mongolica* "Chandman")等,表现较好;水利部沙棘开发管理中心从德国引进的主要品种有Hergo、Leikora、Pollmix、Frugana等,但于2013—2014年在黑龙江绥棱初选试验后,表现不好,未再进行有关引种研究。

"乌兰格木"为蒙古的地名,同时也作为品种名称使用。这个品种由蒙古植物学家拉根通过杂交育种手段选育而成,母本为俄罗斯"丘伊斯克",父本为蒙古西部的蒙古沙棘亚种,在干旱但有灌溉条件的地域选育而成,特点是树体呈灌丛型,无刺或少刺,花期为5月15—20日,果红色或黄色,球形或卵圆形,果实纵、横径分别为9.6mm、7.9mm,果柄长4mm,果皮厚,百果重50g,种子长、宽分别为6.5mm、2.9mm,单产达5.5t/hm^2,含油率8.5%,V_C含量146mg/100g,胡萝卜素含量6.1mg/100g。

大果沙棘引进品种——"乌兰格木"(黑龙江绥棱)

在位于我国黑龙江绥棱的黑龙江省农科院浆果研究所、内蒙古磴口沙林中心的试验结果表明,"乌兰格木"的百果重在绥棱为40.01g,在磴口为40.04g;果实纵、横径在绥棱分别为0.96cm、0.81cm,在磴口分别为1.12cm、0.80cm;相应果形系数在绥棱为1.19,在磴口为1.40;果柄长在绥棱为0.29cm,在磴口为0.25cm。在绥棱,"乌兰格木"果实V_C、V_E含量分别为82.03mg/100g、1.65mg/100g,水解总黄酮为12.69mg/100g。

"乌兰格木"种植后第4年普遍进入结果期。5年生"乌兰格木",在黑龙江绥棱的鲜果株产为3.3kg,鲜果单产为7320kg/hm^2,种子千粒重为14.48g,种子单产为245.55kg/hm^2;在内蒙古磴口的鲜果株产为0.38kg,鲜果单产为1265.4kg/hm^2,种子千粒重为14.1g,种子单产为43.35kg/hm^2;6年生"乌兰格木",在黑龙江绥棱的鲜果株产为2.19kg,鲜果单产为2431.5kg/hm^2,种子单产为81.9kg/hm^2;在内蒙古磴口的鲜果株产为3.69kg,鲜果单产为6144kg/hm^2,种子单产为211.05kg/hm^2。

中国沙棘选育品种——"红霞"(内蒙古磴口)

2. 选育品种

沙棘选育品种通过选择育种而得,包括从我国野生沙棘优良资源和从引进国外优良品种的种子繁育实生苗后代中选择两条途径,其中后者又包括对俄罗斯品种、蒙古品种以及北欧品种中的选择。这种选择方法叫实生选种法,准确地说,是采集(国内)或引进(国外)具优良性状的种子,利用其后代的性状分化和幼年期适应能力强的特点,从不同的家系和家系内分化的单株中，择其对本地适应能力强而性状优良者选而用之。选择过程中，要经过多次的去劣存优，选取少量优良育种材料，经无性系化后再进行无性系比较测定，最终进行决选而成。35 年中，我国共获得沙棘选育品种约 30 种。

（1）从野生沙棘资源中选择。

野生沙棘资源主要指中国沙棘、蒙古沙棘和中亚沙棘。中国林科院和一些协作单位自 1985 年起，开始系统研究沙棘遗传改良问题，取得了较为丰硕的成果。以中国沙棘野生资源为基础，选育出“红霞”（*Hippophae rhamnoides* ssp. *sinensis* “Hongxia”）、“橘大”（*Hippophae rhamnoides* ssp. *sinensis* “Juda”）、“橘丰”（*Hippophae rhamnoides* ssp. *sinensis* “Jufeng”）、“丰宁雄”（*Hippophae rhamnoides* ssp. *sinensis* “Fengningxiong”）、“蛮汉山雄”（*Hippophae rhamnoides* ssp. *sinensis* “Manhanshanxiong”）等；并通过小群体比较试验，筛选出辽宁罗福沟、河北丰宁、山西太岳、陕西黄龙、甘肃关山梁、青海大通等 6 个采种基地，环效指数提高 20%～40%，经济效益提高 10%以上。

“红霞”原材料来源于河北省涿鹿县野生中国沙棘林中的优良类型。

优树选择年度为 1987 年，在内蒙古磴口县沙林中心做子代测定。该品种原株和原种材料，均保存在内蒙古磴口县沙林中心。由黄铨、李建雄等选育而成。

果实橘红色，百果重 15.0g，果纵径 5.5mm，横径 6.7mm，果柄长 2.1mm，为扁圆果形，结实后第 3 年株产 2.5kg。果实总糖含量 9.89g/100g，总酸含量 3.07g/100g，总氨基酸含量 4.515mg/100g，V_C 含量 252mg/100g。

树形为主干形，萌蘖力强，棘刺中等。果实密集，满树为果，甚为艳丽，挂果期长达 3 个月之久。

“橘大”原材料来源于河北省涿鹿县野生中国沙棘林中的优良类型。

优树选择年度为 1987 年，在内蒙古磴口县沙林中心做子代测定。该品种原株和原种材料，均保存在内蒙古磴口县沙林中心。由黄铨、佟金权等选育而成。

果实橘黄色，百果重 30.0g，果纵径 7.4mm，横径 8.6mm，果柄长 3.0mm，为扁圆果形，结实后第 5 年株产 2.0kg。果实总糖含量 2.65g/100g，总酸含量 6.42g/100g，总氨基酸含量 6.676mg/100g，V_C 含量 1415mg/100g，β-胡萝卜素含量 81mg/100g，V_E 含量 176mg/100g，果肉含油率 13.42%，种子含油率 11.90%。

树形为主干形，树冠较开阔，棘刺少。

“橘丰”原材料来源于河北省涿鹿县野生中国沙棘林中的优良类型。

中国沙棘选育品种——“橘大”（内蒙古磴口）

中国沙棘选育品种——“橘丰”（内蒙古磴口）

优树选择年度为1987年，在内蒙古磴口县沙林中心做子代测定。该品种原株和原种材料，均保存在内蒙古磴口县沙林中心。由黄铨、罗红梅等选育而成。

果实橘黄色，百果重24.0g，果纵径6.0mm，横径7.1mm，果柄长2.7mm，为扁圆果形，结实后第5年株产2.5kg。

树形为主干形，萌蘖力极强。

“丰宁雄”原材料来源于河北省丰宁县野生中国沙棘林中的优良类型，亦称“无刺雄”。

优树选择年度为1988年，在内蒙古磴口县沙林中心做子代测定。该品种原株历经多次迁址而被毁，原种在内蒙古磴口县沙林中心、辽宁省阜蒙县均有保存。先后由王道先、董太祥、黄铨、李忠义等选育而成。

树形为主干形，花芽饱满、充实，萌芽、萌蘖力强。5年生时，树高可达4m。在一般条件下无刺，但引进到较为干旱地区后，也常出现少量枝刺。

“蛮汉山雄”原材料来源于内蒙古凉城县野生中国沙棘林中的优良类型。

中国沙棘选育品种——“丰宁雄”（内蒙古鄂尔多斯）

中国沙棘选育品种——“蛮汉山雄”（内蒙古鄂尔多斯）

优树选择年度为1991—1995年，在内蒙古凉城县林业试验站做子代测定，在内蒙古呼和浩特坝口子繁殖无性系定植。该品种原株、原种均无保存（无性系在内蒙古鄂尔多斯市东胜区九成宫有保存）。先后由周世权、兰登明、金争平等选育而成。

“蛮汉山雄”沙棘树形为主干不明显的灌丛型，花芽饱满、充实，萌芽、萌蘖力较强。5年生时，树高3～4m。枝条棘刺较少，但引进到更干旱地区后，枝刺增多。

与“丰宁雄”比较，“蛮汉山雄”的生长势偏弱、花芽偏小、抗旱性偏弱。

大果沙棘选育品种——“辽阜1号”（辽宁阜蒙）

（2）从引进国外良种实生苗中选择。

20世纪90年代以来，从俄罗斯引进的“丘伊斯克”为育种材料，选育出“辽阜1号”（*Hippophae rhamnoides* ssp. *mongolica* “Liaofu 1”）、“棕丘”（*Hippophae rhamnoides* ssp. *mongolica* “Zongqiu”）、“白丘”（*Hippophae rhamnoides* ssp. *mongolica* “Baiqiu”）；从蒙古引进的“乌兰格木”为育种材料选育出乌兰沙林（*Hippophae rhamnoides* ssp. *mongolica* “Wulanshalin”）等；从北欧引进的混杂品种（人为失误造成）为育种材料选育出“深秋红”（*Hippophae rhamnoides* “Shenqiuhong”）、“壮圆黄”（*Hippophae rhamnoides* “Zhunagyuanhuang”）和“无刺丰”（*Hippophae rhamnoides* “Wucifeng”）等，其中特用经济型品种百果重提高1～4倍，产果量提高1.0～2.0倍，亩产1.0～1.5t，有4个品种达到无刺选育目标。

“辽阜1号”原材料来源于俄罗斯“丘伊斯克”种子，通过实生措施选育而得。

优树选择年度为1990年，在辽宁省阜蒙县福兴地乡做子代测定。该品种原株和原种材料，均保存在内蒙古磴口县沙林中心和辽宁省阜蒙县。由黄铨、李忠义、段海霞等选育而成。

果实橘黄色，果实顶端有红晕，百果重41.0～45.0g，果纵径11～12mm，横径8.0～8.5mm，果柄长3.0～4.0mm，为圆柱体，盛果期株产8kg，种子千粒重15～28g。果实总糖含量1.60g/100g，总酸含量2.25g/100g，总氨基酸含量0.509mg/100g，V_C含量154mg/100g，β-胡萝卜素含量441mg/100g，V_E含量89mg/100g，果肉含油率31.3%，种子含油率9.29%。

树形为灌丛形，树冠较开阔，棘刺少。

“棕丘”“白丘”原材料来源于俄罗斯“丘伊斯克”种子，通过集团选择法选育而得。

大果沙棘选育品种——“棕丘”（内蒙古磴口）

大果沙棘选育品种——“白丘”（内蒙古磴口）

优树选择年度为1990年，在内蒙古磴口做子代测定。将其中枝条呈棕褐色的定为“棕丘”，灰褐色的定为“白丘”。该品种原株和原种材料，均保存在内蒙古磴口县沙林中心。由黄铨、罗红梅等选育而成。

“棕丘”树体灌丛状，枝条开张中等，无刺或基本无刺，根萌蘖力强。高1.8～2.2m。花期4月中旬，果熟期8月上旬。果实橘黄色，长椭圆体，纵径1.1～1.2cm，横径0.8～1.0cm，果形系数1.2左右，果柄长2.5～3.0mm，百果重40～50g，单产15.0～22.5t/hm^2，种子棕色或棕褐色，千粒重15g左右。鲜果总糖含量6.37g/100g，总酸含量1.07g/100g，V_C含量491mg/100g；总黄酮含

大果沙棘选育品种——“乌兰沙林”
（内蒙古磴口）

量62.4mg/100g，V_E含量5.72mg/100g，β-胡萝卜素含量13.51mg/100g。叶片总黄酮含量415.2mg/100g。

“白丘”入冬后枝条呈灰白色，较粗硬，有少量棘刺。百果重38g，株产8kg。其余性状与“棕丘”相同或相近。

“乌兰沙林”原材料来源于蒙古“乌兰格木”种子，通过实生措施选育而得。需要说明的是，“乌兰沙林”是由7个优良雌性无性系组成的复合无性系品种。

优树选择年度为1989年，在内蒙古磴口县沙林中心做子代测定。该品种原株和原种材料，均保存在内蒙古磴口县沙林中心。由黄铨、佟金权、李建雄等选育而成。

果实深橘黄色，果实顶端有红晕，百果重52g，果纵径11～14mm，横径8～10mm，果柄长4.0～6.0mm，为卵圆形，盛果期亩产1t。果实总糖含量4.03g/100g，总酸含量1.70g/100g，V_C含量154mg/100g，β-胡萝卜素含量24.42mg/100g，V_E含量7.40mg/100g，总黄酮含量72.48mg/100g。

树形为灌丛形，耐干旱、耐瘠薄。

“深秋红”原材料来源于北欧37个及俄罗斯10个沙棘良种的种子，通过实生措施选育而得。但由于选育过程中的人为因素，造成编号与定植株不相对应，已无法确知来源。

大果沙棘选育品种——“深秋红”（黑龙江林口）

优树选择年度为1990年，在辽宁省阜蒙县福兴地乡做子代测定。该品种原株和原种材料，均保存在辽宁省阜蒙县。由黄铨、李忠义、段海霞、梁九鸣等选育而成。

果实橘红色，鲜亮，百果重66g，果纵径14mm，横径9mm，果柄长4.0mm，果形为圆柱体，盛果期亩产1t。果实总糖含量9.57g/100g，总酸含量1.49g/100g，总氨基酸含量6.301mg/100g，V_C含量14mg/100g，β-胡萝卜素含量8mg/100g，总黄酮含量12mg/100g。

树形为主干形，干直立性强。最大的特征是挂果期超长，不落果也不烂果，果实于8月上中旬变为橘红，但经秋不落果，在冬天斗霜傲雪，分外漂亮。

“壮圆黄”原材料来源、选育过程与“深秋红”相同。

优树选择年度为1990年，在辽宁省阜蒙县福兴地乡做子代测定。该品种原株和原种材料，均保存在辽宁省阜蒙县。由黄铨、李忠义、段海霞、梁九鸣等选育而成。

果实橘黄色，百果重75g，果纵径12.5mm，横径10mm，果柄长2.0mm，果形为圆球体，盛果期亩产1t。果实总糖含量5.976g/100g，总酸含量1.58g/100g，总氨基酸含量6.167mg/100g，V_C

大果沙棘选育品种——果实未成熟的“壮圆黄”（新疆哈巴河）

含量 13.4mg/100g，β-胡萝卜素含量 6.21mg/100g，总黄酮含量 17.56mg/100g。

树形为主干形，树冠紧凑。

“无刺丰”原材料来源、选育过程与“深秋红”相同。

大果沙棘选育品种——“无刺丰”（内蒙古磴口）

优树选择年度为 1990 年，在辽宁省阜蒙县福兴地乡做子代测定。该品种原株和原种材料，均保存在辽宁省阜蒙县。由黄铨、李忠义、段海霞、梁九鸣等选育而成。

果实橘黄色，两端有红晕，百果重 85g，果纵径 13mm，横径 10mm，果柄长 4.0～5.0mm，果形为圆柱体，盛果期株产 21kg，亩产 1.3t。果实总糖含量 7.72g/100g，总酸含量 1.25g/100g，总氨基酸含量 6.624mg/100g，β-胡萝卜素含量 8.42mg/100g，总黄酮含量 42.08mg/100g。

树形呈馒头状，为多主枝披散形。

此外，从 2013 年冬季以来，水利部沙棘开发管理中心从俄罗斯引进大果沙棘选择中的无性系后，由黑龙江省农业科学院浆果研究所、辽宁省水土保持研究所、黄河水利委员会西峰水土保持科学试验站、青海省农林科学院青藏高原野生植物资源研究所、新疆农垦科学院林园研究所等单位，分别在黑龙江绥棱、辽宁朝阳、甘肃庆阳、青海大通、新疆额敏等地，由胡建忠、温秀凤、单金友、王东健、张东为、闫晓玲、赵越等经过继续选育而成。这些品种百果重达 34～100g，株产 1.00～8.69kg，每公顷产量达 1650～14400kg，产量普遍较高，主要适用于新疆（有灌溉条件地区）、黑龙江、吉林、内蒙古（有灌溉条件地区）等地区，是建设沙棘工业原料林的优良搭配栽植材料。共有 12 种：

“金黄后”（*Hippophae rhamnoides* ssp. *Monglica* “Jinhuanghou”）。

“朱丹红”（*Hippophae rhamnoides* ssp. *Monglica* “Zhudanhong”）。

“小香蕉”（*Hippophae rhamnoides* ssp. *Monglica* “Xiaoxiangjiao”）。

“黄冠”（*Hippophae rhamnoides* ssp. *Monglica* “Huangguan”）。

“黄妃 1 号”（*Hippophae rhamnoides* ssp. *Monglica* “Huangfei 1”）。

“夕照”（*Hippophae rhamnoides* ssp. *Monglica* “Xizhao”）。

“黄妃 2 号”（*Hippophae rhamnoides* ssp. *Monglica* “Huangfei 2”）。

“赛枸杞”（*Hippophae rhamnoides* ssp. *Monglica* “Saigouqi”）。

“黄妃 3 号”(*Hippophae rhamnoides* ssp. *Monglica* “Huangfei 3”)。
“丹棒”(*Hippophae rhamnoides* ssp. *Monglica* “Danbang”)。
“橙棒”(*Hippophae rhamnoides* ssp. *Monglica* “Chengbang”)。
“红苞米”(*Hippophae rhamnoides* ssp. *Monglica* “Hongbaomi”)。

“金黄后”

“朱丹红”

“小香蕉”

“黄冠”

“黄妃1号”

“夕照”

“黄妃 2 号”

“赛枸杞”

“黄妃 3 号”

"丹棒"

"橙棒"

"红苞米"

3. 杂交品种

引自俄罗斯、蒙古的大果沙棘普遍具有果大、无刺或少刺、果柄长、产量高等特征，但抗性一般较差，在我国的适宜范围有限。欲扩大其栽种范围，与抗性强的中国沙棘雄株开展杂交，十分有效。35 年中，我国通过杂交育种方式，获得的杂交沙棘品种并在生产上推广的约有 20 种。

(1) 蒙古沙棘（蒙古国）×中国沙棘。

多数品种为中国林科院及协作单位，用“乌兰沙林”（蒙古沙棘）作母本、“丰宁雄”（中国沙棘）作父本，进行亚种间杂交所得蒙中沙棘杂交品种。

“华林 1 号”（*Hippophae rhamnoides* ssp. *monglica* - *sinensis* “Hualin 1”）系中国林科院研究员黄铨用“乌兰沙林”作母本、“丰宁雄”作父本杂交选育而来。杂交过程中发现，杂交种树体发育与雄株基本持平，生态价值接近；而枝刺数减少 1/3，果柄长增加 70%，百果重增加 118%，株产增加 27%，经济效益增加值 1 倍以上。从设置在宁夏吴忠的试验点来看，杂交种百果重平均达 32.6g，最高达 50.0g；平均株产 11.35g，最高达 36.75kg。从设置在内蒙古磴口的试验点来看，杂交种百果重平均达 30.5g，最高达 53.9g；平均株产 2.94g，最高达 12.0kg。两地均发现无刺单株出现，这样的杂种单株，经济性状很好。从中选育出了优良杂交种“华林 1 号”，系 9 个无性系原株混合繁殖，作为生态经济兼用的无性系品种。

蒙中杂交沙棘品种——“华林 1 号”（内蒙古磴口）

优树选择年度为 1990 年，在内蒙古磴口县做子代测定。该品种原株和原种材料，均保存在内蒙古磴口县沙林中心。由黄铨、罗红梅、史玲芳等选育而成。

果实橘黄色，百果重 36.8g，果径平均 8mm，呈圆球果、椭球体形，株产 4.5kg。果实总糖含量 10.57g/100g，总酸含量 1.51g/100g，粗脂肪含量 1.71g/100g，总氨基酸含量 5.04mg/100g，V_C 含量 179.7mg/100g，β-胡萝卜素含量 0.94mg/100g，V_E 含量 0.72mg/100g，总黄酮含量 36.44mg/100g。

树形为主干形，枝条粗壮，生育旺盛。

以下 4 个品种由中国林科院于 1997 年在内蒙古磴口县沙林中心，通过套袋授粉获得亚种间杂交种子，其后的工作由水利部沙棘开发管理中心负责完成。沙棘中心获得所赠杂交种子后，于 1998 年育苗获得杂种苗木，并于 1999 年在内蒙古鄂尔多斯九成宫沙棘基地定植并建成综合测定林，2006 年前后完成实生选育，2014 年前后完成了无性系比较试验，2019 年完成了区域试验等工作。

“蒙中黄”（*Hippophae rhamnoides* ssp. *monglica* - *sinensis* “Mengzhonghuang”）的母本为“乌兰沙林”，父本为“丰宁雄”，通过人工控制授粉杂交而来。原区试编号为“杂雌优 1 号”。

该品种原株和原种材料，均保存在内蒙古鄂尔多斯九成宫。由卢顺光、胡建忠、金争平等选育而成。

蒙中杂交沙棘品种——“蒙中黄”（内蒙古鄂尔多斯）

果实深黄色，近圆球体，8 月中旬至 9 月上旬成熟，百果重 34.1（东胜）～35.5g（太谷），果纵径 7.3～7.9mm，横径 7.2～7.8mm，果柄长 2.9～3.1mm；盛果期亩产 800kg。果实总糖含量 10.35g/100g，总酸含量 1.98g/100g，总氨基酸含量 392.5mg/100g，V_C 含量 117.0mg/100g，β-胡萝卜素含量 1.89mg/100g，V_E 含量 17.45mg/100g。

树形为灌丛形，树冠较开张，成年树株高超过 2.5m，枝条少刺。

“蒙中红”（*Hippophae rhamnoides* ssp. *monglica* -*sinensis* “Mengzhonghong”）的母本为“乌兰沙林”沙棘，父本为“丰宁雄”沙棘，通过人工控制授粉杂交而来。原区试编号为“杂雌优 10 号”。

蒙中杂交沙棘品种——“蒙中红”（内蒙古鄂尔多斯）

该品种原株和原种材料，均保存在内蒙古鄂尔多斯九成宫。由卢顺光、胡建忠、温秀凤、金争平等选育而成。

果实橘红色，果近球体形，8 月中旬至 9 月上旬成熟，百果重 26.8（东胜）～27.3g（太谷），果纵径 7.9～8.3mm，横径 7.0～8.2mm，果柄长 2.9～3.0mm；盛果期亩产 700kg。果实总糖含量 11.01g/100g，总酸含量 1.99g/100g，总氨基酸含量 489.6mg/100g，V_C 含量 313.4mg/100g，β-胡萝卜素含量 6.05mg/100g，V_E 含量 10.19mg/100g。

树形为灌丛形，树冠较开张，成年树株高超过 2m，枝条少刺。

“达拉特”（*Hippophae rhamnoides* ssp. *monglica* -*sinensis* “Dalate”）的母本为“乌兰沙林”沙棘，父本为“丰宁雄”沙棘，通过人工控制授粉杂交而来。原区试编号为“杂雌优 12 号”。

该品种原株和原种材料，均保存在内蒙古鄂尔多斯九成宫。由卢顺光、胡建忠、温秀凤、金争平等选育而成。

蒙中杂交沙棘品种——“达拉特”（内蒙古鄂尔多斯）

果实橘黄色，顶端有红晕，近球体形，8 月中旬至 9 月上旬成熟，百果重 29.1（东胜）～29.5g（太谷），果纵径 7.9～8.5mm，横径 6.8～8.0mm，果柄长 3.1～3.2mm；盛果期亩产 800kg。果实总糖含量 11.40g/100g，总酸含量 2.00g/100g，V_C 含量 277.5mg/100g，β-胡萝卜素含量 3.00mg/100g，V_E 含量 6.2mg/100g。

树形为灌丛形，树冠开张，成年树株高超过 2m，枝条少刺。

“蒙中雄”（*Hippophae rhamnoides* ssp. *monglica* - *sinensis* “Mengzhongxiong”）的母本为“乌兰沙林”沙棘，父本为“丰宁雄”沙棘，通过人工控制授粉杂交而来。原区试编号为“杂雄优 1 号”。

蒙中杂交沙棘品种——“蒙中雄”（内蒙古鄂尔多斯）

该品种原株和原种材料，均保存在内蒙古鄂尔多斯九成宫。由卢顺光、胡建忠、温秀凤、金争平等选育而成。

树形为灌丛形，树冠较开张，成年树株高超过 2.5m，新梢数量超过 5000 枝，枝条极少刺，单株鲜叶产量 10kg，亩叶产量 1000kg。叶总黄酮含量 1.583mg/100g。

（2）蒙古沙棘（俄罗斯）×中国沙棘。

系内蒙古水科院与内蒙古林学院等单位，用俄罗斯引进大果沙棘（蒙古沙棘）“丘伊斯克”“太阳”等作母本，“蛮汉山雄”（中国沙棘）作父本，于 2000 年在内蒙古呼和浩特坝口子基地通过套袋授粉，获得沙棘杂交种子，其后的工作由水利部沙棘开发管理中心负责完成。沙棘中心利用所赠杂交种子，于 2001 年育苗获得杂种苗木，2002 年在内蒙古九成宫沙棘基地建立综合测定林，2008 年完成子代测定，2014 年完成了无性系比较试验，2019 年完成了区域试验等工作，获得杂交品种 2 种。

“俄中黄”（*Hippophae rhamnoides* ssp. *monglica* - *sinensis* “Ezhonghuang”）的母本为“丘伊斯克”沙棘，父本为“蛮汉山雄”沙棘，通过人工控制授粉杂交而来。原区试编号为“杂雌优 2 号”。

蒙中杂交沙棘品种——“俄中黄”（内蒙古鄂尔多斯）

该品种原株和原种材料，均保存在内蒙古鄂尔多斯九成宫。由胡建忠、温秀凤、金争平等选育而成。

果实橘黄色，近圆球体，8月中旬至9月上旬成熟，百果重35.1（东胜）～35.8g（太谷），果纵径7.3～7.9mm，横径7.2～7.8mm，果柄长2.9～3.1mm；盛果期亩产500kg。果实总糖含量9.6g/100g，总酸含量3.58g/100g，V_C 含量573mg/100g，总黄酮含量56.08mg/100g。

树形为灌丛形，树冠较开张，成年树株高超过2.5m，枝条少刺。

“俄中鲜”（*Hippophae rhamnoides* ssp. *monglica* - *sinensis* “Ezhongxian”）的母本为“太阳”沙棘，父本为“蛮汉山雄”沙棘，通过人工控制授粉杂交而来。原区试编号为“杂雌优54号”。

蒙中杂交沙棘品种——“俄中鲜”（内蒙古鄂尔多斯）

该品种原株和原种材料，均保存在内蒙古鄂尔多斯九成宫。由胡建忠、温秀凤、金争平等选育而成。

果实橘黄色，近圆球体，8月中旬至9月上旬成熟，挂果期较长，在新疆额敏可挂果至11月初仍保持膨胀状态，百果重23.8（东胜）～29.5g（太谷），果纵径7.3～7.9mm，横径7.2～7.8mm，果柄长2.9～3.1mm；盛果期亩产600kg。果实总糖含量12.0g/100g，总酸含量2.32g/100g，V_C 含量227mg/100g，总黄酮含量47.67mg/100g。果实味道十分鲜美，是我国选育的首屈一指的“鲜食型”优良品种。

树形为灌丛形，树冠较开张，成年树株高超过2.5m，枝条少刺。

（三）适地适树因地制宜

我国沙棘种植的主战场包括“三北”地区、青藏高原及周边地区，35年的试验研究表明，沙棘适宜种植区可划分为4个沙棘种植带、13个沙棘种植区。

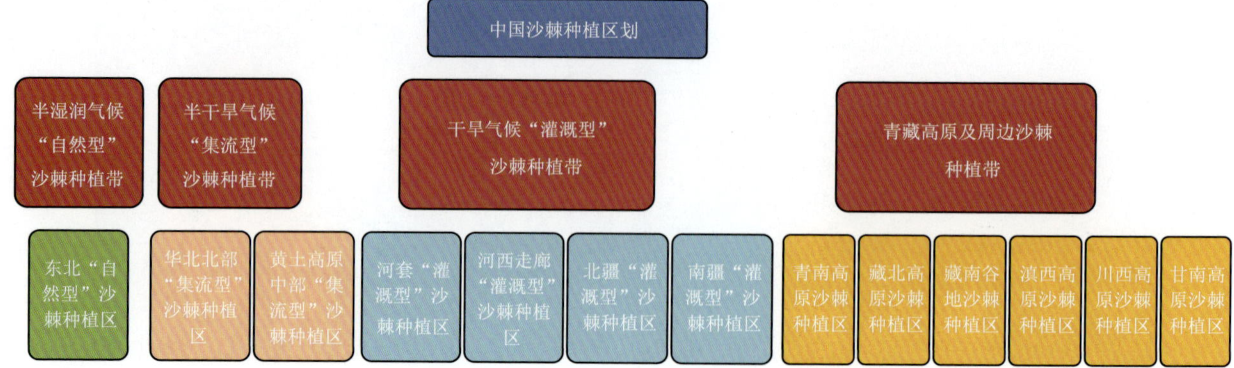

从生态建设目的来看，种植沙棘主要应为乡土资源，“三北”地区可用中国沙棘、蒙古沙棘、中亚沙棘的优良类型；青南、川西、甘南仍主要选用中国沙棘的优良类型，滇西可用云南沙棘的优良类型，藏北阿里地区可用中亚沙棘的优良类型，藏南可用江孜沙棘的优良类型，以实现更高的生态经济综合效益。

从建立沙棘工业原料林用途来看，各区适配沙棘良种既包括前述引进品种、选育品种、杂交品种3大类沙棘品种，也包括不同乡土资源的优良类型。其中，引进品种、选育品种多为大果沙棘，杂交沙棘许多性状介于大果沙棘与中国沙棘之间，乡土资源优良类型既有中国沙棘亚种，也有蒙古沙棘、中亚沙棘亚种。具体配置中，应严格做到因地制宜，适地适树，方能实现沙棘良种的预期产量和质量。

1. 东北“自然型”沙棘种植区

本区主要指黑龙江，涉及吉林部分地区，气候较为湿润，土壤十分肥沃，是“三北”地区自然条件最为适宜栽植沙棘的地区。大部分引进俄、蒙大果沙棘品种，从引进品种实生后代中选育出的品种，以及杂交品种，均可在本区进行栽植。

（1）引进品种。

1987年林业部组团赴苏联考察沙棘，首次引进大果沙棘品种的种子。1989年中国林科院赴蒙古考察沙棘时，又引入“乌兰格木”等3个大果沙棘栽培品种的种子。从1990年开始，东北农业大学连续4年从俄罗斯引进“丰产”“巨人”等7个大果沙棘品种的扦插苗。1991年黑龙江省农科院浆果研究所开展了7个大果沙棘品种扦插苗的栽培试验。1993年齐齐哈尔市园艺研究所从俄罗斯布里亚特共和国乌兰乌德浆果研究所，用西瓜与俄方交换沙棘，分两批引进大果沙棘品种10个（含1个雄性品系），共计23000株，这是当时我国从俄罗斯引进大果沙棘种苗最多的一次。这些品种有利萨文科园艺所选育的“丘伊斯克”“橙色”“太阳”“浑金”“优胜”和布里亚特浆果所选育的“阿楚拉”（*Hippophae rhamnoides* ssp. *Monglica* “Azurnaya”）、“阿雅根卡”（*Hippophae rhamnoides* ssp. *Monglica* “Ayaganka”）、“萨彦那”（*Hippophae rhamnoides* ssp. *Monglica* “Cayada”）、“巴音郭尔”（*Hippophae rhamnoides* ssp. *Monglica* “Bayangol”）等。

俄罗斯大果沙棘品种在本区引种试验表现，远比中国沙棘生长旺盛，根系发达，萌蘖力强，对当地生态条件有很强的适应性。种植后第2年开始挂果，第4年进入盛果期，能保持俄罗斯大果沙棘品种的大果、丰产、无刺或少刺、果柄长、易采摘的特性。

试种结果证明，俄罗斯大果沙棘品种在黑龙江等省有着广阔的推广前景。

本区最为适宜推广应用的引进品种基本上全为俄、蒙引进大果沙棘良种，计有：“丘伊斯克”“橙色”“太阳”“浑金”“巨人”“契切克”（*Hippophae rhamnoides* ssp. *Monglica* “Chechek”）、“首都”（*Hippophae rhamnoides* ssp. *Monglica* “Stolycha”）、“芬兰”（*Hippophae rhamnoides* ssp. *Monglica*

"Thynlyandy")、"乌兰格木""克拉维迪亚"(*Hippophae rhamnoides* ssp. *Monglica* "Klavdija")、"伊丽莎白"(*Hippophae rhamnoides* ssp. *Monglica* "Elizaveta")、"阿尔泰"(*Hippophae rhamnoides* ssp. *Monglica* "Altaiskaya")、"伊尼亚"(*Hippophae rhamnoides* ssp. *Monglica* "Inya")、"埃特纳"(*Hippophae rhamnoides* ssp. *Monglica* "Etna")、"杰塞尔"(*Hippophae rhamnoides* ssp. *Monglica* "Jessel")、"苏达鲁斯卡"(*Hippophae rhamnoides* ssp. *Monglica* "Sudarushka")、"热姆丘任娜"(*Hippophae rhamnoides* ssp. *Monglica* "Zhemchuzhnica")、"格诺姆"(*Hippophae rhamnoides* ssp. *Monglica* "Gnom")(雄株)、"阿列伊"(*Hippophae rhamnoides* ssp. *Monglica* "Aley")(雄株)等。

大果沙棘引进品种——"契切克"(黑龙江绥棱)

大果沙棘引进品种——"首都"(黑龙江绥棱)

大果沙棘引进品种——"芬兰"(黑龙江绥棱)

（2）选育品种。

黑龙江省浆果研究所单金友等对来自蒙古“乌兰格木”沙棘品种的自然授粉种子，于1990年在黑龙江绥棱开展播种育苗，1991年定植，1993年大部分雌株开始结果。通过对其系统观测比较，初选出24个优良株系。1995年通过连续3年果实性状的综合比较分析，用集团选择法，最后选育出“绥棘”系列优良品系。并于1996年起，分别在黑龙江省大庆、宾县、绥棱，辽宁朝阳，吉林长春等地进行区域适应性试验，同步在内蒙古、山西、宁夏、新疆等省（自治区）进行试栽。通过对各试点生长发育情况，特别是果实主要经济性状、抗逆性等测定与评价，从中选择品种进行申报，分别于1998年、2003年通过黑龙江省果树品种审定委员会审定，命名为“绥棘”系列——“绥棘1号”（*Hippophae rhamnoides* ssp. *monglica -sinensis* “suiji 1”）、“绥棘2号”（*Hippophae rhamnoides* ssp. *monglica -sinensis* “suiji 2”）、“绥棘3号”（*Hippophae rhamnoides* ssp. *monglica -sinensis* “suiji 3”）、“绥棘4号”（*Hippophae rhamnoides* ssp. *monglica -sinensis* “suiji 4”）等。

大果沙棘选育品种——“绥棘1号”（黑龙江绥棱）

大果沙棘选育品种——“绥棘2号”（黑龙江绥棱）

从2013年起，在参与水利部948项目“俄罗斯第三代大果沙棘引进”实施过程中，黑龙江省农科院浆果研究从引进俄罗斯大果沙棘种子中，经实生选优，得到了“金黄后”“朱丹红”“小香蕉”“黄冠”“黄妃1号”“夕照”“黄妃2号”“赛枸杞”“黄妃3号”“丹棒”“橙棒”“红苞米”等12个选育品种。

本区适宜推广应用的选育品种除大众化的“深秋红”“无刺丰”外，主要为本地特有的“绥棘”系列，特别是与水利部沙棘开发管理中心合作研究得到的一些选育品种，共计18种：“深秋红”“无刺丰”“绥棘1号”“绥棘2号”“绥棘3号”“绥棘4号”“金黄后”“朱丹红”“小香蕉”“黄冠”“黄妃1号”“夕照”“黄妃2号”“赛枸杞”“黄妃3号”“丹棒”“橙棒”“红苞米”等。

大果沙棘选育品种——“绥棘 3 号”（黑龙江绥棱）

大果沙棘选育品种——“绥棘 4 号”（黑龙江绥棱）

（3）杂交品种。

2000 年，黑龙江省齐齐哈尔市园艺研究所开展了“俄×中”“中×俄”的 10 个杂交组合试验获得杂交种子，2001 年在百花农业基地定植杂交苗 1600 株。2005 年观察发现杂交沙棘普遍具有较大的杂种优势，表现在杂种普遍生长快，植株高大；果实普遍大于中国沙棘，成熟期较大果沙棘晚，刺少，分蘖能力和更新能力均较强，较抗枝干枯萎病。2007 年秋杂交沙棘全面结果，选定单株雌性品系 6 个，雄性品系 5 个。

黑龙江省农业科学院浆果研究所单金友等以选配的 8 个大果沙棘杂交组合为研究对象，对杂交后代主要遗传变异性状进行了研究。总体看杂交后代果实密度、棘刺密度、果实重量、果柄长度等遗传变异呈低亲倾向，株高呈高亲倾向，但果柄长度、棘刺密度都有部分超亲的组合，分别占组合的 25%和 38%；从变异范围看，果柄长度、果实密度、棘刺密度又有不同比例的高亲个体，株高也有部分低亲的个体，为综合性状优良的单株选择提供了机会。

从 2013 年起，在参与水利部 948 项目“俄罗斯第三代大果沙棘引进”实施过程中，黑龙江省农科院浆果研究所选用从内蒙古鄂尔多斯提供的“蒙中黄”“蒙中红”“达拉特”“俄中黄”“俄中鲜”“蒙中雄”等杂交种，既作为对照，也作为杂种的区试，结果表明这些杂交种表现良好。

本区适宜推广应用的杂交品种主要有：“蒙中黄”“蒙中红”“达拉特”“俄中黄”“俄中鲜”“蒙中雄”等。

2. 华北北部“集流型”沙棘种植区

本区主要指辽宁西部、河北北部和内蒙古赤峰等地，自然条件较为干旱，土壤也较为贫瘠。因此，生产实践中应重点利用沙棘选育良种，积极推广沙棘杂交良种，适当考虑引进大果沙棘，并重视挖掘当地乡土沙棘资源，作为建设工业原料林的主要材料。

（1）乡土资源。

20 世纪 80—90 年代，中国林科院曾在本区开展过种源、小群体试验等工作，确定了本区是中国沙棘自然分布的东界，在河北丰宁、涿鹿、蔚县，内蒙古凉城、敖汉，辽宁建平等地，都有许多优良的中国沙棘资源，可以直接推广应用。

辽宁建平

内蒙古敖汉

华北北部中国沙棘乡土资源

本区适宜推广应用的乡土资源（实际上多引自黄土高原地区），应在前述河北丰宁、涿鹿、蔚县，内蒙古凉城、敖汉，辽宁建平等地，选择优株采条建立采穗圃，并开展扩繁。辽宁省干旱造林研究所在辽宁省建平县选育出的“中红果”“中黄果”等优良品种，也可供当地生产实践推广运用。

（2）引进品种。

在辽宁阜蒙、建平等地，有小片大果沙棘试验地，表现尚可。

从 2013 年起，在参与水利部 948 项目“俄罗斯第三代大果沙棘引进”实施过程中，辽宁省水土保持科学研究所对引进的 6 种大果沙棘，即“克拉维迪亚”“伊丽莎白”“阿尔泰”“伊尼亚”“埃特纳”“杰塞尔”，进行了试验研究，表现均可，可用于该区生产实践中推广应用。

（3）选育品种。

1985 年起，中国林科院利用采自河北涿鹿的野生中国沙棘种子进行种源试验，从中选育出了“红霞”“橘大”“橘丰”“森淼”等优良品种，并从河北丰宁选育出一雄株优良品种——“丰宁雄”。

20 世纪 90 年代初，由辽宁省水利厅出资，辽宁省阜新市水利局与中国林科院林研所合作，在辽宁省阜新市福兴地乡，以实生选种法，从引进品种“丘伊斯克”的初生后代中选育出沙棘优良品种——“辽阜 1 号”“辽阜 2 号”，科研成果鉴定时间是 1994 年 7 月 20 日，由辽宁省科委委托辽宁省水利厅组织鉴定。在成果鉴定后的当年秋季，研究人员即采集嫩枝插穗，以全光自动喷雾装置进行扩繁，当年移于温棚内越冬。1995 年继续进行嫩枝扦插工作，1996 年获得较多的苗木中，逐步推广到“三北”地区许多地方。

因此，适宜本区栽培的从大果沙棘引进品种中选育的良种，主要来自辽宁阜新等地。本区适宜推广应用的选育品种有：“辽阜 1 号”“深秋红”“壮圆黄”“无刺丰”等。

（4）杂交品种。

辽宁省干旱造林研究所从 2001 年起，用“乌兰格木”（♀）与“阿列伊”（♂）杂交后，从实生后代中选育出优良品种“雪地黄”。“雪地黄”沙棘为少刺的主干型小乔木，树体挺拔，生长健壮，根系发达。3 年生树高 3.0m 左右，4 年生树高达 4.5m 左右。抗性强。果实短圆柱形，横径 0.80cm，果实纵径 0.94cm，橘黄色，鲜亮，百果重为 49.19g，5 年生单株产量为 18.66kg。果实芳香，味酸甜，偶有带苦味者。种子光滑，有光泽，颜色由浅褐色至近黑色，形状为卵状或椭球体，微扁，有纵沟。种子千粒重 17～20g。在辽宁朝阳地区经冬不落，为理想的秋冬景观型品种。

从 2013 年起，在参与水利部 948 项目“俄罗斯第三代大果沙棘引进”实施过程中，辽宁省水土保持研究所选用由内蒙古鄂尔多斯提供的“蒙中黄”“蒙中红”“达拉特”“俄中黄”“俄中鲜”“蒙中雄”等杂交种，既作为对照，也作为杂种的区试，试验结果表明这些杂交种表现良好。

本区适宜推广应用的杂交品种，目前来看，主要有：“雪地黄”“蒙中黄”“蒙中红”“达拉特”“俄中黄”“俄中鲜”“蒙中雄”等。

3. 黄土高原中部“集流型”沙棘种植区

本区主要涉及山西、陕西、甘肃、宁夏等地。从自然条件来看，降水不多，蒸发不少，为我国“十年九旱”地区，“集流聚水”是可以应用的主要抗旱技术措施。

1993—1995 年连续 3 年，中国科学院水土保持研究所（简称“中科院水保所”）引进 6 种俄罗斯、蒙古大果沙棘种子，在陕西省安塞县开展播种，出苗率仅为 30%～35%，幼苗生长慢、长势差，当年株高仅 6～10cm，越冬后多数幼苗遭冻害而枯死；当年成苗率 60%，第 2、3 年分别降至 40%和 20%～30%。

1997—2006 年，中科院水保所承担水利部 948 沙棘引进项目，引进俄罗斯大果无刺沙棘优良品种、类型 40 余种，分别在“三北”地区 7 个主要试验基地进行引种试验。从吴起、安塞两地 3～5 年定植株的情况来看，引进品种的株高、地径、冠幅均明显小于当地中国沙棘野生品种，但果实初期产量（株产 0.6～1.1kg）却是当地中国沙棘产量（株产 0.13kg）的 4.6～8.5 倍。但产果一两年后迅速衰败，引种并不成功。

陕西省水土保持勘测规划研究所于 1999 年引进俄罗斯 13 个优良沙棘品种，在陕西省永寿县进行试验研究，2002 年发现，大部分试材虽能在此生长，但性状表现不佳，保存率及株高、地径、冠幅均不及中国沙棘，在这种条件下栽培价值不大；个别品种表现尚可，但需进一步试验观察。

1992 年以来，甘肃省定西地区实施甘肃省水利厅下达的“无刺大果沙棘引种选育试验研究”“沙棘良种引种选育与繁殖推广项目”科研课题，开始栽植“齐棘 1 号”“橙色”“辽阜 1 号”“阿列伊”“丘伊斯克”“太阳”“浑金”等无刺大果沙棘品种。不过观测结果依然表明了引进品种直接栽培，在这一地区是不行的。

此后，在甘肃省定西市安定区安家沟流域，定西市水土保持科学研究所于 1996—2000 年对从蒙古引进的“乌兰格木”实生种子进行育苗试验，发现存活株数逐年减少，5 年后仅保存 11.6%；生长量也不大，5 年生树高仅为 116.1cm，冠幅 81.7cm。同时发现植株长势差，枝条细弱，有些植株经过一个冬季后枝条枯死，第 2 年春又从基部发出新枝。

从 2013 年起，在参与水利部 948 项目“俄罗斯第三代大果沙棘引进”实施过程中，黄河水利委员会西峰水土保持科学试验站对 10 余种引进大果沙棘在南小河沟坝地开展了试验，结果依然很不理想，目前正在条件较好的董志塬区开展试验。

上述分析表明，黄土高原中部地区虽然开展了大量的大果沙棘引种试验工作，但结果毫无例外地表明，直接将大果沙棘良种引种到该区，其效果一般很差，引种基本多以失败而告终。因此，在本区不建议直接种植大果沙棘，而以从其实生苗后代中进行二次选择，筛选出的良种进行栽植；或选用俄、蒙大果沙棘与中国沙棘之间的杂交品种进行栽植；但最适合品种，仍应该是从当地或毗邻地区选择出的乡土资源。

（1）乡土资源。

中科院水保所于1985—1998年在陕西省安塞县，通过定植我国北方8省（自治区）包括陕西黄龙、富县，甘肃渭源，青海大通、贵德，宁夏固原、泾源，新疆和田，内蒙古赤峰，山西右玉、左云，河北涿鹿等地的沙棘优良类型，从中筛选出5种较好的生态经济型沙棘类型，其种源分别为：甘肃渭源、陕西富县、河北涿鹿、辽宁建平、陕西黄龙，这些种源沙棘的营养性状和经济性状，均明显比当地野生中国品种为好。

山西右玉

山西岢岚

甘肃华池

青海大通

黄土高原中部中国沙棘乡土资源

中科院水保所的实测结果表明，当选5个种源6年生沙棘株高为3～4m，冠幅1.7～2.3m，地径4～7cm，生长迅速，郁闭快，根蘖力强，根系发达，水土保持效益好。从经济性状看，果实较野生中国沙棘大，果径为0.8～0.9cm，百果重20～31g，单株产果量2～3.5kg，果实含油率6%～8%。反观吴起、安塞等野生中国沙棘虽适应性强，但果小、产量低，果径为0.4～0.6cm，百果重仅6～7g，单株产果量为0.15～0.2kg。5个种源优良沙棘类型比当地野生沙棘经济性状明显为优，可进行繁育和推广。

同时试验发现，西部种源的甘肃渭源、陕西黄龙、富县沙棘的营养性状，一般较东部种源如辽宁建平、河北涿鹿的沙棘为好，其株型较高（3～3.8m），根蘖力强（3年后每年母株串根苗为5～10株以上），根系发达（3～5年生根长为3～4m）。但东部种源沙棘果实较大，果径为0.7～0.9cm，单株产果量为2～3.5kg。V_C 含量以西部甘肃渭源种源为高，最高达到1693mg/100g。

本区适宜推广应用的乡土资源，可从甘肃渭源、陕西富县、陕西黄龙3个当地优良种源区，择优采种或采条，进行扩繁，以保证沙棘工业用料林建设材料之需。

(2) 选育品种。

如前所述，由于自然条件基本上不适合大果沙棘引进后直接栽培，本区开展的大果沙棘选育工作基本上都不成功；而本区是中国沙棘乡土资源的适宜生长区，如前所述，沙林中心在内蒙古磴口选择出的一些良种，如“红霞”“橘大”“橘丰”“森淼”等，在陕西、甘肃、宁夏等地栽植后表现较好。

但有些在东北、新疆表现较好的选育品种，如“无刺丰”，在黄土高原地区的山西太谷试验结果并不理想。山西农业大学林学院于2004年春季引进“无刺丰”苗木，经过两个生长季试验，保存率达90%以上，平均树高1.09m，平均地径1.92cm，高生长速度比中国沙棘稍慢，但径生长与中国沙棘没有明显差异，营养生长基本正常。2006年新梢生长量平均为7.44cm，变动范围0.3～27.4cm。春季生长初期和开花期，对零度以下低温冻害的抵抗力、耐干旱能力均比中国沙棘弱，遭遇大雪降温和大风后，嫩芽幼叶很快干枯，出现明显的枝条干缩现象。

因此，适宜本区栽培的选育品种，基本上来自毗邻区——内蒙古磴口的沙林中心，可供生产实践中应用的主要品种有：“红霞”“橘大”“橘丰”“棕丘”“白丘”“乌兰沙林”“深秋红”“壮圆黄”等。

(3) 杂交品种。

从2013年起，在参与水利部948项目“俄罗斯第三代大果沙棘引进”实施过程中，黄委西峰水保站在甘肃省庆阳市西峰区南小河沟流域，选用由内蒙古鄂尔多斯提供的“蒙中黄”“蒙中红”“达拉特”“俄中黄”“俄中鲜”“蒙中雄”等杂交种，既作为对照，也作为杂种的区试，试验结果表明这些杂交种表现较好。由于该试验区处于黄土高原南部，故这些结果仅供中部地区参考使用。

建议本区推广应用的杂交品种有：“蒙中黄”“蒙中红”“达拉特”“俄中黄”“俄中鲜”“蒙中雄”等。

4. 河套“灌溉型”沙棘种植区

本区指内蒙古“前套”“后套”，宁夏“西套”，均位于黄河干流两侧，干旱少雨，只能通过引用黄河水灌溉补给，方能满足沙棘种植所需水分条件。

(1) 引进品种。

1996年以来，在宁夏银川引种的俄罗斯和蒙古大果沙棘良种，生长表现差异较大，大多数品种对宁夏的干旱、蒸发量大、高温、风沙大的自然条件极不适应，抗性差，部分品种出现较严重的枝干枯萎病，许多品种不能成活，还有一些品种生长不良、不能结实或死亡，表明大果沙棘不适宜在该区引种栽培。

不过从2013年起，在参与水利部948项目“俄罗斯第三代大果沙棘引进”实施过程中，沙林中心的试验表明，引进大果沙棘普遍表现不错，与宁夏银川的试验结果不同，或许与技术力量等因素有关。

本区适宜推广种植的引进沙棘良种有12个，即“丘伊斯克”“太阳”“浑金”“克拉维迪亚”

“伊丽莎白”“阿尔泰”“伊尼亚”“埃特纳”“杰塞尔”“苏达鲁斯卡”“热姆丘任娜”“格诺姆”（雄株）。

（2）选育品种。

本区内设立有磴口县沙林中心，国内许多沙棘优良品种多出于此地。本区适宜推广应用的选育品种，主要有：“红霞”“橘大”“橘丰”“棕丘”“白丘”“乌兰沙林”“深秋红”“壮圆黄”等。

（3）杂交品种。

在内蒙古磴口县沙林中心，中国林科院的段爱国等以引进的蒙古大果沙棘“乌兰格木”为母本，中国沙棘为父本，于1995年在内蒙古磴口开展了杂交选育研究，共选育出45个优良单株。入选的优良杂种单株大部分的树高、地径、冠幅均显著高于母本“乌兰格木”，但低于父本中国沙棘。杂种2年生枝棘刺数为0～6个，介于父母本之间。优良杂种单株果实百果重为20.10～63.17g，其中8个单株出现超亲现象，其余均明显小于母本，但较中国沙棘最高可提高206.75%。

中国林科院的张建国等还以中国沙棘为父本，俄罗斯大果沙棘“丘伊斯克”和蒙古大果沙棘“乌兰格木”两个栽培种为母本，在内蒙古磴口共选育出5个优良单株。杂种单株树高、地径、冠幅均显著高于母本“乌兰格木”和“丘伊斯克”，但与父本中国沙棘接近。杂种2年生枝棘刺数为2～3个，介于父母本之间，但比中国沙棘的棘刺数减少85%以上。杂种百果重为21.98～29.98g，明显小于母本，但比中国沙棘提高9.6%～48.4%。从研究来看，尽管两个亚种（中国沙棘、蒙古沙棘）之间的杂交非常容易进行，但杂种在许多特性方面表现出的是中间类型。如选出的5个优良单株百果质量为20～30g，这种变异可以说仍在自然变异的范围内。这就说明，如果要创造大的变异类型，除充分收集选择育种资源外，还需要采用其他的育种技术路线，如多倍体育种、辐射诱变育种、原生质融合、转基因技术等。

以下是沙林中心表现较好的两个品种，“杂优S2号”（*Hippophae rhamnoides* ssp. *monglica - sinensis* “S2”）、“杂优S10号”（*Hippophae rhamnoides* ssp. *monglica - sinensis* “S10”）。

“杂优S2号”

“杂优S10号”

蒙中杂交沙棘品种（内蒙古磴口）

位于磴口县沙林中心在承担水利部沙棘开发管理中心委托的沙棘杂交种区试中，发现“蒙中黄”“蒙中红”“达拉特”“俄中黄”“俄中鲜”“蒙中雄”等表现不错。

本区适宜推广应用的杂交品种有：“华林1号”“杂优S2号”“杂优S10号”“蒙中黄”“蒙中红”“达拉特”“俄中黄”“俄中鲜”“蒙中雄”等。

5. 河西走廊“灌溉型”沙棘种植区

河西走廊位于甘肃省西部，一般指武威、张掖、酒泉三地。

甘肃省张掖市除有天然分布和人工种植的中国沙棘，还有部分天然分布的肋果沙棘和西藏沙棘，主要分布在祁连山区和北部风沙区。通过实施退耕还林还草工程，民乐、山丹两县目前分别建有沙棘人工林 35 万亩、70 万亩，多为纯林，发挥着突出的生态作用。这里早期种植的沙棘林分业已郁闭，基本很难采果。沙棘工业原料林尚无开展建设。

与前一区基本相同，要通过黑河、石羊河等几条河流灌溉补给，方能开展沙棘工业原料林建设，从而彻底解决沙棘生长所需要的水分条件。建立沙棘工业用料林的良种，需要通过参照毗邻地区的经验，试验性地进行推广。

（1）引进品种。

参照与其条件较为接近的新疆引进大果沙棘试验结果，推荐以下 9 个引进大果沙棘良种用于试验性推广种植：“克拉维迪亚”“伊丽莎白”“阿尔泰”“伊尼亚”“埃特纳”“杰塞尔”“苏达鲁斯卡”“热姆丘任娜”“格诺姆”（雄株）。

（2）选育品种。

本区开展沙棘种植时间不太长，生产实践中所用选育品种，可参照毗邻的河套“灌溉型”沙棘种植区，初步推荐：“橘大”“橘丰”“棕丘”“白丘”“乌兰沙林”“深秋红”“壮圆黄”等。

（3）杂交品种。

2002 年，甘肃省临泽县林业局在实施退耕还林工程中，从内蒙古准旗引进“蒙中黄”进行试验种植，发现在干旱荒漠地区适宜沙棘造林的立地条件类型，可以是经初步改良的盐碱地、地下水位较高的平坦沙地及有灌溉条件的荒滩地，而不适应于干旱沙地。在该区，沙棘种植完全依赖于充足的水分灌溉。

本区适宜推广应用的杂交品种，可以参照河套“灌溉型”沙棘种植区的一些杂交品种，主要有：“华林 1 号”“蒙中黄”“蒙中红”“达拉特”“俄中黄”“俄中鲜”“蒙中雄”等。

6. 北疆/南疆“灌溉型”沙棘种植区

包括北疆/南疆两个类型区，在此一并叙述。北疆虽然处于干旱荒漠区内，但纬度偏北，受北冰洋气候一定影响，加之海拔较低等条件，特别是在当地几条河流灌溉或打井补给水分的前提下，从俄罗斯、蒙古等国引进的大果沙棘品种，均可以正常生长。当地甚至分布着一些野生蒙古沙棘资源，具有大果、少刺、果柄长等突出特征，可以直接应用，或通过选育应用。杂交品种在本区也可正常生长。南疆沿塔里木河流域，由于水分条件较好，也分布着大量的中亚沙棘亚种。

（1）乡土资源。

作为“三北”地区最适于沙棘种植的地区之一，新疆阿勒泰许多地区分布着丰富的蒙古沙棘自然资源。哈巴河、青河是蒙古沙棘天然资源最为丰富的地区，中国林科院等科研机构在此多次采优选植株，开展扦插试验。

青河县有野生蒙古沙棘资源千亩左右，在塔克什肯镇、萨尔托海乡等乡镇，都有连片面积百亩以上的野生沙棘林分布，而且长势旺盛，根蘖能力强，具有早实丰产的特点，在产量、品质、加工等方面某些特性甚至超过了某些大果沙棘品种。

在南疆阿克苏、克州、喀什、和田等地区，沿塔里木河流域分布有大量的中亚沙棘亚种，以条带状小片林或浑圆状天然灌丛方式，生长于河滩地或者道路两侧，而且雌株数量所占比例普遍较高。

因此，本区适宜推广应用的乡土沙棘资源，北疆主要应从北疆阿尔泰、博尔塔拉等地区（州）天然蒙古沙棘林或灌丛中，选择优良种源，择优采条定植，建立采穗圃开展扩繁，或采籽实生育苗，或为开展与中国沙棘亚种间的杂交提供基础材料。南疆主要应从阿克苏、克州、喀什、和田等地区天然中亚沙棘资源中，开展系统选育工作，确定优良种源、优株用于采条或采籽育苗。

（2）引进品种。

新疆青河县林业局于 2004—2005 年，对从黑龙江齐齐哈尔、辽宁阜新等地引进的“丘伊斯克”“阿尔泰新闻”“浑金”“橙色”“优胜”“辽阜 1 号”“阿列伊”（雄株）、“太阳”等 10 余个大果沙棘优良品种，进行了进一步的品种选育及推广工作。所有引进沙棘品种都表现出了极强的适应性，而且各性状表现普遍不差于黑龙江原引种区，其中“丘伊斯克”“阿尔泰新闻”“太阳”生长旺盛，植株生长

新疆哈巴河

新疆博乐

蒙古沙棘天然资源

量远大于原栽培区；“太阳”“橙色”都表现出了早实、丰产的特性；个别品种如“浑金”果实的某些品质如口感等表现也优于原栽培区。

从 2013 年起，在参与水利部 948 项目“俄罗斯第三代大果沙棘引进”实施过程中，在新疆农垦科学院林园研究所的技术支持下，新疆生产建设兵团农九师一七〇团承担了引进品种在额敏的试验研究，证明引进品种结实早、高产稳产、品质好、口感佳（远好于黑龙江、辽宁、甘肃、青海等同步试验区），多数可作为早熟型水果直接食用。从 2017 年开始，新疆林业厅参与了这些引进品种在吉木萨尔、青河的试验，结果与额敏相同，引进品种表现均十分优秀。

本区开展引进大果沙棘栽培的历史，仅晚于东北地区，已经过长时间的实验证，确认适宜推广应用的引进品种有 15 种：“丘伊斯克”“太阳”“浑金”“橙色”“优胜”“阿尔泰新闻”“克拉维迪亚”“伊丽莎白”“阿尔泰”“伊尼亚”“埃特纳”“杰塞尔”“苏达鲁斯卡”“热姆丘任娜”“格诺姆”（雄株）。

（3）选育品种。

从 2013 年起，在参与水利部 948 项目“俄罗斯第三代大果沙棘引进”实施过程新疆额敏的试验中，从引进俄罗斯大果种子中经实生选优，得到了“金黄后”“朱丹红”“小香蕉”“黄冠”“黄妃 1 号”“夕照”“黄妃 2 号”“赛枸杞”“黄妃 3 号”“丹棒”“橙棒”“红苞米”等 12 个选育品种。

此外，一些国内选育品种在本区，包括地方和兵团，多年实践证明是适合种植的。本区适宜推广应用的选育品种主要有 22 种，即“深秋红”“壮圆黄”“无刺丰”“乌兰沙林”“金黄后”“朱丹红”“小香蕉”“黄冠”“黄妃 1 号”“夕照”“黄妃 2 号”“赛枸杞”“黄妃 3 号”“丹棒”“橙棒”“红苞米”“实优 1 号”（*Hippophae rhamnoides* ssp. *monglica* “shiyou 1”）、“新棘 1 号”（*Hippophae rham-*

中亚沙棘天然资源（新疆温宿）

noides ssp. *monglica*“xinji 1”）、“新棘 2 号”（*Hippophae rhamnoides* ssp. *monglica*“xinji 2”）、“新棘 3 号”（*Hippophae rhamnoides* ssp. *monglica*“xinji 3”）、“新棘 4 号”（*Hippophae rhamnoides* ssp. *monglica*“xinji 4”）、“新棘 5 号”（*Hippophae rhamnoides* ssp. *monglica*“xinji 5”）等。

（4）杂交品种。

新疆农垦科学院林园研究所的科技工作者经过近 10 年的攻关，于 2010 年自主培育出了优良沙棘新品种“新垦沙棘 1 号”（*Hippophae rhamnoides* ssp. *monglica*－*sinensis*“xinkeng 1”）。该品种具有极强的抗盐碱、耐干旱、耐贫瘠，以及果实大、病虫害少等生物学特性。

从 2013 年起，在参与水利部 948 项目“俄罗斯第三代大果沙棘引进”实施过程中，新疆生产建设兵团林园研究所选用由内蒙古鄂尔多斯提供的“蒙中黄”“蒙中红”“达拉特”“俄中黄”“俄中鲜”“蒙中雄”等杂交种，在一七〇团所在地额敏既作为对照，也作为杂种的区试，试验结果表明这些杂交种表现良好。

本区适宜推广应用的沙棘杂交品种，主要有：“新垦沙棘 1 号”“蒙中黄”“蒙中红”“达拉特”“俄中黄”“俄中鲜”“蒙中雄”等。

7. 青藏高原及周边沙棘种植区

狭义的青藏高原指青南和整个西藏地区，而从地貌学角度划分的广义的青藏高原除上述范围外，还包括了滇西、川西和甘南等地。这些区域范围大，海拔高，气候阴冷，湖泊和地表径流较多，为许多沙棘种和亚种的自然分布区，自然条件较为适宜种植沙棘。不过多年来在这方面开展的研究工作不太深入。从目前掌握的情况来看，青藏高原及周边沙棘种植带下属 6 个沙棘种植区，主要应从当地自然分布的沙棘种或亚种选择优良类型开展种植，同时适当引用“三北”地区选育出的比较好的一些品种。下面是对 6 个沙棘种植区的初步种植建议。

（1）青南高原沙棘种植区。

包括青海省最南面的玉树、果洛两个州。可用于沙棘种植的资源包括两大类：一类是当地中国沙棘的优良类型；另一类是"蒙中黄""蒙中红""达拉特""俄中黄""俄中鲜""蒙中雄"等杂交沙棘品种。

（2）藏北高原沙棘种植区。

指西藏阿里地区。可用于沙棘种植的资源包括两大类：一类是当地中亚沙棘的优良类型；另一类是"蒙中黄""蒙中红""达拉特""俄中黄""俄中鲜""蒙中雄"等杂交沙棘品种。

（3）藏南谷地沙棘种植区。

包括拉萨、山南和日喀则等地市。可用于沙棘种植的资源包括两大类：一类是当地江孜沙棘的优良类型；另一类是"蒙中黄""蒙中红""达拉特""俄中黄""俄中鲜""蒙中雄"等杂交沙棘品种。

（4）滇西高原沙棘种植区。

指云南迪庆州。可用于沙棘种植的资源包括两大类：一类是当地云南沙棘的优良类型；另一类是"蒙中黄""蒙中红""达拉特""俄中黄""俄中鲜""蒙中雄"等杂交沙棘品种。

（5）川西高原沙棘种植区。

包括四川省阿坝、甘孜、凉山 3 州。可用于沙棘种植的资源包括两大类：一类是当地中国沙棘的优良类型；另一类是"蒙中黄""蒙中红""达拉特""俄中黄""俄中鲜""蒙中雄"等杂交沙棘品种。

（6）甘南高原沙棘种植区。

包括甘肃省甘南州，以及祁连山地区。可用于沙棘种植的资源包括两大类：一类是当地中国沙棘的优良类型；另一类是"蒙中黄""蒙中红""达拉特""俄中黄""俄中鲜""蒙中雄"等杂交沙棘品种。

综上所述，35 年中，我国基本查清了国内沙棘自然资源，初步培育了沙棘主要种植区当家栽培品种，在种植中严格做到因地制宜、适地适树。但是也还存在着一些问题，如针对我国沙棘自然资源的选择育种工作，虽然种多、面广、潜力很大，但开展的工作不多，获取的品种自然也少，这方面还有许多工作可做，争取获得突破；同时，基因育种等尖端科学手段的运用，一直停留在计划中，尚未落地开展实施。这些问题，也给下一阶段研究提出了努力方向，有待开展科技攻关来加以解决。

头顶一个天
脚踏一方土
风雨中你昂起头
冰雪压不服

好大一棵树
任你狂风呼
绿叶中留下多少故事
有乐也有苦

欢乐你不笑
痛苦你不哭
撒给大地多少绿荫
那是爱的音符

风是你的歌
云是你脚步

无论白天和黑夜
都为人类造福

好大一棵树
绿色的祝福
你的胸怀在蓝天
深情藏沃土

二、“让我的祖国更绿”

——全面加强了沙棘生态建设力度，强势启动了沙棘工业原料林科学配置

过去的35年，对传统上从起源角度将沙棘划分为天然林、人工林的概念，进行了新的定义和拓宽，从生长状态和人工干预程度提出了野生林、半野生林、种植园的新的概念；从功能上也提出了防护林（护坡林、固沟林、护岸护滩林、环库林、护路林和防风固沙林等）、工业原料林等具有沙棘特色的概念。这一系列新的概念更加准确，方便利用。因为沙棘是一种克隆能力很强的树种，即使是源于人工种植，还会通过萌蘖，而不断扩大面积。显然这种通过自我克隆扩繁而增加的沙棘资源，不属于人工林，而应属于天然林，由此带来了人工林与天然林很难区分的现象。但如用半野生林定义这类林分，则十分准确，且无歧义。据此提出野生林、半野生林的具体定义为我国沙棘“野生林”，指在无人工干扰的纯自然状态下纯自然起源，且呈野生状态的沙棘林；“半野生林”指人工资源放任不管，呈野生状态自我繁衍，或野生沙棘经人工频繁干预后的沙棘林。这些林分，不管是天然林还是人工林，抑或野生林、半野生林，从功能上来看，绝大部分为防护林。而我国的各类沙棘种植园，亦称沙棘工业原料林，地位不断增加，近年来从无到有，面积迅速扩大。

（一）生态建设全线告捷

1985年11月16日，水电部部长钱正英在山西省吕梁地区方山县等地考察沙棘后，向中央领导呈报关于“以开发沙棘资源作为加速黄土高原治理的一个突破口”的报告，得到中共中央总书记胡耀邦的批示（1985年11月27日）。随即在全国水资源与水土保持工作领导小组下设立沙棘协调办公室（简称“全国沙棘办”），挂靠在中国水利实业开发总公司，钮茂生任办公室主任。水电部、林业部也成立了相应的沙棘办公室。

1986年1月3日至4月27日，全国沙棘办主任钮茂生为组长的水利部沙棘调研组到甘肃、陕西、河南、河北、辽宁、内蒙古、宁夏调研沙棘，受到当地党政主要领导的重视和支持。

1986年2月26日，黄河水利委员会成立沙棘开发利用领导小组，办公室设在黄河上中游管

黄河上中游局汇报世行项目执行情况（2003年，陕西西安）

理局。

1986 年 3—12 月，山西、陕西、甘肃、辽宁、内蒙古、青海等省（自治区）相继成立沙棘办公室，协调领导本地区的沙棘开发利用工作。从此掀起了全国范围内的沙棘资源建设与开发利用高潮。

1986 年 5 月，国家农委在甘肃天水召开会议，部署了我国西部地区沙棘资源调查工作。

1994 年 10 月 3 日，总金额 22 亿元人民币的黄土高原水土保持世界银行贷款项目正式签约生效，在项目区（山西、陕西、甘肃、内蒙古）规划种植沙棘林数十万亩。一期项目于 2001 年验收；二期项目于 1999 年启动，2005 年验收。两期先后实际投资 42 亿元人民币（其中世行贷款 3 亿美元）。

1994 年，水利部拨出专款，由黄委沙棘办组织，在黄河流域选择了 7 大片、16 个县（市、旗）开展沙棘示范种植，计划 5 年内种植沙棘 150 万亩。这一规模庞大的沙棘种植示范工程，在内蒙古伊克昭盟启动的工程“砒砂岩千条沟沙棘种植工程”，成效十分显著，为后来国家基建项目“晋陕蒙砒砂岩区沙棘生态工程”的上马奠定了基础。

1995 年 10 月 13—17 日，林业部在山西右玉召开的全国沙棘工作会议上，提出了《全国沙棘产业发展“九五”实施意见》，指出沙棘资源建设的重点地域为黄河上中游防护林地段、京包—包兰铁路防护林工程中的困难地段、八大山区综合开发区中的大部分地区以及太行山绿化、长江中上游、沿海和防沙治沙等生态工程区；要在全国 18 个省（自治区、直辖市）确定 24 个沙棘产业重点县；同时确定了沙棘资源建设的总任务，以及“两高一优”园、封山封滩育林、飞播造林、低效林改造和垦复等专项任务。

1998 年 9 月 10 日，针对我国遭遇到特大洪灾的情况，吕荣森、孙振华、高志义、于倬德、徐铭渔和武福亨 6 位专家联名向国务院领导写了一封信，要求国家加强对沙棘事业的支持和推动。温家宝副总理阅后指示国家计委、水利部、林业局，“种植沙棘对于治理黄土高原效果明显，望能给予关心和支持”。

1998 年 9 月，国家计委将实施晋陕蒙砒砂岩区沙棘生态工程写入《全国生态环境建设规划》，并批准实施全国第一个中央预算沙棘基本建设项目“晋陕蒙砒砂岩区沙棘生态工程”。到 2007 年项目结束，中央累计投资 2.7 亿元，在山西、陕西、内蒙古共种植沙棘 476.5 万亩。

2007 年 10 月，国家发展改革委批准实施第二个中央预算沙棘基本建设项目“晋陕蒙砒砂岩区窟野河流域沙棘生态减沙工程”。到 2013 年完工，共安排中央投资 18874 万元，累计在内蒙古、陕西种植沙棘 229 万亩。

2012 年 12 月，国家发展改革委批准实施第三个中央预算沙棘基本建设项目“晋陕蒙砒砂岩区十大孔兑沙棘生态减沙工程”，计划 2017 年结束（目前尚未完工），中央计划投资 23180 万元，种植沙棘 150 万亩。截至 2019 年年底，已完成中央投资 17500 万元，在内蒙古鄂尔多斯种植沙棘约 110 万亩。

2014 年 9 月，国家发展改革委批复第四个中央预算沙棘基本建设项目“晋陕蒙砒砂岩区黄甫川等五条黄河支流沙棘生态减沙工程”可行性研究报告。根据可研报告，中央投资 36150 万元，计划在陕西、内蒙古种植沙棘 146996hm^2（220 万亩），工程总工期 60 个月。目前，因地方配套措施不完善，该项目启动尚未实施。

2018 年 2 月，知名公益组织“蚂蚁森林”联合全国绿化委员会启动在山西、黑龙江、内蒙古、甘肃、四川等地实施沙棘绿化造林工程。到 2019 年年底，已累计投资 5775 多万元，种植沙棘 41 万亩。

35 年中，在我国“三北”地区和西南地区（含西藏），沙棘属植物常被用于各类生态建设，如小流域综合治理、“三北”防护林建设、退耕还林还草工程等，效果十分突出。在诸多树种的对比中，发现沙棘属植物在种植后的前 5 年效果尤为突出，以生长迅速、郁闭快为主要特征，如与乔木混交，则辅佐效果更加十分明显。在我国大部分地区，用于生态建设的沙棘多为中国沙棘，不过在南疆、西藏阿里，主要为中亚沙棘，在西藏拉萨、山南、日喀则等地区，则主要为江孜沙棘。

经不完全普查，35 年中，在实施天然林保护工程过程中，通过封禁手段，使全国野生沙棘资源

“蚂蚁森林”沙棘保护地（内蒙古清水河）

面积得以维护，动态保持在1100万亩左右；通过实施各类沙棘生态建设工程，使全国沙棘半野生林面积动态稳定在1900万亩左右，很好地发挥了这些沙棘林保持水土、涵养水源、防风固沙等生态功能。我国沙棘野生林和半野生林面积合计共约3000万亩，与35年前的1985年年底我国沙棘资源总面积约2000万亩相比，数量上净增1000万亩，增加不是太大，但质量上由低效林变为中高质量林，生态经济功能更强。

此处所指沙棘防护林，主要包括护坡林、固沟林、护岸护滩林、环库林、护路林和防风固沙林等6个二级或三级林种。

我国野生沙棘资源（主要为天然林）面积

省（自治区）	西藏沙棘	肋果沙棘	江孜沙棘	蒙古沙棘	中亚沙棘	云南沙棘	中国沙棘	柳叶沙棘	种数	面积/万亩
河北							√		1	35
内蒙古							√		1	40
山西							√		1	230
陕西							√		1	180
甘肃	√	√			√		√		4	210
宁夏							√		1	60
青海	√	√					√		3	220
新疆				√	√				2	25
四川	√	√				√	√		4	40
云南						√			1	10
西藏	√	√	√		√	√	√	√	7	50
合计	4	4	1	1	3	3	9	1	26	1100

我国半野生沙棘资源（主要为人工林）面积

项目	辽宁	河北	内蒙古	山西	陕西	甘肃	宁夏	青海	新疆	四川	西藏	合计
种或亚种	中国沙棘	中国沙棘	中国沙棘	中国沙棘	中国沙棘	中国沙棘	中国沙棘	中国沙棘	中亚沙棘	中国沙棘	江孜沙棘 中亚沙棘	
面积/万亩	120	80	210	320	300	290	100	300	10	20	150	1900

1. 护坡林

护坡林面积占沙棘防护林总面积的一半，以护坡固土、减少入河泥沙为其主要生态功能。沙棘种植后不同于其他树种的特征，是其强大的萌蘖性能。沙棘定植株固然是重要的护坡主体，而在种植初期每年发生的萌蘖株，护土功能实际上比定植株更好，因为它们更贴近地表。在内蒙古砒砂岩区调查发现，栽植后的当年，即有部分沙棘植株出现萌蘖。沙棘萌蘖出现的林龄早，从一个角度反映了沙棘极强的克隆性能。沙棘定植后，克隆频度从定植后 1～2 年的 20%，发展到定植 4 年时的 100%，而到定植 8～9 年时，又下降到 60%。

砒砂岩区中国沙棘种植后的克隆性能

编号	立地条件类型	定植株林龄 /a	克隆株高度 /cm	克隆株冠幅 /cm	克隆能力 /(万株/hm^2)	克隆频度 /%
X25	黄土沟坡	2	2.4	1.2	0.2	20
X26	沟谷地川滩地	2	2.2	1.6	0.2	20
X31	黄土梁峁顶	3	3	2.0	0.2	20
X32	砒砂岩沟坡	3	20.4	7.4	2.4	100
X33	沟谷地川滩地	3	22	18.2	1.0	40
X34	黄土沟坡	3	8.2	4.6	0.6	40
X35	砒砂岩沟坡	3	2.4	1.6	0.2	20
X36	砒砂岩沟坡	3	10	8.4	0.2	20
X02	沟谷地川滩地	4	8.4	3.6	0.6	40
X03	砒砂岩沟坡	4	31.4	26.0	2.0	80
X05	砒砂岩沟坡	4	19.0	19.4	3.4	60
X06	沟谷地川滩地	4	16.6	14.8	2.0	80
X28	沟谷地川滩地	5	37.0	33.4	1.6	100
X29	砒砂岩沟坡	5	25.0	26.4	2.8	100
X30	砒砂岩沟坡	5	24.6	20.4	3.4	100
X07	沟谷地川滩地	6	19.4	12.8	8.0	100
X08	砒砂岩沟坡	6	12.6	10.4	1.8	80
X09	砒砂岩沟坡	6	20.4	27.0	1.4	100
X10	砒砂岩沟坡	6	16.8	11.4	2.4	80
X11	黄土沟坡	6	38.0	38.0	2.8	80
X12	黄土沟坡	6	34.0	25.0	2.4	80
X13	沟谷地川滩地	6	30.0	28.4	0.6	80
X01	盖沙土梁峁顶	7	15.0	7.4	1.6	80
X27	砒砂岩沟坡	7	29.0	24.6	1.4	80
X37	黄土梁峁顶	7	4.0	2.8	0.6	40
X40	黄土梁峁顶	7	26.2	27.6	1.4	80
X41	黄土梁峁顶	7	4.0	2.8	0.6	40
X16	沟谷地川滩地	8	13.0	12.0	1.4	60
X17	黄土梁峁顶	8	19.0	23.6	2.8	100
X18	砒砂岩沟坡	8	7.2	8.0	1.4	60
X19	沟谷地川滩地	8	23.4	20.4	2.8	80
X20	砒砂岩沟坡	8	10.2	8.4	1.6	40

续表

编号	立地条件类型	定植株林龄/a	克隆株高度/cm	克隆株冠幅/cm	克隆能力/(万株/hm^2)	克隆频度/%
X21	砒砂岩沟坡	8	21.2	19.0	1.0	80
X22	沟谷地川滩地	8	11.4	10.0	1.4	60
X23	沟谷地川滩地	8	24.6	18.8	3.2	100
X24	砒砂岩沟坡	8	12.4	8.0	1.4	80
X49	砒砂岩沟坡	9	32.2	25.0	0.9	60
X50	砒砂岩沟坡	10	34.2	25.4	0.6	60

砒砂岩区在沙棘定植株林龄为2～10年时，沙棘克隆能力变化范围为0.2万～8万株/hm^2。处于中间林龄（4～6年）中等盖度（40%～70%）的沙棘林分，其克隆能力最高。沙棘克隆株出现的频度一般为20%～100%。在38个标准地中，频度20%的有5个，占13.2%；频度40%的6个，占15.8%；频度60%的6个，占15.8%；频度80%的13个，占34.2%；频度100%的8个，占21.1%。可见，分布频度以80%～100%的林分最多，两者合计占到55.3%，研究区沙棘克隆株的总体分布较为均匀，这也为利用克隆株继续种植等提供了依据。

沙棘定植后，不仅自我萌蘖性能很强，还能促进其他灌草植物的侵入，增加植物多样性，这是沙棘护坡林发挥生态功能的另一主要特征。研究发现，在砒砂岩区种植沙棘后，原来寸草不生的裸岩区也陆续侵入了不同的植物，与沙棘一起构成了群落。在内蒙古准格尔，依据样方调查，43个样地215个样方调查到植物82种，分属24个科，63个属。

砒砂岩区中国沙棘人工林地样方（215个）调查全部种子植物名录

种名	拉　丁　名	科名	属名
油蒿	*Artemisia ordosica* Krasch.	菊科	蒿属
华北米蒿	*Artemisia eriopoda* Bunge	菊科	蒿属
碱蒿	*Artemisia sieversiana* Ehrhart *ex* willd.	菊科	蒿属
冷蒿	*Artemisia frigida* Willd.	菊科	蒿属
艾蒿	*Artemisia argyi* Levl.	菊科	蒿属
铁杆蒿	*Artemisia sacrorum* Ledeb.	菊科	蒿属
山苦荬	*Ixeris chinensis* (Thunb.) Nakai	菊科	山苦荬属
苦荬菜	*Ixeris denticulatia* (Holltt.) Stebb.	菊科	苦苣菜属
草地风毛菊	*Saussurea amara* (L.) D C	菊科	风毛菊属
阿尔泰狗娃花	*Heteropappus altaicus* (Willd.) Noropokr.	菊科	狗娃花属
砂兰刺头	*Echinops gmelini* Turcz.	菊科	兰刺头属
刺儿菜	*Cirisium segetum* Bunge	菊科	蓟属
拐轴鸦葱	*Scorzonera divaricata* Turcz.	菊科	鸦葱属
小红菊	*Dendrathema chametii* (Levl) Shih	菊科	菊属
漏芦	*Stemmacantha uniflora* (L.) Dittrich	菊科	漏芦属
蒲公英	*Taraxacum mongolicum* Hand.	菊科	蒲公英属
麻花头	*Serratula centauroides* L.	菊科	麻花头属
蒙古苍耳	*Xanthium mongolicum* Kitag.	菊科	苍耳属
蓼子朴	*Inula salsoloides* (Turcz.) Ostenf.	菊科	旋覆花属
胡枝子	*Lespedeza bicolor* Turca.	豆科	胡枝子属
草木樨	*Molilotus suavedens* Ledeb.	豆科	草木樨属
紫花苜蓿	*Medicago sativa* L.	豆科	苜蓿属

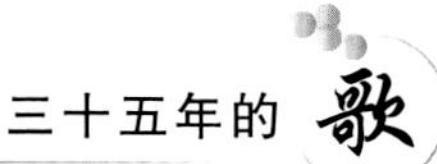

续表

种名	拉 丁 名	科名	属名
扁蓿豆	*Melilotoides ruthenica* (L.) Sojak	豆科	苜蓿属
中间锦鸡儿	*Caragana intermidia* Kuang *et* H. C. Fu.	豆科	锦鸡儿属
二色棘豆	*Oxytropis bicolor* Bunge.	豆科	棘豆属
砂珍棘豆	*Oxytropis grocilima* Bunge.	豆科	棘豆属
米口袋	*Gueldenstaedtia verna* (Georgi) Boiss.	豆科	米口袋属
狭叶米口袋	*Gueldenstaedtia stenophylla* Bunge	豆科	米口袋属
斜茎黄芪	*Astragalus adsurgens* Pall.	豆科	黄芪属
草木樨状黄芪	*Astragalus melilotoides* Pall.	豆科	黄芪属
糙叶黄芪	*Astragalus scaberrimus* Bunge	豆科	黄芪属
沙打旺	*Astragalus variabilis* Bunge *ex* Maxim.	豆科	黄芪属
短翼岩黄芪	*Hedysarum brachypterum* Bunge	豆科	岩黄芪属
克氏针茅	*Stipa krylovii* Roshev	禾本科	针茅属
赖草	*Leymus secalinus* (Georgi) Tivel.	禾本科	赖草属
寸草苔	*Carex duriuscula* C. A. Mey.	禾本科	苔草属
狗尾草	*Setaria viridis* (L.) Beacev.	禾本科	狗尾草属
糙隐子草	*Cleistogenes squarrosa* (Trin) Keng.	禾本科	隐子草属
冰草	*Agropyron cristatum* (L.) Gaertu.	禾本科	冰草属
白草	*Pennisetum centrasiaticum* Tivel.	禾本科	狼尾草属
硬质早熟禾	*Poa sphondylodes* Trin. *ex* Bunge	禾本科	早熟禾属
芨芨草	*Achnatherum splendens* (Trin.) Nevski	禾本科	芨芨草属
芦苇	*Phragmites australis* (Cav.) Trin	禾本科	芦苇属
鹅冠草	*Roegneria kamoji* Ohwi Acta phftotax.	禾本科	鹅冠草属
地蔷薇	*Chamaerhodos erecta* (L.) Bunge	蔷薇科	蔷薇属
二裂委陵菜	*Potentilla bifurca* L.	蔷薇科	委陵菜属
委陵菜	*Porentilla chinensis* ser.	蔷薇科	委陵菜属
菊叶委陵菜	*Potentilla tanacetifolia* willd. *ex* Schlecht.	蔷薇科	委陵菜属
多裂委陵菜	*Potentilla multifida* L.	蔷薇科	委陵菜属
猪毛菜	*Salsola collina* Pall.	藜科	猪毛菜属
灰绿藜	*Chenopodium glaucum* L.	藜科	藜属
刺藜	*Chenopodium aristatum* L.	藜科	藜属
中亚虫实	*Corispermum heptapotamicum* Iljin.	藜科	虫实属
细叶鸢尾	*Iris tenuifolia* Pall.	百合科	鸢尾属
山韭	*Allium senescens* L.	百合科	葱属
砂韭	*Allium bidentatum* Fisch. *ex* Prokh.	百合科	葱属
牛心朴子	*Cynachum komarovii* A L. Iljinski	萝藦科	鹅绒藤属
地梢瓜	*Cynanchum thesioides* (Freyn) K. Schum.	萝藦科	鹅绒藤属
杠柳	*Periploca sepium* Bunge	萝藦科	杠柳属
香青兰	*Dracocephalum moldavica* L.	唇型科	青兰属
并头黄芩	*Scutellaria scordifolia* Fisch. *ex* Schrank	唇型科	黄芩属
亚洲百里香	*Thymus serphllum* L. *Var. asiatius* kitag	唇型科	百里香属
地锦	*Euphorbia humifusa* Willd. Enum.	大戟科	地锦属
乳浆大戟	*Euphorbia esula* L.	大戟科	大戟属
柽柳	*Tamarix chinensis* Lour.	柽柳科	柽柳属
多枝柽柳	*Tamarix ramosissima* Ledeb.	柽柳科	柽柳属

续表

种名	拉 丁 名	科名	属名
平车前	*Plantago depressa* Willd. Enum.	车前科	车前属
车前	*Plantago asiatica* L.	车前科	车前属
田旋花	*Convolvulus arvensis* L.	旋花科	旋花属
中国沙棘	*Hippophae rhamnoides* L.	胡颓子科	沙棘属
糙叶败酱	*Patrimia rupestris* (Pall.) Tuss. *Subsp.* (Bunge) H . J. Wang	败酱科	败酱属
银州柴胡	*Bupleurum yinchowense* Shan *et* Y.	伞形科	柴胡属
草原霞草	*Gypsophila davurica* Turcz. *Ex*. Fenzl	石竹科	石竹属
蒺藜	*Tribulus terrestris* L.	蒺藜科	蒺藜属
远志	*Polygada tenuifolia* Wild.	远志科	远志属
家榆	*Ulmus pumila* L.	榆科	榆属
狼毒	*Stellera chamaeiasme* L.	瑞香科	狼毒属
鸡腿堇菜	*Viola acuminata* Ledeb.	堇菜科	堇菜属
牻牛儿苗	*Erodium stephanianum* Wild.	牻牛儿苗科	牻牛儿苗属
荞麦	*Fagopyrum sagittatum* Gilib.	蓼科	蓼属
乌柳	*Salix cheilophila* Schneid.	杨柳科	柳属
角蒿	*Incarvilla sinensisi* Lam.	紫葳科	角蒿属

在砒砂岩区沙棘人工林中，菊科（Compositae）植物最多，为 20 种，占总种数的 24.4%，禾本科（Gramineae）、豆科（Leguminosae）的植物次之，分别为 14 种、11 种，分别占 17.1%、13.4%，前述 3 科种数占总种数的 54.9%。

许多调研结果表明，沙棘种植后 8～10 年，即出现衰退死亡，或因土壤干旱，或因病虫害造成。但在甘肃省镇原县武沟乡发现，种植 20 年后，沙棘人工林仍然得以保存，不管在梁峁坡还是梁峁顶，沙棘高度达 3～4m 以上，生长依然十分旺盛。当地降水量也就 400mm 多，降水量并不多，分析其原因，可能与当地多年来坚持护林、防止人畜破坏有关。在甘肃、青海一些高海拔地区，沙棘人工林的保存时间一般都能达到 10 余年。

甘肃镇原武沟

中国沙棘护坡林（一）

甘肃宕昌

甘肃山丹

青海玉树

中国沙棘护坡林（二）

在“三北”地区，护坡林多为沙棘纯林，遭木蠹蛾危害后损失惨重。木蠹蛾危害曾经一度在内蒙古砒砂岩区十分猖獗，种植 8 年之后一般会泛滥成灾，造成大片死亡。

木蠹蛾对人工沙棘林的危害（内蒙古鄂尔多斯）

辽宁省建平县在20世纪90年代，为人工种植沙棘林达百万亩的全国第一沙棘大县，后因木蠹蛾猖獗，而使沙棘人工林几乎全军覆没。总结经验教训后，采用沙棘与油松、华北落叶松、山杏等营造的混交林，效果就比较好，乔木树种因沙棘辅佐，生长得更加旺盛，沙棘因有乔木树种隔离，一定程度上减轻了病虫危害的程度，双方相得益彰。目前，"三北"地区许多地方都在营造沙棘与其他乔木或灌木的人工混交林，效果很好。

油松＋中国沙棘（辽宁建平）

山杏＋中国沙棘（辽宁建平）

云杉＋中国沙棘（黑龙江孙吴）

油松＋中国沙棘（内蒙古准格尔）

油松＋中国沙棘（甘肃华池）

油松＋小叶杨＋中国沙棘（山西右玉）

坡地退耕地种植的沙棘人工林，土壤较为肥沃，长势较好，如果管护工作能够跟得上，可以逐步转变为沙棘工业原料林，是企业采取沙棘果实、叶片的重要沙棘类型，既能护坡，还能提供沙棘原料，生态经济功能俱佳。

退耕地沙棘护坡林（黑龙江林口）

退耕地沙棘护坡林（黑龙江穆棱）

2. 固沟林

护坡、固沟是沙棘发挥水土保持功能的两个重要方面。相对于梁峁坡来说，沟谷地段一般坡度更陡，土层更薄，不过水分条件相对来说较好一些。因此，沙棘定植后，在沟谷、冲沟、切沟中的生态功能更加突出，往往种植后两三年，即可郁闭种植地段，发挥防止下切侵蚀功能，逐步稳定侵蚀基点。固沟林面积约占沙棘防护林总面积的 20%。

沙棘地上部分的冠层生物量、地下部分的根系生物量的分层分布规律，为其发挥固沟作用提供了支撑。沙棘冠层可以很好地发挥对雨滴的消能作用，减少对土壤发生的溅蚀；形成的枯落物可以很好地保护地表，防止股流产生的冲蚀作用；根系可以发挥很好的网络固持土体功能，防止大块土体发生重力侵蚀作用。

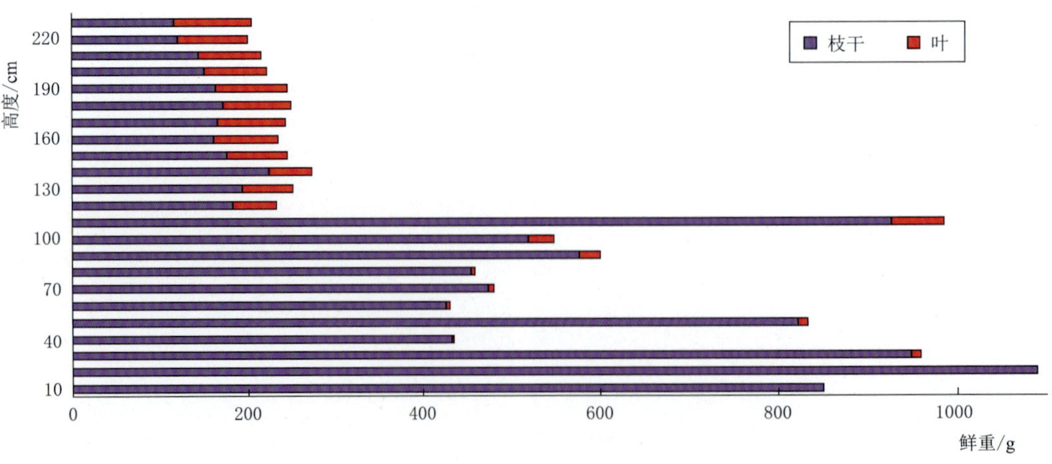

砒砂岩沟坡中国沙棘（10 年）标准株鲜重生物量的空间分布图

砒砂岩沟坡 8 年中国沙棘根系分层生长指标

项目		根数/个	根数占本层/%	根长/cm	根长占本层/%	根量（鲜）/g	根量（鲜）占本层/%	根瘤重/g
土层/cm	根系直径/mm							
0～10	<1	128.00	24.52	574.30	45.32	1.34	0.23	0.67
	1～3	375.00	71.84	337.00	26.59	4.09	0.70	
	3～5	4.00	0.77	57.00	4.50	3.80	0.65	
	5～10	6.00	1.15	177.00	13.97	45.99	7.82	
	>10	9.00	1.72	122.00	9.63	532.61	90.61	
	小计	522.00	100	1267.30	100	587.83	100	
10～20	<1	198.00	76.15	498.50	42.43	0.99	0.18	0.82
	1～3	35.00	13.46	205.00	17.45	4.20	0.77	
	3～5	9.00	3.46	113.00	9.62	6.54	1.20	
	5～10	7.00	2.69	154.50	13.15	35.99	6.58	
	>10	11.00	4.23	204.00	17.36	498.86	91.27	
	小计	260.00	100	1175.00	100	546.58	100	
20～30	<1	118.00	72.39	323.70	38.39	0.61	0.18	1.50
	1～3	24.00	14.72	204.00	24.19	2.92	0.87	
	3～5	6.00	3.68	63.00	7.47	3.28	0.98	
	5～10	5.00	3.07	96.50	11.44	21.62	6.48	
	>10	10.00	6.13	156.00	18.50	305.34	91.48	
	小计	163.00	100	843.20	100	333.77	100	
30～40	<1	20.00	35.09	95.00	17.28	0.15	0.07	
	1～3	18.00	31.58	171.00	31.10	1.77	0.79	
	3～5	6.00	10.53	57.00	10.37	2.23	1.00	
	5～10	4.00	7.02	54.00	9.82	2.65	1.18	
	>10	9.00	15.79	172.80	31.43	217.22	96.96	
	小计	57.00	100	549.80	100	224.02	100	
40～50	<1	38.00	65.52	82.50	27.68	0.15	0.15	
	1～3	10.00	17.24	81.00	27.18	0.50	0.51	
	3～5	2.00	3.45	36.50	12.25	1.86	1.89	
	5～10	5.00	8.62	65.00	21.81	19.87	20.23	
	>10	3.00	5.17	33.00	11.07	75.85	77.22	
	小计	58.00	100	298.00	100	98.23	100	
50～60	<1	3.00	25.00	19.20	13.94	0.02	0.05	
	1～3	3.00	25.00	32.50	23.60	0.19	0.44	
	3～5	1.00	8.33	5.00	3.63	0.34	0.79	
	5～10	3.00	25.00	59.50	43.21	17.35	40.53	
	>10	2.00	16.67	21.50	15.61	24.91	58.19	
	小计	12.00	100	137.70	100	42.81	100	
60～70	<1	7.00	36.84	70.00	31.04	0.16	0.50	
	1～3	6.00	31.58	63.00	27.94	0.94	2.91	
	3～5	2.00	10.53	34.00	15.08	3.50	10.85	

续表

项目		根数/个	根数占本层/%	根长/cm	根长占本层/%	根量（鲜）/g	根量（鲜）占本层/%	根瘤重/g
土层/cm	根系直径/mm							
60～70	5～10	3.00	15.79	47.00	20.84	14.23	44.12	
	>10	1.00	5.26	11.50	5.10	13.42	41.61	
	小计	19.00	100	225.50	100	32.25	100	
70～80	<1	8.00	47.06	32.00	21.77	0.04	0.14	
	1～3	5.00	29.41	50.00	34.01	0.33	1.15	
	3～5	1.00	5.88	16.00	10.88	1.46	5.08	
	5～10	2.00	11.76	26.00	17.69	5.06	17.61	
	>10	1.00	5.88	23.00	15.65	21.84	76.02	
	小计	17.00	100	147.00	100	28.73	100	
合计		1108.00		4643.50		1894.22		2.99

在内蒙古砒砂岩地区，由于坡面最上层土体受冷热、干湿影响容易发生泻溜，因此，沙棘种植时采用了专用工具，保证根系栽植在土体深层。这样在种植后的前两年能成活且不被泻溜带走的情况下，其后根系就能深扎下面岩体，满足正常生长发育的需求，萌蘖性也会逐步体现，在坡面串根逐步覆盖整个坡面，发挥其强大的护坡固土作用。

沙棘锹

坡面种植

坡面种植效果

砒砂岩区中国沙棘植树锹及沙棘种植前后效果（内蒙古准格尔）

红土泻溜侵蚀等严重的重力侵蚀，构成了流域产沙量的主体，并为水力侵蚀提供了主要输沙物质来源。沙棘种植在砒砂岩裸露沟谷地段，较好地减弱或消除了产生表层碎屑层的水热条件，产生了很好的拦泻作用。估算结果表明，这一地区目前沙棘人工林平均减少的土壤侵蚀模数（重力侵蚀）为 $4833t/(km^2 \cdot a)$，年累计可减少的土壤重力侵蚀量达 741 万 t，为减少入黄粗泥沙发挥了很好的作用。

总体来看，不管是砒砂岩区，还是黄土区、风沙区，沙棘在沟谷地段的生长普遍不错，可以很好地发挥固沟作用，减轻下切侵蚀，一定程度上可以抬高侵蚀基地，促使形成功能完备的沙棘生态沟谷，发挥其多方面的生态功能。

砒砂岩区的中国沙棘生态沟（内蒙古准格尔）

3. 护岸护滩林

沙棘在护岸护滩方面的作用亦十分突出，我国沙棘护岸护滩林面积约占沙棘防护林总面积的15%。相对于护坡固沟，河流两岸的条件比较湿润，更加适合沙棘生长和生态经济功能的充分发挥。在山西右玉苍头河流域，通过沙棘的护岸和规整流路作用，原来反复变道、肆虐两岸土地的苍头河被治服，沙棘资源不仅得到生态利用，而且被当地用于产业开发，生态经济效益明显。

中国沙棘护岸护滩林（山西右玉）

在黑河流域的甘肃民乐，主要支流所经河滩地种植的中国沙棘生长也很健壮，为黑河向内蒙古额济纳旗输送生态用水发挥着积极的作用。

中国沙棘护岸林（甘肃民乐）

砒砂岩区的多数入黄一级支流，在沙棘生态减沙工程实施后，岸、滩都得到了有效防护，流路大为规整，侧蚀大为减轻，土地利用率得到了稳固的提升。

中国沙棘护岸护滩林（内蒙古准格尔）

西藏阿里地区札达县象泉河、普兰县孔雀河两岸，均有种植多年的中亚沙棘已全部郁闭，但并未影响发育进程，果实累累，既有良好的生态功能，也是当地采果用于加工和育苗的重要种质资源基地。

札达

普兰

中亚沙棘护岸护滩林（西藏）

西藏自治区隆子县种植江孜沙棘始于20世纪60年代中期，在当年的隆子县新巴区新巴公社芒措队和新巴队开始试种，中间停止了几年，70年代、80年代、90年代以来又陆续开展了这一造福后人的工程。经过半个世纪几代人的努力，隆子县人工江孜沙棘林种植面积达到50.33km^2（7.55万亩），绵延40多km，覆盖了4个乡镇的近30个行政村。2019年9月1日，隆子县的沙棘林被世界纪录认证机构（WRCA）认证为“世界最大人工种植连片沙棘”。

西藏用江孜沙棘护岸固滩的地区很多，在江孜、康马等地，沿年楚河河道两侧，有多年前种植的呈宽带状的江孜沙棘林，长度达十余公里，且以雌株为多，硕果累累，为当地建厂开发提供了充足的资源基础。

江孜沙棘护岸护滩林（西藏隆子）

江孜沙棘护岸护滩林（西藏江孜）

4. 环库林

在水库周边营造沙棘林，不仅能保持土壤，截滤泥沙，并通过自身萌蘖，以密实的沙棘环库林带，发挥生物隔离带作用，有效地防止人畜进入，环保卫生，省工省事。环库林十分重要，但在我国沙棘防护林中所占面积很小。

5. 护路林

在“三北”和西南地区，等级公路以下的土路旁边，沙棘的种植，既保护了路基，又防止了集中股流对土体的冲蚀，还消除了周边其他种植对路基的占用，效果很好。研究表明，在我国土基道路侵蚀强度远高于各类坡面和沟谷，沙棘作为护路林的重要树种，其作用十分明显。不过，沙棘护路林在我国沙棘防护林中所占面积也不大。

蒙古沙棘环库林（黑龙江孙吴）

黑龙江漠河

中国沙棘护路林（一）

河北围场

内蒙古克什克腾

中国沙棘护路林（二）

事实上，在各类等级公路、高速公路两侧，沙棘的种植，也一样很好地保护了路边的生态环境，还为果实、叶片采摘提供了便利的条件。

6. 防风固沙林

在毛乌素沙地、浑善达克沙地，甚至古尔班通古特沙漠、塔克拉玛干沙漠等周边水分条件较好处，沙棘种植后也较为容易成活，防风固沙作用，不输一些沙生植物。在内蒙古、新疆、西藏等地，沙棘的防风固沙功能被充分加以利用，这类林分种植面积逐年加大，占沙棘防护林总面积的10%左右。

毛乌素沙地上的中国沙棘，间有沙柳（陕西榆林）

浑善达克沙地上的中国沙棘（内蒙古克什克腾）

古尔班通古特沙漠边缘种植的蒙古沙棘（新疆哈巴河）

必须指出，沙地水分条件好，种植沙棘是不难的；但在沙漠种植沙棘，必须要在有地表水常流的区域种植方能成功。切记，流动沙丘地带是不能种植沙棘的！

（二）工业原料林配置崭露头角

近10余年以来，"三北"地区逐步从单纯地种植沙棘防护林，开始转向建立沙棘工业原料林基地，并通过果园式管理，特别是强化水分供给，有效地保证了沙棘加工企业的原料供给，促进了企业更加平稳地运转。目前，全国沙棘工业原料林建成面积已达70万亩，并呈迅速增长态势，逐年快速扩大。

我国沙棘工业原料林

省（自治区）	黑龙江	吉林	内蒙古	山西	新疆	合　计
种或亚种	蒙古沙棘	蒙中杂交沙棘	蒙古沙棘 蒙中杂交沙棘	蒙中杂交沙棘	蒙古沙棘 蒙中杂交沙棘	
面积/万亩	26	2	6	1	35	70

在工业原料林管理方面，鉴于沙棘资源中有不少要走外贸途径，因此，有关基地认证、原料认证的工作就日益提到了议事日程。比如，2020年9月21日，新疆维吾尔自治区农业气象台向青河县慧华沙棘生物科技有限公司基地种植的沙棘颁发了"新疆农产品气候品质认证证书"。新疆维吾尔自治区农业气象台、青河农业、林业、青河县气象局等专家联合对基地沙棘各类气象要素进行分析，并结合现场勘察，建立了青河沙棘气候品质模型，经评定，2020年生产的沙棘气候品质等级为"特优"。沙棘资源和产地认证是沙棘产品出口创汇的一个重要关口，必须给予高度重视。

在“三北”地区7大沙棘种植区，单一的沙棘种植模式在各区是一样的，但因生态条件、农作习惯等不一致，还拥有不同的多植物立体复合模式。

1. 东北“自然型”沙棘种植区

本区是蒙古沙棘（大果沙棘）最先引入我国开展集约化栽培的地区，水肥条件适宜，地貌多为漫川漫岗区，整地方式普遍为穴状、水平阶，沙棘行间距离有大有小，行距小时为单一沙棘种植模式，行距大时多与其他植物一起构建立体复合模式。

单一沙棘：本模式以采果为主要目的。在本区黑龙江境内，此类沙棘种植园比比皆是。

黑龙江孙吴

黑龙江绥棱

东北地区单一沙棘种植模式

沙棘幼龄期，在沙棘宽行间套种大豆（*Glycine max*），在东北地区是一项普遍采用的措施。除此而外，还有沙棘与牧草、药材等的一些立体复合模式。立体复合模式可以充分利用土地，减少风险，增加产出，生态经济效益均能得到保证。除与大豆等作物的复合外，其他立体复合模式是一种稳定模式，不会随沙棘进入盛果期而停止其他复合植物的种植。

沙棘＋作物：在东北地区，不管平地还是坡地，均适宜沙棘与大豆间作方式。由于大豆种植中要喷施农药，故这种模式只适用于沙棘幼龄期，等沙棘进入结果期后，应停止种植大豆。这种模式配置中，沙棘株行距为2m×（3～4）m。除大豆外，豆角（*Vigna unguiculata*）、土豆（*Solanum tuberosum*）、瓜类等也可以与沙棘间作。

沙棘＋牧草：黑龙江省泰来县克利镇克利村选择具有代表性的沙化草原500亩，采用沙棘＋紫花苜蓿（*Medicago sativa*）间作模式，其中沙棘为2年生“齐棘1号”苗木，紫花苜蓿选择“龙牧801”，种植效果不错。

东北地区沙棘＋作物复合模式（黑龙江孙吴）

沙棘＋药材：在东北地区的平、坡地，适宜于沙棘间作的药材有板蓝根（*Isatis tinctoria*）、桔梗（*Platycodon grandiflorus*）、水飞蓟（*Silybum marianum*）、黄花月见草（*Oenothera glazioviana*）等。行间对药材采取的挖掘、肥水管理等措施，间接会促进沙棘的生长发育活动。药材与沙棘全期相伴，即沙棘进入结果期后，药材也应继续进行维护及管理。这种类型的行间距可加大至 4～5m。

沙棘＋板蓝根（黑龙江孙吴）

沙棘＋黄花月见草（黑龙江林口）

2. 华北北部“集流型”沙棘种植区

本区虽然与黄土高原中部区一样，同为半干旱地区，但不同点是，本区除可栽培选育沙棘、杂交沙棘及乡土沙棘资源外，还可以直接栽培引进大果沙棘。

单一沙棘：辽宁阜新是我国开展沙棘选育工作最早的地区之一，“辽阜1号”“深秋红”“壮圆黄”“无刺丰”等优良品种均选自该区。可以毫不夸张地说，国内一半以上的优质良种沙棘苗，均出自该区。但也不无尴尬地说，大果沙棘（包括选育良种）在该区建园很少，只在阜蒙、建平发现个别小园子，还多是研究单位试验田。

辽宁朝阳建立有引进沙棘良种以及对照杂交沙棘区域试验园。

沙棘＋作物：在本区川滩地，有沙棘与小麦（*Triticum aestivum*）、油菜（*Brassica campestris*）、油葵（*Helianthus annuus*）等的间作模式。这种模式适用于沙棘幼龄期的行间空闲地，等沙棘进入结果期、树体增大后，才停止行间间作作物。这种模式配置中，沙棘株行距为2m×3m。其余整地、栽植要求，均同单一沙棘种植模式。

沙棘＋蒲公英（黑龙江林口）

辽宁阜新

辽宁建平

辽西地区沙棘品种选育试验园

沙棘区域性试验园（辽宁朝阳）

沙棘+牧草：在本区的缓坡地带（坡度小于15°），按行间距4m整修水平阶或反坡梯田（反坡5°～10°），在阶或田面上按株距2m定植沙棘，沙棘整体呈“品”字形配置。在沙棘水平阶整地的行间坡面上，简单清杂后做好整地，整地质量要达到“墒、平、松、碎、净、齐”六字标准，等高条播紫花苜蓿或小冠花（*Coronilla varia*），构建沙棘牧草间作模式，效果也很好。

3. 黄土高原中部“集流型”沙棘种植区

本区杂交沙棘表现较好，而大果沙棘在陕西、甘肃、青海表现不好，还需要继续观察试验。因此，在立足利用乡土资源的前提下，充分利用选育品种和杂交品种，是建立沙棘工业原料林的主要出路。

单一沙棘：金科海公司从2012年起，就在山西太谷利用杂交沙棘建立了工业原料林，2015年就已经开始挂果，效果很好。

黄土高原中部单一沙棘种植模式（山西太谷）

甘肃庆阳选用杂交沙棘作为对照种建园，效果明显好于引进品种。

沙棘+作物：在黄土高原中部地区的川滩地，构建沙棘与小麦、油菜、谷子（*Setaria italica*）、糜子（*Panicum miliaceum*）、油葵等的间作模式。这种模式适用于沙棘幼龄期的行间空闲地，等沙棘进入结果期、树体增大后，停止行间间作作物。这种模式配置中，沙棘株行距为2m×3m。

沙棘+牧草：在本区的缓坡地带（坡度小于15°），按行间距4m整修水平阶或反坡梯田（反坡5°～

10°)，在阶或田面上按株距 2m 定植沙棘，沙棘整体呈“品”字形配置。

沙棘＋自然植被：在本区的缓坡地带（坡度小于 15°），按行间距 4m 整修水平阶或反坡梯田（反坡 5°～10°)，在阶或田面上按株距 2m 定植沙棘，沙棘整体呈“品”字形配置。在沙棘水平阶或反坡梯田整地的行间坡面上，简单清杂后保留菊科、禾本科等自然植物，或适当引入百里香（*Thymus mongolicus*）、苦参（*Sophora flavescens*）等乡土植物，以达到护坡保土目的，同时也作为集流面，为下方的沙棘种植阶（田）面聚集降水资源。

黄土高原中部单一沙棘种植模式（甘肃庆阳）

4. 河套“灌溉型”沙棘种植区

位于本区的内蒙古磴口是我国沙棘育种的“圣地”，沙林中心所在地，这里输出了大部分沙棘优良品种，也试种了不同品种的试验示范园。宁夏吴忠也曾经开展过不同品种试验与示范工作。“天下黄河富宁夏”，位于宁夏的西套是宁夏大米产区。而位于内蒙古的前套、后套，也是内蒙古主要农产区。结合种植业结构调整，建设沙棘工业原料林应是一个不错的选择。

单一沙棘：本区光热资源充沛，加之黄河水基本能够满足灌溉需求，因此，建设高标准的沙棘工业原料林，完全可行。毗邻前套的达旗，在黄河川滩地种植的大果沙棘，采用大型滴灌装置，生长不错。

河套单一沙棘种植模式（内蒙古达旗）

沙棘+作物：在本区河套灌区的川滩地，构建有沙棘与小麦、油葵、籽瓜（*Citrullus* sp.）等的间作模式。这种模式适用于沙棘幼龄期的行间空闲地，等沙棘进入结果期、树体增大后，应停止行间间作作物。这种模式配置中，沙棘株行距为2m×4m。

沙棘+小麦

沙棘+油葵

沙棘+籽瓜

河套沙棘+作物种植模式（内蒙古达旗）

沙棘+药材：在本区河套灌区的川滩地，可以构建沙棘与黄芩（*Scutellaria baicalensis*）等药材的间作模式。这种模式适用于沙棘幼龄期的行间空闲地，即使沙棘进入结果期，如果行间空隙足够用，就可以一直保留药材。这种模式配置中，沙棘株行距为2m×（4～5）m。

沙棘+牧草：河套灌区川滩地，按照行间距4～5m、株距2m定植沙棘，行间条播紫花苜蓿。具体行间间距，取决于牧草联合收割机的尺寸，一般为4～5m。紫花苜蓿条播播种量为1.5～2kg/亩。

牧草与沙棘全期相伴，沙棘进入结果期后，牧草也应继续保留，并进行维护及管理。

河套沙棘＋黄芩种植模式（内蒙古达旗）

河套沙棘＋紫花苜蓿种植模式（内蒙古达旗）

5. 河西走廊“灌溉型”沙棘种植区

本区为甘肃省的“粮仓”，区内土地平坦，虽然降水稀少，但有来自祁连山融雪水补给的石羊河、黑河、疏勒河等自然河流自流灌溉，目前仅有部分沙棘试验田。当地已建有数个沙棘加工厂，结合生态、经济需求以及产业结构调整，建设沙棘工业原料林十分必要。

6. 北疆/南疆“灌溉型”沙棘种植区

北疆/南疆由中间天山阻隔，沙棘种植区域被隔为两块，其中北疆气温稍低，降水较高，而南疆气温稍高，但降水很低。但总的来看，这两个区沙棘种植模式和技术，基本上可以合二为一，在一起叙述。新疆是我国最为神奇的地区，降水量稀少，但只要能引水灌溉，林果种植就有丰厚的回报。同样的林果品种，在新疆种植后产品质量会有极大提高。沙棘品种在本区竟然比东北黑土区的生长发育表现还优，果实口感鲜美，品质优越。新疆未来必然是我国沙棘原料林建设的主战场。

单一沙棘：北疆的阿勒泰、塔城、伊宁、克拉玛依、石河子、乌鲁木齐、昌吉等，都已开展了不同规模的沙棘工业原料林建设，成效显著。南疆的阿克苏、喀什、克州等也相继起步。

位于塔城地区额敏县莫合台的新疆生产建设兵团一七〇团，针对戈壁滩土质坚硬，首先，根据沙棘定植行挖一浅沟，按照沙棘株距 2m 安装滴灌设施，待土质湿润后进行挖坑。其次，根据戈壁地土壤瘠薄、渗水漏肥严重情况，配套采取了节水滴灌和平衡施肥试验，加强了田间管理，使所栽品种试验园、示范田和种植园面积达到 5 万亩，现多已进入盛果期。

滴灌前

滴灌后

戈壁滩沙棘种植园开沟后安装滴灌管道（新疆额敏）

戈壁滩沙棘种植园开沟滴灌后人工开挖种植穴（新疆额敏）

沙棘种植当年

沙棘种植第4年

戈壁滩沙棘种植当年及第 4 年的林相（新疆额敏）

位于南疆的阿克苏地区温宿县已经有了六七年沙棘种植的实践，他们的经验，主要是把好四道关。第一道关是土地平整关。位于河道两侧的乱石滩，土地坑坑洼洼，沙棘种植前要雇用大型铲车，将土地推平。第二道关是机械整地关。平整后的土地，基本按照 2m×3m 的株行距，采用挖掘机挖 0.5m×0.5m×0.6m 的种植穴，然后拉来厩肥和客土填坑备用。第三道关是栽植关。于秋季 11 月前后开展植苗造林，由于水资源丰富（塔河支流流经该县），种植后大水漫灌，保证了成活率。第四道关是抚育关。这道关的核心是在雨季利用洪水漫灌，增加土地黏粒含量，逐步将河漫滩打造成具有土壤结构的良田。

戈壁滩沙棘种植后通过洪水漫灌提高林地水肥条件（新疆温宿）

本区多地实施了多植物立体复合模式，增加综合产出，发挥了更好的生态经济功能。

沙棘＋作物：阿勒泰地区戈壁滩沙棘人工林中，行间间作有小麦、瓜类等作物，沙棘、作物各取所需，相互之间促进作用更大。

沙棘＋小麦（新疆青河）

沙棘＋西瓜（新疆哈巴河）

戈壁滩沙棘＋作物种植模式

这种模式配置中，沙棘株行距为 2m×4m。行间间作的小麦、瓜类等作物可以与沙棘和睦相处。

沙棘＋牧草：本区常见沙棘与紫花苜蓿、黄花苜蓿（*Medicago falcata*）等的间作模式，满足了当地对沙棘资源和饲草的同步需求。

沙棘＋紫花苜蓿（新疆布尔津）

沙棘＋黄花苜蓿（新疆青河）

戈壁滩沙棘＋牧草种植模式

本区多按照行间距 4m、株距 2m 定植沙棘，行间条播紫花苜蓿、黄花苜蓿。紫花苜蓿、黄花苜蓿条播播种量为 1.5～2kg/亩。牧草与沙棘全期相伴，沙棘进入结果期后，牧草也应继续保留，并进行维护及管理。

戈壁滩沙棘＋雪菊种植模式（新疆布尔津）

沙棘＋药材：本区沙棘行间常间作两色金鸡菊亦称雪菊等药材，也是防止种植结构单一、避免风险、增加经济收入的重要举措。这种类型的行间距为 3～4m。

沙棘＋自然植被：该区在灌溉水分有限时，即只滴灌种植沙棘时，种植初期一两年行间的戈壁滩不会发生沙棘萌蘖株，而在沙棘种植两三年后，由于有沙棘覆盖后形成微域小气候改良后，会逐渐侵入驼绒藜（*Ceratoides latens*）等藜科或其他科一些草本或半灌木植物，慢慢覆盖地表，这也算是一种沙棘与自然植被的复合模式。

戈壁滩沙棘种植初期行间裸露的戈壁滩（新疆额敏）

新疆青河

新疆哈巴河

戈壁滩沙棘种植后期逐步形成沙棘＋自然植被模式

35年中，“三北”地区沙棘工业原料林的配置模式，丰富多彩，生态经济功能均十分突出，成为许多老少边贫地区新的经济增长点。

从生态因子分析，西南地区的西藏等地，可以参照新疆所建各种沙棘模式。近几年西藏阿里地区正在开展有关沙棘规划、试验和工业化布局。西藏的发展潜力很大，大有可能与黑龙江、新疆一起，形成我国“三足鼎立”沙棘工业原料林基地。

综上所述，35年中，我国加强了沙棘生态建设，启动了沙棘工业原料林配置，林分数量、质量提高很多，成效十分突出。但是也还存在着一些问题，如防护林建设中纯林过多、对混交林重视不够；沙棘工业原料林品种过于单一问题、采果机械化没有得到落实等。这些问题，也给下一阶段研究提出了方向，有待科技攻关或技术引进等来逐步解决。

我们可爱的家园多么美丽
春回大地充满生机
丰富的资源我们要珍惜
因为生命的代价无可代替
让我的祖国更美
让我的祖国更绿
和谐的今天来之不易
我们要共同珍惜
珍惜这一点一滴

我们和谐的家园没有风雨
岁岁平安年年如意
幸福的源泉我们要珍惜
托起明天的希望
生活更甜蜜
让我的祖国更美
让我的祖国更绿
携手未来创造奇迹
共建绿色的家园
生命才会延续

三、“咱们工人有力量”

——研发拓宽了沙棘产品系列，竭力提高了市场沙棘营销份额

35 年中，全国由最初的 10 余家沙棘加工企业起步，逐步发展，并几经起伏，继之兼并、淘汰，稳定发展到目前 220 余家沙棘加工企业。企业产品涉及饮料食品、保健品、药品、化妆品等近 10 大类、数百种产品，年产值基本达到 70 亿元。沙棘零售企业也从无到有，目前达到 1200 余家。沙棘成为我国“第三代”水果中发展很好的几个树种之一。

（一）产品加工全面铺开

35 年间，随着人们对沙棘功效的认同度逐年上升，国家对沙棘开发越来越重视，沙棘产品的研发也不断取得了新的突破，全国范围内涌现出了大批涉沙棘企业。

1985 年 12 月 18 日，水电部部长钱正英与全国轻工总会会长杜子瑞研究沙棘加工问题。

1986 年 3 月 3 日，水电部部长钱正英会见西北农业大学教授，研究沙棘加工利用问题。

1986 年 4 月 8 日，全国沙棘办组织召开沙棘产品质量座谈会，参加部门和单位有国家工商行政管理局、卫生部、林业部、中国食品工业协会、中国医学科学院药检所、商业部食品检验所、北京饮料厂、北冰洋食品公司、北京食品工业研究所等。

1986 年 7 月 1 日，全国沙棘办在北京西单商场举办了全国沙棘系列产品展示会，并发布新闻。水电部部长钱正英，商业部和北京市的领导参观了沙棘展品。

1986 年 8 月 7—10 日，水电部联合林业部、轻工部等在北京举办了全国沙棘产品质量评议会。参加评议会的有 6 个省的 37 种产品，其中获奖产品 17 种。水电部部长钱正英和林业部、轻工部领导参观了沙棘产品，出席了记者招待会并发表了讲话。

第二次全国沙棘产品评议会在北京召开

1987 年 12 月 19—20 日，在北京举行了第二次全国沙棘产品质量评议会，参加评议的产品有 49 种，按酒类和饮料两个类别分别进行评议，其中 23 种产品获奖，包括金质奖 11 项，银质奖 12 项。这次活动由全国沙棘办、轻工业部食品工业局、中国水利实业开发总公司、林业部造林经营司联合组织，水电部部长钱正英、林业部副部长刘广运出席评议会并讲话。12 月 21 日，在北京举行了发奖大会，水电部副部长杨振怀等领导向获奖厂家颁发了证书和奖杯。这次评议会为推动我国沙棘产品更上一个台阶奠定了基础。

由中华保健科技学会组织评选出的 1988 年“全国优质保健产品”中，有 4 种沙棘产品获“金鹤杯奖”，分别为甘肃省清水县酒厂生产的“上邽牌”沙棘汁，山西省交口县沙棘饮料厂生产的“交桃

牌”沙棘汁，山西省西窑矿泉水运动饮料公司榆次市食品罐头厂生产的“西窑泉牌”沙力士饮料，内蒙古赤峰喀喇沁旗乃林酒厂生产的“蟠龙山牌”中华沙棘酒。宁夏固原县酒厂生产的“萧关牌”沙棘汁获“银鹤杯奖”。

1988 年 12 月，在北京由中国食品工业协会举办的首届中国食品博览会上，13 项沙棘产品获得“首届中国食品博览会奖”，其中金奖 3 项，银奖 8 项，铜奖 2 项。获得金奖的产品有山西省杏花村汾酒厂生产的“古井牌”真武沙棘酒、“古井牌”玫瑰香沙棘酒，山西省太原食品饮料厂生产的“天龙山牌”沙维康运动饮料。

1988 年，由内蒙古赤峰市喀喇沁旗乃林酒厂生产的“蟠龙山牌”中华沙棘酒，被指定为亚运会指定产品。

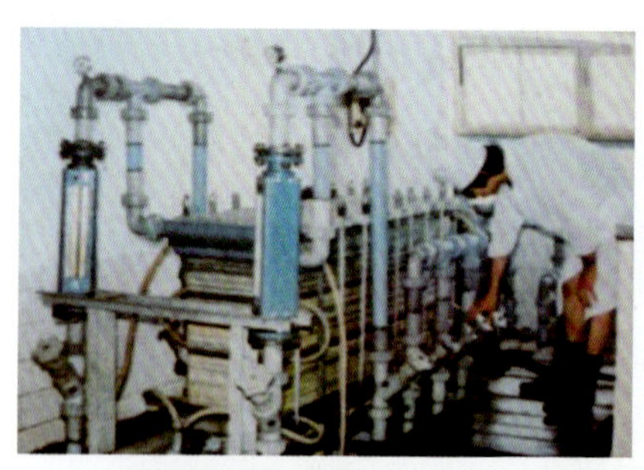

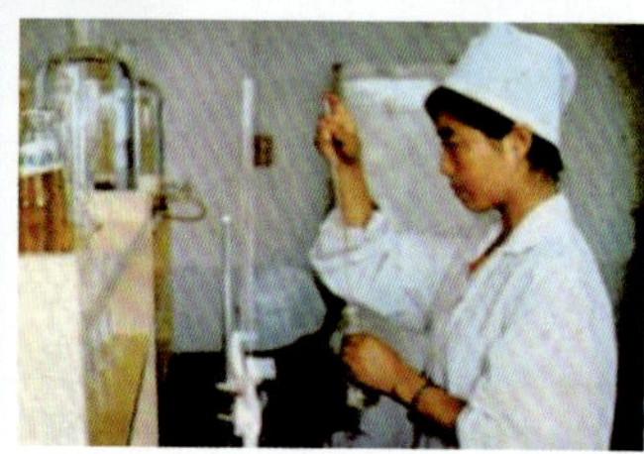
陕西省沙棘食品实验厂

1989 年 4 月 29 日，陕西省沙棘食品实验厂经过 10 个多月时间的产品研制和试生产，通过了由陕西省水利水保厅、省食品工业协会、省轻工厅和省技术监督局联合主持的投产鉴定。这个厂是在全国沙棘办的大力支持下，由陕西省水利水保厅负责筹建的，肩负着全省沙棘生产、科研和教学三大任务。

1989 年 10 月在陕西西安举行的陕西省优质产品质量评比上，陕西省沙棘食品实验厂生产的“沙维乐”果汁饮料以其独特的风味、良好的口感、上乘的质量荣获陕西省优质产品称号，是参加该次评比会几十种饮料中唯一获得“省优”称号的产品。1990 年，在中国儿童妇女用品四十周年博览会上又荣获银奖。1991 年起开发生产了“欣苑牌”冰狗夹心冰激凌；1992 年推出了雪狗巧克力、三明治冰激凌等沙棘产品。

在中国保健食品协会、中国医药保健品进出口总公司、中国蜂产品协会和中国保健科学技术学会联合举办的 1991 年全国优质保健产品评选活动中，9 种沙棘产品获奖。其中，内蒙古乌兰浩特市蜂乳药厂生产的沙棘蜂王浆获金奖；河北省平泉县酿酒厂生产的沙棘酒等 5 款产品获银奖；广东省东莞市二轻保健食品厂生产的沙棘乐等 3 款产品荣获新产品奖。

1993 年 5 月 25—31 日，由全国沙棘办和北京秋野信息公司共同主持，在北京举办了京城沙棘系列产品展示会。来自全国 10 个省（自治区、直辖市）的 15 家厂商参加了展示会，参展了近年来开发的具有一定代表性的 32 种产品，涉及沙棘医疗、保健、化妆、食品、饮料等方面。通过活动达到宣传沙棘、提高沙棘知名度、开拓沙棘产品市场的目的。

1994 年，由陕西省沙棘茶业开发公司生产的“翠屏”沙棘保健茶，通过省级技术投产鉴定，批量投入市场。由陕西永寿沙棘集团公司生产的沙棘保健醋、沙棘果茶批量投放市场。由吉林省镇赉县沙棘食品厂研制成功了沙棘醋，已批量投放市场。由内蒙古赤峰松州制药厂生产的纯天然保健护肤珍品参棘乳膏（内卫药分健字〔1992〕Z-10 号）投产。由中法合资陕西配方化妆品有限公司生产的“惜芳”天然沙棘系列化妆品推出。由陕西华星日用化工厂生产的五效合一晶露天然沙棘香波面世。

1994 年 9 月 29 日至 10 月 3 日召开的第一届中国国际保健节上，北京江河沙棘（集团）公司研制生产的沙棘果油胶囊、籽油胶囊均被评为金奖。这届保健节由卫生部、经贸部和国家科委联合主办，旨在实现世界卫生组织提出的“2000 年人人享有卫生保健”的目标。参展期间，许多民众对沙棘及其产品表示了浓厚的兴趣，并仔细询问了沙棘的用途和医药保健功能。

1995 年 4 月 20—25 日，为了配合全国沙棘开发十周年回顾活动，北京沙棘技术产品经销部在北京举办了沙棘饮料品尝订货会。来自北京、天津、内蒙古、山西、辽宁、陕西、甘肃等省（自治区、直辖市）13个厂家26种沙棘优质系列产品参加了这次活动。订货会上接待来宾万余人，发放宣传材料3万余份，使消费者普遍感受到沙棘饮品是一种集营养与保健于一身的优质产品，对促进沙棘产品进入京城百姓之家意义深远。

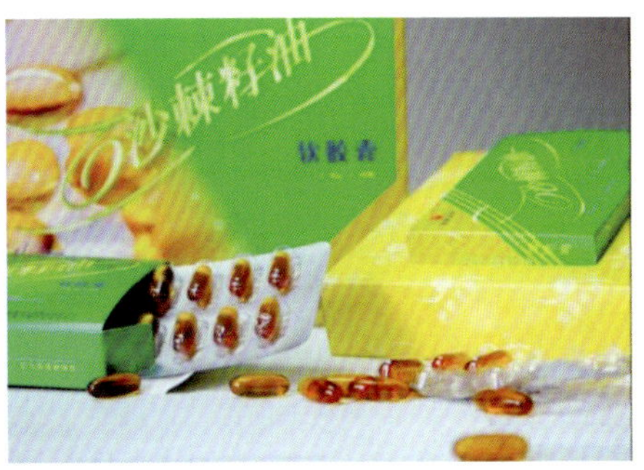

评为金奖的沙棘果油和籽油胶囊

在1998年上海、南京、杭州等地饮料市场上，来自青藏高原的以沙棘为主要原料制成的“绿宝”饮品，给消费者带来了口福。1997年8月成立于青海西宁的绿宝天然饮料公司，当年11月就在中国国际食品博览会上，“绿宝”沙棘果汁饮料被联合国粮农组织授予特别称号，在中国第九届新技术新产品博览会上，荣获金奖。

2003年3月18日，经卫生部审核，由高原圣果沙棘制品有限公司研制并申报的高原金果牌耐福软胶囊被批准为保健食品，批准文号为“卫食健字（2003）第0257号”。

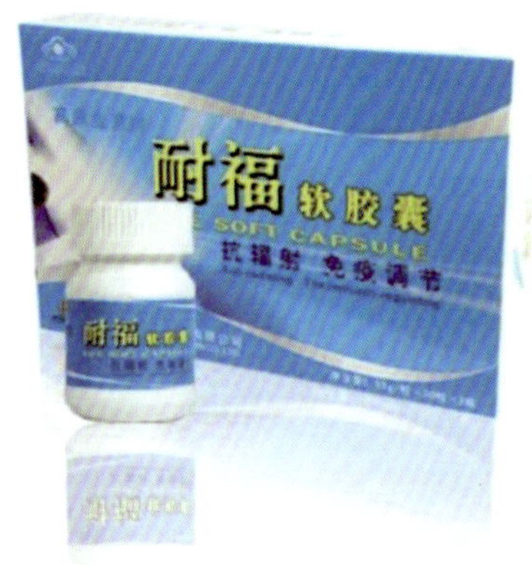

耐福软胶囊

2004年5月15—17日，由世界保健品联合会主办的中国（北京）国际保健产业产品博览会在北京国际展览中心举行，参展国内外保健企业200多家、展位500多个，100多个行业的各类保健产品。高原圣果沙棘制品有限公司生产的沙棘系列产品——沙棘黄酮软胶囊、沙棘油软胶囊、耐福软胶囊、百通茶等参加了展览，产品深受消费者青睐，吸引了很多的代理经销商前来洽谈业务。

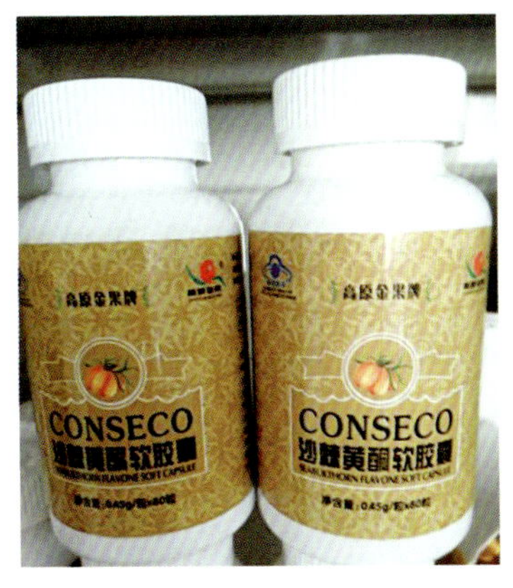

沙棘黄酮软胶囊

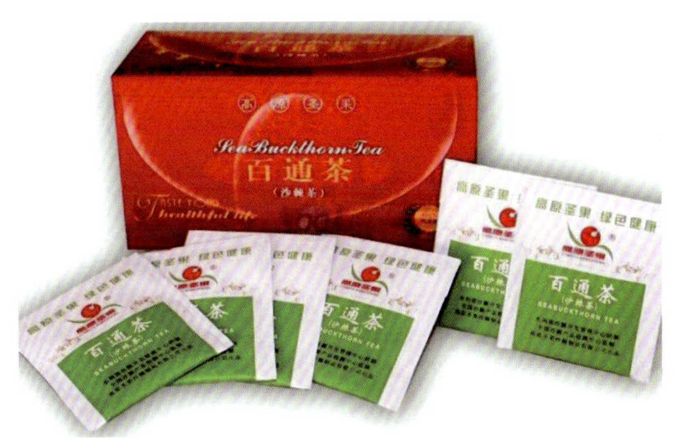

沙棘百通茶

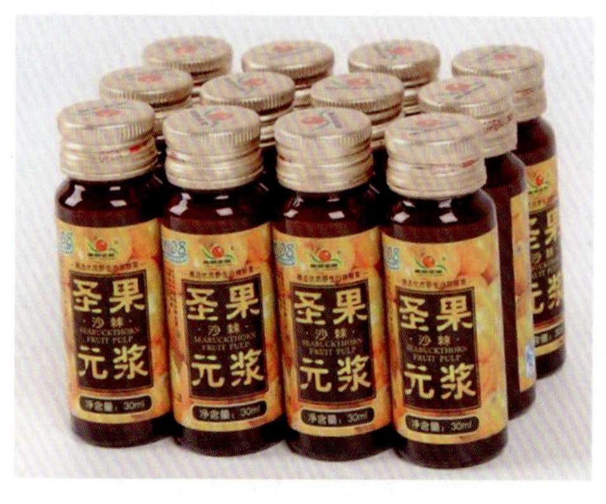

圣果元浆

圣果源汁

2016 年 6 月 24—27 日，2016 春季第十四届中国（中山）国际茶业博览会在中山博览中心举行，“完美牌”低聚果糖沙棘茶再次荣获“金奖”。

低聚果糖沙棘茶

2019 年，内蒙古海天制药有限公司已获得内蒙古自治区食品药品监督局颁发的 GMP 认证，车间已经具备生产条件。截至目前，已完成 5 万亩土地流转手续，完成编制基地建设详细规划和实施方案，已完成 2.6 万亩沙棘和套种 0.5 万亩蒙药中药材实验基地建设。原佳合药业的 85 个药号并入海天，生产车间里 6 条生产线已经改造完毕，GMP 认证证书已经获取，具备生产条件，正在向内蒙古药监局申请工艺验证，建成后将试生产 7 种药品，分别为沙棘颗粒、百合固金口服液、维生素 C 咀嚼片、四季抗病毒合剂、头孢氨苄胶囊、维胺酯维 E 乳膏、诺氟沙星胶囊。总投入约 1 亿元，厂区车间 GMP 改造投入约 7000 万元，种植基地投入约 3000 万元，涉及农户 700 余户，平均每户增收 3 万元。

2020 年 11 月 8 日，第 105 届美国巴拿马太平洋万国（国际）博览会（中国区）在北京国际饭店盛大举行。来自全国 20 多个省（自治区、直辖市）的 300 多个企业家参加了会议，参会的企业主要来自酒类、茶叶类、食品类、陶瓷类、疫情防护用品等行业，并在各自领域取得了不俗的成绩，其中吕梁野山坡食品有限责任公司申报的“野山坡”沙棘汁荣获金奖。

野山坡沙棘汁

通过全国企业信用信息查询平台——企查查搜集沙棘企业相关信息，全国注册与沙棘相关的企业共 2051 家，其中：种植合作社 542 家，加工企业 228 家，营销企业 1281 家。事实上，许多加工企业也从事营销，为避免数据混乱，这类企业数未计入营销企业中。

全国各类沙棘企业分布情况

单位：个

省（自治区、直辖市）	总数	种植合作社	加工企业	营销企业	省（自治区、直辖市）	总数	种植合作社	加工企业	营销企业
山西	431	199	45	187	安徽	14	2	2	10
甘肃	218	64	24	130	湖南	9	0	1	8
黑龙江	187	82	17	88	江苏	9	1	5	3
内蒙古	171	29	21	121	福建	7	1	1	5
青海	163	56	16	91	湖北	7	0	0	7
吉林	157	0	13	144	浙江	7	1	1	5
新疆	137	40	21	76	贵州	6	2	2	2
辽宁	135	30	15	90	江西	6	0	0	6
陕西	91	8	12	71	云南	6	2	2	2
河北	86	3	10	73	北京	5	0	3	2
四川	42	12	5	25	海南	5	0	0	5
山东	38	0	1	37	广西	4	0	1	3
河南	30	1	5	24	重庆	2	0	0	2
广东	27	0	1	26	上海	1	0	0	1
宁夏	25	1	3	21	合计	2051	542	228	1281
西藏	25	8	1	16					

对228家沙棘加工企业按注册资金进行排序，1亿元以上的仅2家，10万元以下的3家，1000万～2000万元间的企业数最多，达55家。总的来看，注册资金2000万元以下的企业184家，占企业总数的81%。

全国沙棘加工企业注册资金情况

注册资金/万元	个数	注册资金/万元	个数
>10000	2	600～700	4
9000～10000	2	500～600	29
6000～9000	1	400～500	4
5000～6000	10	300～400	15
4000～5000	2	200～300	13
3000～4000	13	100～200	31
2000～3000	14	10～100	26
1000～2000	55	<10	3
900～1000	1	合计	228
800～900	3		

经过35年的可持续发展，我国沙棘产业已具相当规模，“三北”地区形成了几家颇具影响力且各具特色的优秀沙棘企业，如黑龙江省长乐山大果沙棘开发公司主产的大果沙棘饮品，内蒙古宇航人高技术产业有限责任公司、河北神兴沙棘保健品有限公司、甘肃艾康沙棘制品有限公司均主产沙棘保健品和护肤品，山西吕梁野山坡食品有限责任公司、山西维仕杰食品饮料有限责任公司、新疆慧华沙棘生物科技有限公司均主产沙棘饮料食品，陕西海天制药有限公司专业开展沙棘制药，新疆康元生物科技有限公司主产以冻干粉为特色的沙棘饮料食品，青河县隆濠生物科技发展有限公司主产沙棘茶等。

长乐山（黑龙江孙吴）

鼎鑫（黑龙江延寿）

朝阳智慧（辽宁建平）

宝得瑞（北京）

神兴药业（河北石家庄）

承德宇航人（河北承德）

宇航人（内蒙古和林格尔）

天骄（内蒙古鄂尔多斯）

国内知名沙棘加工企业（一）

野山坡（山西文水）

五台山（山西五台）

海天制药（陕西西安）

甘农生物（甘肃华池）

艾康（甘肃漳县）

慧华（新疆青河）

康元（新疆哈巴河）

布尔津汇源（新疆布尔津）

康普（青海西宁）

完美（广东中山）

国内知名沙棘加工企业（二）

我国规模较大的沙棘加工企业有20余家，占沙棘加工企业总数的1/10，每家年产值2亿～3亿元。根据我国规模以上工业企业占全国工业企业总数的20%、产值占90%的基本国情，参照我国沙棘加工企业年产值在20世纪90年代为2亿～3亿元、21世纪初为20亿～30亿元、2015年为60亿元的实际情况，在调查了规模以上的占10%的沙棘企业年产值后，估计全国沙棘加工企业目前的年产值约为70亿元；按6%的利润率，年利润应能达到4亿多元。

目前，一些较大的沙棘加工企业都十分注重资金、设备、产品、人才、科研及市场等方面的投入，推动了沙棘开发利用和发展。国内沙棘产业发展具有以下4个特征：

（1）生产原料基本来源于当地的收购，但在具体生产中，考虑到产品的风味，会适当调入外地资源，将外地和当地品种以不同比例混合使用。在原料储备上，通常都会储备0.5～1年的原料，以满足生产需要。

（2）沙棘主产区都在力争优化沙棘产业工业化原料基地，为产业持续高速发展打造良好的资源基础。

（3）产品研发多是基于对原料粗加工后的简单再利用，而面向高端市场的产品凤毛麟角。在几乎每家企业都共有的沙棘初加工工艺方面，多数企业在生产过程中运用了纯果压榨机、破碎机、高速离心机等先进设备，并拥有瓶装、罐装等自动生产流水线，大大提高了生产效率。

（4）产品的销售方面，企业既与超市、专销店或销售企业合作销售，也包括给餐馆、宾馆、酒店提供专供产品等，也有部分产品（多为原料）远销国外。

我国与沙棘产品有关的企业，主要包括原料初加工、有效成分提取、饮料类产品生产、保健品类产品生产、药用类产品生产、化妆品类产品生产、其他类产品生产。

1. 原料初加工

原料初加工企业涉及将收购的沙棘带枝果分离，然后经压榨，获得果汁、果油、种子、果皮、果渣、果泥的诸环节。

果实速冻设备

沙棘脱果设备

果实清洗设备

果实缓冲罐

沙棘果实处理分离压榨设备（内蒙古鄂尔多斯）（一）

果实涡轮分离机

果实碟片分离机

沙棘果实处理分离压榨设备（内蒙古鄂尔多斯）（二）

高原圣果沙棘制品有限公司有关果实处理分离压榨设备生产线，在 20 世纪初曾经拥有自主开发知识产权，在国内处于领先地位，包括果实速冻、脱果、清洗、压榨、分离等主要工艺设备。

沙棘果枝经冷冻分离后，能得到较为纯净的果实和果枝两大部分，这是整个沙棘加工企业面临的第一个环节，当然采用手工采摘、打冻果工艺的企业除外。

分离后的中国沙棘纯果和枝条

通过压榨果汁，可获得沙棘果汁和果油等主要产品。

压榨果汁后，还有沙棘种子、果皮、果渣和果泥等副产品。

沙棘果汁、果油分离设备（新疆青河）

种子

果皮

果渣

果泥

沙棘原料分离（山西文水）

沙棘果汁、果油和种子实际上就是初级产品，可直接作为产品销售，或作为下一步加工利用的原料；而果皮、果泥和果渣则可作为原料，用于下一步生产，如果皮用于提取黄酮，果泥和果渣用于饲料或食用菌基料生产等。

2. 有效成分提取

有效成分提取一般指从沙棘种子中提取籽油和黄酮等的过程。目前提取籽油较为先进的工艺仍为超临界 CO_2 萃取法。

德国伍德公司制造设备

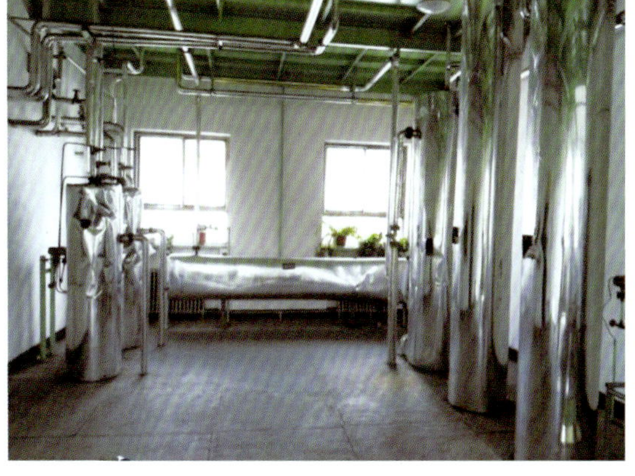

中科院研发设备

科林公司的超临界 CO_2 萃取法主要设备（山西太原）

宇航人公司的超临界 CO_2 萃取法主要设备（内蒙古和林格尔）

原花青素、酵素、白黎芦醇、白雀木醇、5-羟色胺等有效成分的提取也有研究涉及，但尚未进入工业化提取地步。

3. 食用类产品开发

食用类产品在沙棘诸产品中属于低档产品，门槛低，但市场大，主要产品涵盖了饮料、食品两大类诸多产品。国内各大沙棘加工企业，所用这类设备虽然各具特点，但普遍大同小异。

山西汇源果园生物科技有限公司的沙棘果汁加工有关设备，包括了各类灌装机。

高原圣果沙棘制品有限公司的沙棘果汁加工生产线，有果汁高温灭菌、无菌灌装、浓缩汁加工等设备。

北京宝得瑞公司的沙棘果汁加工，拥有较为先进的杀菌机和饮料灌装机等设备。

完美（中国）有限公司的食品类有关加工设备，有配料罐、杀菌机、灌装机和包装机等。

鄂尔多斯天骄公司的醋加工车间及设备，有酒精发酵、醋酸发酵、熏醅、陈化等车间，是国内目前规模最大的沙棘醋生产企业。

山西汇源献果园生物科技有限公司的沙棘果汁加工设备

果汁高温灭菌设备

果汁无菌灌装设备

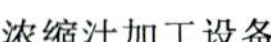

浓缩汁加工设备

果汁处理车间

高原圣果沙棘制品有限公司的沙棘果汁加工设备

杀菌机

饮料罐装机

北京宝得瑞公司的沙棘果汁加工设备

配料罐

高温瞬时杀菌机

灌装机

包装机组

完美（中国）有限公司的食品类加工设备

酒精发酵车间

醋酸发酵车间

熏醋车间

陈化车间

鄂尔多斯天骄公司的醋加工车间

新建厂区在湖北武汉的宝得瑞公司，其沙棘果粉加工生产线有配料杀菌、喷雾干燥和包装设备等。

配料杀菌线

压力喷雾干燥系统

正相气力混合与暂存系统、除铁给料、螺旋填料、真空封口、缝包封箱机组

宝得瑞公司的沙棘果粉加工生产线

青河县隆濠生物科技发展有限公司沙棘茶加工的有关设备，包括从杀青、揉捻、炒制、飘扬等工序，是目前国内最大的专业沙棘茶加工厂家。

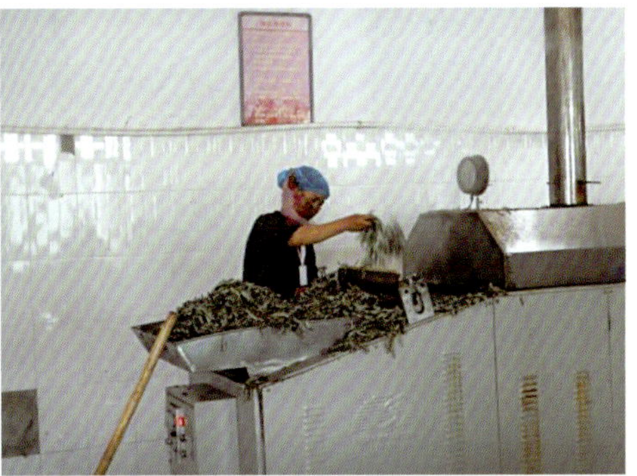

隆濠公司的沙棘茶加工设备（一）

隆濠公司的沙棘茶加工设备（二）

完美（中国）有限公司的复方保健茶主要加工设备更为先进，自动化程度更高。

无尘投料器

自动提升料斗混合机

高速水平分装机

自动装盒机

完美（中国）有限公司的复方保健茶加工设备

（1）沙棘汁。在我国，沙棘汁产品目前分沙棘原汁（原浆）、清原汁和浓缩汁等类，在沙棘企业中属于大路产品，所占货源比例和市场均最大。

（2）沙棘复合饮料。沙棘与其他果汁间生产的复合饮料，已经成为近年来出现的一个新趋势。

沙棘汁产品

沙棘胡萝卜复合饮料

沙棘枸杞复合原浆

沙棘蜂蜜原浆

(3) 沙棘固体饮料。沙棘固体饮料有沙棘原粉、沙棘晶、沙棘冷冻果粉等。实际上，沙棘茶也应该算是一类固体饮料。

沙棘固体饮料

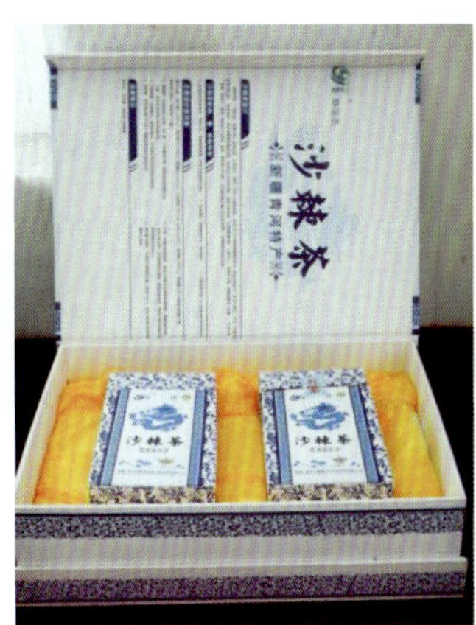

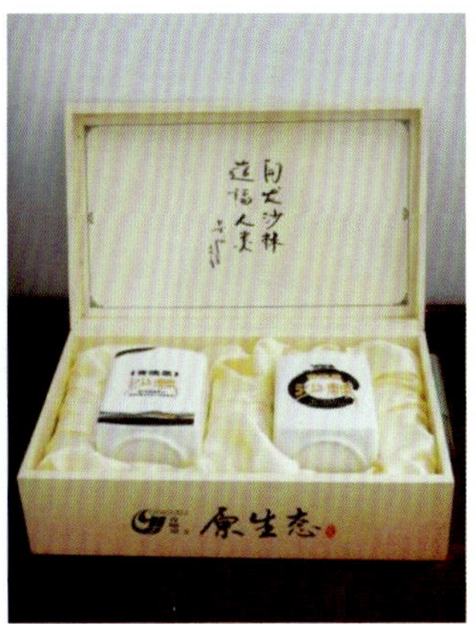

各种沙棘茶叶

沙棘固体饮料中也已开发出了复合饮料，如青稞沙棘粉、沙棘蓝莓蛋白质粉等。

沙棘复合固体饮料

（4）沙棘白酒。利用沙棘作为原料生产白酒，一直是沙棘产区的一种特色沙棘产品。

沙棘白酒

（5）沙棘果酒。沙棘果实酸甜适中，更是做果酒、冰酒的优良原料。

沙棘果酒

（6）沙棘食品。以沙棘果实为主要原料的食品，包括沙棘果酱、果粉、果糕、饼干、沙棘醋和酱油等。

琳琅满目的沙棘食品

（7）沙棘食品添加剂。沙棘果实可用于加工生产沙棘酱油、沙棘醋等，这些产品属于食品添加剂中的咸味剂。

沙棘醋产品

沙棘酱油产品

（8）沙棘食材。其实，沙棘果实还是十分重要的一种食材。沙棘果实可以像枸杞一样，作为炖菜、炒菜和甜菜等的重要食材，创新菜品，增色添味，特别是有助于形成药膳，吃出健康。下面是一些沙棘甜食菜品。

沙棘藕片　沙棘日本豆腐
沙棘雪梨　沙棘老倭瓜
沙棘红薯　沙棘黄米饭
沙棘蛋花汤　酒酿沙棘羹

沙棘甜食菜品

4. 保健品类产品开发

保健品类产品是沙棘加工方面较上档次的一类，企业十分重视，加之沙棘油、黄酮的宣传效果不错，因此沙棘保健品市场的潜力很大。我国一旦是上了档次的沙棘加工企业，基本上都会上沙棘保健品生产线。

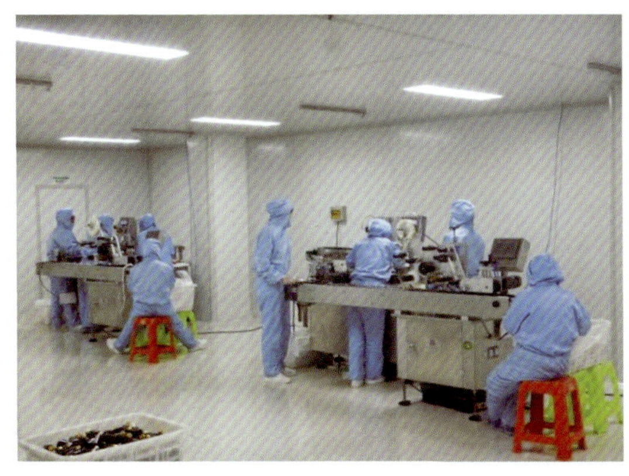

山西五台山公司的沙棘口服液生产线

山西五台山公司沙棘软胶囊生产线

完美（中国）有限公司沙棘软胶囊生产线，包括有胶体磨、配料罐、化胶罐、压丸机和包装机等设备。

胶体磨

配料罐

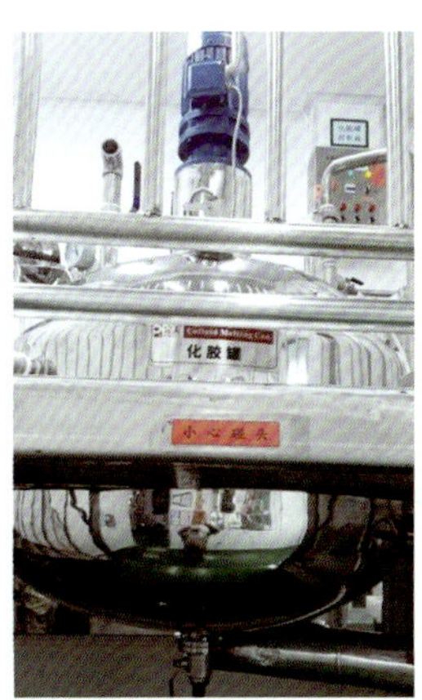

化胶罐

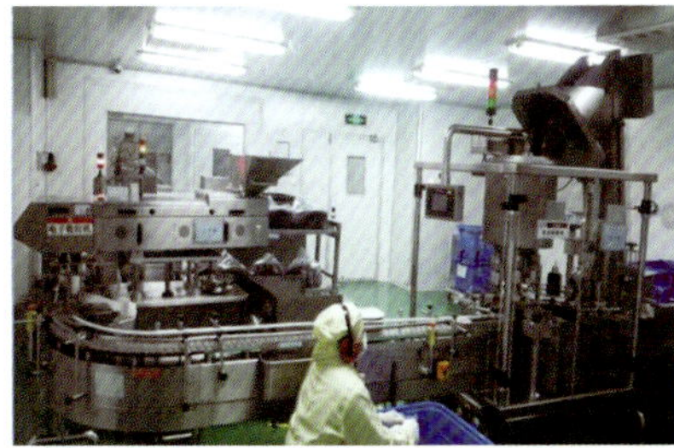

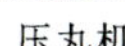
压丸机

包装机组

完美（中国）有限公司的沙棘软胶囊生产线

宇航人公司的沙棘冲剂生产设备，主要有粉碎机、槽型混合机、摇摆颗粒机、热风循环烘箱、三维运动混合机、颗粒包装机等。

粉碎机

槽型混合机

摇摆颗粒机

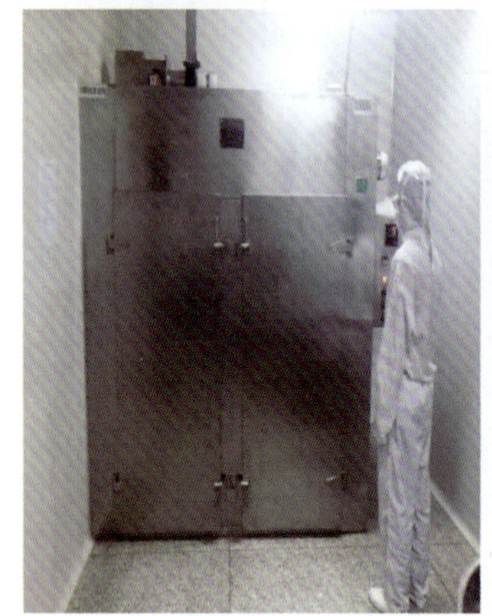

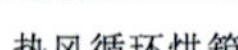

热风循环烘箱

三维运动混合机

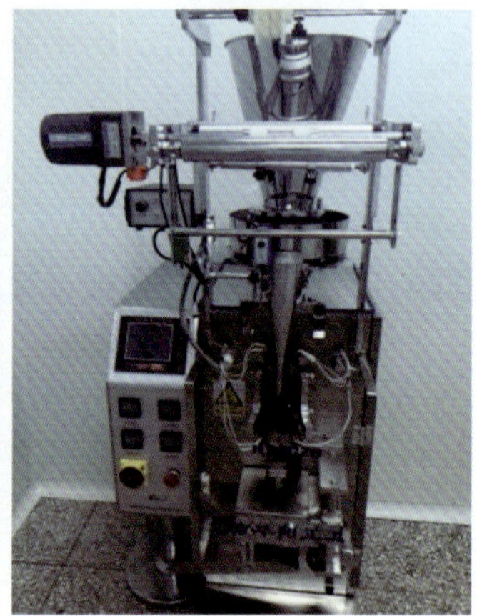

颗粒包装机

宇航人公司的沙棘冲剂生产设备

沙棘保健品也分为不同的种类，如具有调节血脂、增强免疫力、缓解体力疲劳、美容祛斑与抗氧化等保健作用的产品。

具有调节血脂作用的部分沙棘保健品

生产企业	产品名称	成　分	保健作用	企业所在地
北京星龙萃取工程有限公司	青海青牌天然沙棘籽油	野生沙棘籽	调节血脂	北京
北京家人康健网络科技有限公司	嘉仁牌紫微新胶囊	沙棘提取物、丹参提取物、银杏叶提取物等	辅助降血脂、增强免疫力	北京
运城市紫苑中医老年病研究所	紫苑牌沙乌胶囊	沙棘、何首乌、山楂等	调节血脂	山西运城
云南广泰生物科技开发有限公司	广泰牌沙棘红花软胶囊	红花油、沙棘油、银杏叶提取物、蜂蜡	增强免疫力、辅助降血脂	云南楚雄
陕西天龙生物科技有限责任公司	天利舒牌奥特丽尔胶囊	绞股蓝、女贞子、葛根、沙棘、桑叶、蜂胶	辅助降血脂	陕西西安
深圳市韦泓生物工程有限公司	韦泓牌糖脂轻口服液	沙棘、枸杞子、决明子等	调节血糖、调节血脂	广东深圳

续表

生产企业	产品名称	成　　分	保健作用	企业所在地
广东九极日用保健品有限公司	九极牌欣泰口服液	银杏叶、薤白、香菇、沙棘等	辅助降血脂	广东广州
西藏央科生物科技有限公司	央科牌藏丹清心胶囊	红景天、沙棘、葛根、山楂等	耐缺氧、调节血脂	西藏拉萨
青岛康地生物科技有限公司	众甫牌大蒜沙棘油软胶囊	大蒜油、沙棘油、玉米油	调节血脂、免疫调节	山东青岛
神威药业有限公司	神威牌沙棘油丸	沙棘籽油	调节血脂（降低总胆固醇）、免疫调节	河北石家庄
西安申大科技发展有限公司	华盛牌绞股蓝沙棘软胶囊	沙棘鲜果、绞股蓝	调节血脂	陕西西安
陕西汉森药业有限责任公司	元亨利牌益康软胶囊	绞股蓝皂甙、沙棘油	调节血脂	陕西西安
北京继春堂医药保健品厂	圣首牌圣首胶囊	紫苏籽油、沙棘籽油、银杏叶提取物等	改善记忆、调节血脂	北京大兴
成都瑞翔生物技术有限公司	青娜牌青娜油软胶囊	青刺尖果油、沙棘油、山楂提取物、红景天提取物	调节血脂、耐缺氧	四川成都
成都博瑞医药科技开发有限公司	天九牌甘之清软胶囊	沙棘油、月见草油、五味子	调节血脂、对化学性肝损伤有辅助保护作用	四川成都
青海油田诚信（劳动）服务有限责任公司	时代血脂灵胶囊	螺旋藻、决明子、山楂、沙棘等	调节血脂	甘肃敦煌
甘肃省轻工研究院	健秾牌沙棘苏子油软胶囊	沙棘籽油、紫苏籽油	调节血脂	甘肃兰州
武汉名实生物医药科技有限责任公司	名实牌金芯宝胶囊	葡萄籽提取物、大豆卵磷脂、葛根、银杏叶、沙棘	调节血脂、耐缺氧	湖北武汉
山西润生堂生物工程有限公司	爱心果健康功能饮料	沙棘汁、乳酸细菌培养液	调节血脂	山西太原
内蒙古复旦蒙耀生物技术有限责任公司	复旦蒙耀牌沙棘血脂康片	沙棘、枸杞、山楂提取物、茶多酚	调节血脂	内蒙古呼和浩特

具有增强免疫力作用的部分沙棘保健品

生产企业	产品名称	成　　分	保健作用	企业所在地
义乌市宁瑞保健食品销售有限公司	远润牌沙棘黄芪复合氨基酸胶囊	沙棘、黄芪、山药等	增强免疫力	浙江义乌
北京蜂之巢蜂业有限公司	蜂之巢牌从容软胶囊	蜂胶、沙棘籽油	增强免疫力	北京
成都百草中医药应用开发有限责任公司	吉草牌天棘软胶囊	沙棘籽油、红景天提取物等	缓解体力疲劳、增强免疫力	四川成都
无锡市天赐康生物科技有限公司	好辰光牌王浆沙棘软胶囊	蜂王浆冻干粉、沙棘果油等	增强免疫力	江苏无锡
吉林市新科奇保健食品有限公司	欣科奇牌铁笛软胶囊	沙棘籽油、蜂胶等	增强免疫力、对胃黏膜损伤有辅助保护功能	吉林吉林
吉林市新科奇保健食品有限公司	欣科奇牌藏福康口服液	黄芪、黄精、枸杞子、红景天、沙棘	增强免疫力、对辐射危害有辅助保护功能	吉林吉林
西安天远医药科技开发有限公司等	天远牌参灵片	红景天提取物、沙棘提取物、灵芝提取物、人参提取物	对辐射危害有辅助保护功能、增强免疫力	陕西西安

续表

生产企业	产品名称	成　分	保健作用	企业所在地
西安绿秦生物医药科技有限公司	盛坤牌芪贞胶囊	黄芪、沙棘、女贞子、人参	增强免疫力	陕西西安
北京东方艾仁生物科技有限公司	平衡牌山茱萸人参香菇胶囊	山茱萸、沙棘、沙苑子、人参、香菇	增强免疫力和缓解体力疲劳	北京
雅芳（中国）有限公司	益美高牌沙棘油胶囊	沙棘油、维生素E	免疫调节	广东广州
西安南康生物工程有限公司	陕科牌青霞胶囊	茯苓、牡蛎、杜仲、远志、沙棘、人参	改善睡眠、增强免疫力	陕西西安
Han Sheng Tang Herbal Technologies Co., Ltd.	汉生堂牌资癸元阳胶囊	淫羊藿、红景天、黄精、黄芪、沙棘	增强免疫力、缓解体力疲劳	香港
哈尔滨今日腾飞生物科技有限责任公司	君再升牌姬针胶囊	姬松茸提取物、金针菇提取物、速溶沙棘粉、硒化卡拉胶	增强免疫力	黑龙江哈尔滨
西安南康生物工程有限公司	得健牌力源葆胶囊	黄精、枸杞子、山茱萸、淫羊藿、沙棘	增强免疫力、缓解体力疲劳	陕西西安
四川央金藏药科技有限公司	三智金牌红力胶囊	灵芝、沙棘、红景天等	提高缺氧耐受力、增强免疫力	四川成都
北京圣天方医药科技研究院	净宝牌精采胶囊	黄芪、当归、人参、三七、沙棘等	增强免疫力	北京
陕西君碧莎制药有限公司	君碧莎牌欣维沙颗粒	沙棘、酸枣仁、五味子、茯苓	改善睡眠、增强免疫力	陕西咸阳
新疆景华天宝科技发展有限公司	沙棘油凝胶糖果	沙棘油	提高免疫力	新疆乌鲁木齐
西藏央科生物科技有限公司	央科藏域牌红景天胶囊	红景天、沙棘、西洋参、葛根、刺五加等	提高缺氧耐受力、增强免疫力	西藏拉萨
陕西蓝枫保健有限公司	国老牌问肝茶	山药、黄芪、沙棘等	免疫调节、对化学性肝损伤有辅助保护作用	陕西西安
陕西艾康沙棘制药有限公司	仁鹤牌君康源口服液	沙棘原汁、山楂、山药、大枣等	免疫调节	陕西西安
孝义市华禄鹿业有限责任公司	华鹿牌四合饮料	鲜马鹿茸、枸杞子、大枣、沙棘等	增强免疫力、缓解体力疲劳	山西孝义
北京永鼎医药创业投资有限公司	永鼎牌玫瑰软胶囊	玫瑰花油、沙棘籽油、大蒜油	增强免疫力	北京
和黄健宝保健品有限公司	维特健牌沙棘油丸	沙棘提取物	免疫调节	上海
山东寿光圣海保健品有限公司	益普利生牌大豆磷脂维E软胶囊	大豆磷脂、沙棘果油、维生素E	增强免疫力	山东寿光
山东永春堂集团有限公司	永春堂牌康乐胶囊	黄芪、西洋参、沙棘	增强免疫力、缓解体力疲劳	山东泗水
西安安正生物技术研发有限公司	塑姗牌沙芪胶囊	黄芪、沙棘、枸杞子等	增强免疫力、缓解体力疲劳	陕西西安
内蒙古草原兴发股份有限公司	草原牌草原羊胎口服液	羊胎及羊胎盘、沙棘、枸杞子、龙眼	免疫调节	内蒙古赤峰

具有缓解体力疲劳作用的部分沙棘保健品

生产企业	产品名称	成　分	保健作用	企业所在地
陕西华宇生物药业有限公司	奇邦特牌精棘胶囊	黄芪、沙棘、人参等	缓解体力疲劳	陕西西安
湖北真浩生物工程有限公司	真浩牌太子参黄精胶囊	太子参、淫羊藿、沙棘等	缓解体力疲劳	湖北公安
武汉国健科技有限公司	国健牌木酒	银杏叶、黄芪、沙棘等	缓解体力疲劳	湖北武汉
西安英美生物工程有限公司	水龙牌唯耐斯胶囊	黄芪、淫羊藿、沙棘、山茱萸	缓解体力疲劳	陕西西安

具有美容祛斑与抗氧化作用的沙棘保健品

生产企业	产品名称	成　分	保健作用	企业所在地
九三集团哈尔滨惠康食品有限公司	欣姿伴侣牌柏健软胶囊	沙棘油、天然维生素E、葡萄籽提取物等	抗氧化	黑龙江哈尔滨
九三集团哈尔滨惠康食品有限公司	欣姿伴侣牌斑比软胶囊	山楂提取物、当归提取物、天然维生素E、沙棘油等	祛黄褐斑	黑龙江哈尔滨
甘肃奇正藏药有限公司	奇正牌珍珠红花片	沙棘、枸杞子、当归等	祛黄褐斑、改善营养性贫血	甘肃榆中
西安五洲皮肤美容研究所	伊人秀牌怡人胶囊	山楂、大枣、沙棘、薏苡仁	祛黄褐斑	陕西西安
西安利君制药有限责任公司	升态牌双抗口服液	沙棘汁、辅酶Q10、葡萄籽提取物等	延缓衰老、抗疲劳	陕西西安

不过目前沙棘保健品类还多处于初级阶段，基本上为沙棘油（籽油、果油）、黄酮、原浆的口服液胶囊或冲剂，其他提取物的保健品还较少。

5. 药用类产品开发

沙棘药用类产品的潜力很大，但目前开发出的“准”字号药较少，在功能主治方面主要偏重心脑血管、“三高”方向。

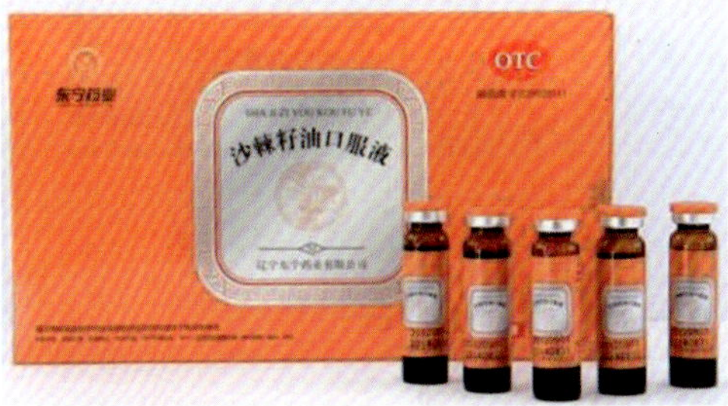

常见沙棘保健品（一）

常见沙棘保健品（二）

四川美大康药业股份有限公司是我国最早研发出沙棘药品的公司之一，主要成分为沙棘的“心达康”属处方药物，位列国家药保目录（乙类），也是中药保护品种二级。“心达康”通过增加心肌血流量，对心肌缺血有显著保护作用；可降压及保护靶器官作用；还可降低血清胆固醇、甘油三酯；提高机体免疫功能，延缓衰老作用。主要用于心气虚弱、心脉瘀阻、痰湿困脾所致心慌、心悸、心痛、气短胸闷、血脉不畅、咳累等症。

陕西海天制药有限公司是西安交通大学医学院教学科研基地、陕西中医药大学药学院教学实验基地，公司前身是成立于1987年的国有企业陕西秦永沙棘制药有限公司，2001年完成更名改制，历经30余载，企业规模不断壮大、经济实力日渐雄厚，海天品牌和影响力广泛提升，已发展成为集药品、沙棘系列健康食品、化妆品和保健品研发、生产和销售于一体的集约化大健康产业集团。

海天制药旗下拥有12家子公司和2家分公司，拥有4个药品生产基地、1个沙棘籽油萃取分厂和1个沙棘果加工分厂，分别位于西咸、旬邑、永寿、杨凌等地，2016年公司收购陕西嘉德生物科技公司拥有国内最大的（德国原装进口）二氧化碳超临界萃取生产线，2017年建成了我省首家全面实现中药提取自动化的生产线，2018年收购内蒙古佳合药业公司，成为国内拥有以沙棘为主要原料药品文号最多的制药企业。

部分沙棘药品的成分和功能

产品名称	成 分	功 能 主 治	生 产 企 业
藏降脂胶囊	藏锦鸡儿、沙棘膏等	高脂血症	青海金诃藏药药业股份有限公司
枸杞消渴胶囊	鲜沙棘、鲜枸杞子等	益气养阴，生津止渴。用于气阴两虚所致消渴，Ⅱ型糖尿病见上述证候者	
心脑欣胶囊	红景天、枸杞子、沙棘鲜浆	益气养阴，活血化瘀。用于气阴不足，瘀血阻滞所引起头晕，头痛，心悸，气喘，乏力，缺氧引起的红细胞增多症见上述证候者	三普药业股份有限公司
通心舒胶囊	沙棘总黄酮、丹参提取物	益气行滞，化瘀止痛。用于气虚血滞，胸痹心痛，心悸气短；冠心病心绞痛见上述证候者	青海柴达木高科技药业有限公司
沙棘糖浆	沙棘果汁等	止咳祛痰，消食化滞。用于咳嗽痰多，消化不良，食积腹痛	内蒙古大唐药业
天参胶囊	红景天、丹参、沙棘鲜浆等	益气行滞，化瘀止痛。用于气滞血瘀所致冠心病心绞痛	三普药业股份有限公司
参鹿扶正合剂、胶囊	人参、沙棘等	扶正固本，滋阴壮阳，解毒散结。用于阴阳两虚所致的神疲乏力，头晕耳鸣，健忘失眠，腰膝酸痛，肢节痛痹，阳痿早泄，夜尿频多及癌症放疗、化疗的辅助治疗	青海大地药业有限公司

海天制药总占地面积合计500多亩，已累计完成投资10.5亿元，共拥有百余个药品批准文号和栓剂、片剂、胶囊剂、颗粒剂、洗剂、搽剂等各类中药剂型生产线20余条，可满足各类中药剂型药品生产需要。现年处理加工各类中药材6000t，年产各类中药产品6000多万盒，年产沙棘籽油30t，年处理沙棘果4000多t。

海天制药成立至今已累计实现产值70多亿元，年平均增速均超过30%，2019年企业总产值11亿元，同比增长32%，上缴税金9600多万元。先后荣获国家、省市各级荣誉60多项。

海天制药拥有的“准”字号沙棘药有5种：

复方沙棘籽油栓 国药准字Z19991076。

沙棘干乳剂 国药准字B20021064。

沙棘颗粒 国药准字Z15020710。

沙棘籽油口服液 国药准字B20020657。

沙棘籽油软胶囊 国药准字B20020627。

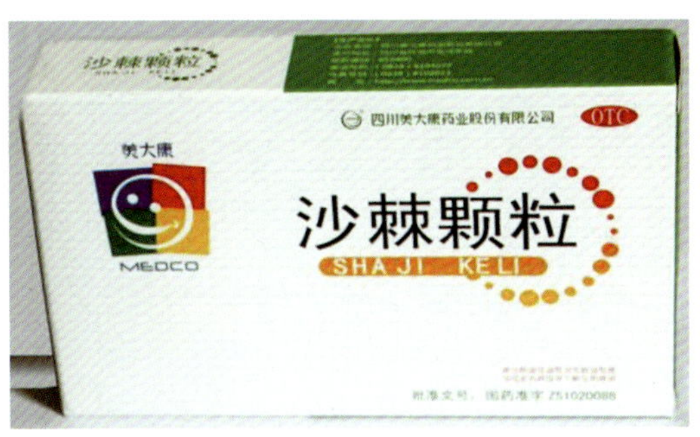

获“药准字号”的我国部分沙棘药品（一）

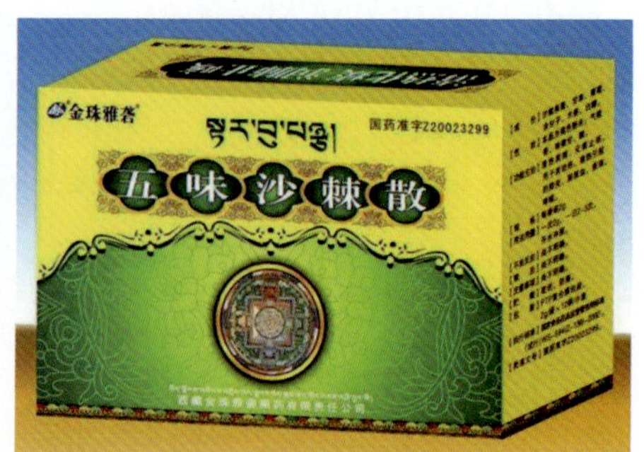

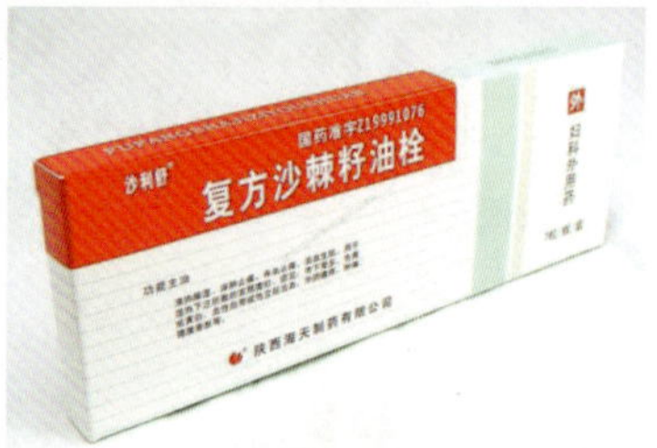

获“药准字号”的我国部分沙棘药品（二）

宇航人公司生产的五味沙棘颗粒（国药准字 Z20050364），以沙棘膏、木香、白葡萄干、甘草、栀子为主要原料，用于肺热久咳、喘促痰多、胸中满闷、胸胁作痛、慢性支气管炎等症。

宇航人公司中药车间主要提取设备

6. 化妆品类产品开发

我国从事沙棘化妆品类产品生产的企业很少，以宇航人公司为业类翘楚。

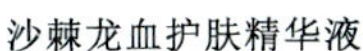

沙棘龙血护肤精华液

清玉珍珠沙棘活肤霜

眼眸精质霜

宇航人公司化妆品生产的乳化车间

几款沙棘洗发用品

宇航人公司的部分化妆产品

不过，近年来国内一些小型企业或作坊，也开始涉足沙棘化妆品行业，其产品面向普通百姓，很受大众青睐。下面为 2020 年 10 月在山西太原召开的全国沙棘学术交流会上展示的部分沙棘化妆类产品，构思精巧，做工考究。

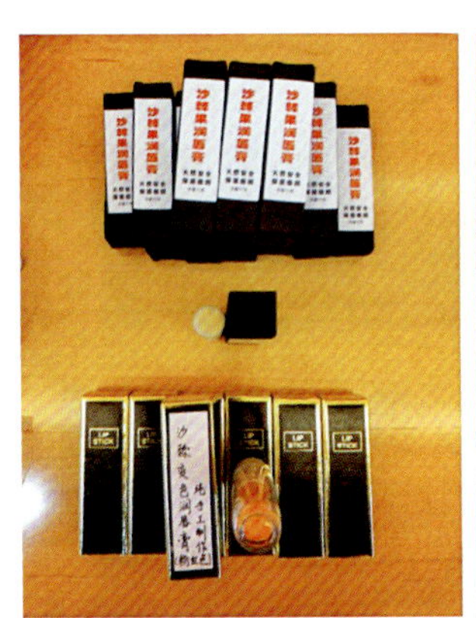

一些手工制作的沙棘化妆产品

7. 其他类产品开发

沙棘除了围绕果实、叶子等原料进行开发而外，沙棘枝干以及沙棘果叶加工过程中产生的渣料等，还是优良的原料，可用于加工饲料添加剂（或预饲料）、食用菌基料、颗粒燃料以及人造板等。

沙棘地上部分的开发，完全可以做到无废料利用。

同时，沙棘工业原料林本身，也是林下养殖、观光采摘、主题旅游等的优质资源。

林下养殖业（新疆额敏）

沙棘采摘文化节（黑龙江林口）

沙棘观摩采摘（新疆额敏）

（二）市场营销循序渐进

沙棘丰收采摘节（新疆青河）

35年间的大部分时间，沙棘的营销主要以专卖店等方式销售，部分沙棘产品在商场中销售。不过近年来，随着移动互联网的不断发展和智能手机的普及，我国正在成为一个电商销售的大国，沙棘产品的线上消费也一样越来越成为主流消费方式。如将线上销售称为“新零售”，则线下销售可称为“传统零售”，实体店的叫法也应运而生。全国沙棘产品的销售额，一般规律是围绕年产值波动，或高或低，但多年平均值应与年产值基本持平。据此，粗估目前我国沙棘产品的年销售额约70亿元。

1. 传统销售

传统销售模式是早期绝大部分企业选择的销售模式，包括代理商、经销商和直营等多种模式。沙棘企业也不例外。

在20世纪80—90年代，沙棘产品都通过实体店销售，在北京、西安等少数几个大城市都有设店，开展沙棘产品销售。

全国第一个沙棘产品展示窗口——北京沙棘技术产品经销部（全国沙棘产品展销中心）于1994年9月在北京月坛北小街设立，全国政协副主席钱正英题写了店名。这一窗口一直延续至今，现为高原圣果专卖店。

北京
沙棘产品经销部
钱正英
一九九四年九月

高原圣果公司沙棘产品专卖店（北京）

此后，沙棘专卖店、经销店在全国各地不断建立。截至目前，沙棘产品的传统营销，仍在全国许多大中城市屡见不鲜，且多以专卖店、商场中的专区和专柜等形式销售。

王小棘沙棘专卖店（黑龙江林口）

沙漠之花沙棘产品经销店（内蒙古敖汉）

野山坡公司沙棘产品专卖店（山西文水）

宋家沟沙棘药茶经销店（山西岢岚）

鼎鑫沙棘专卖店（河北迁西）

天天沙棘专卖店（陕西安康）

副食店中的沙棘专区（山西交口）

超市中的沙棘专柜（陕西安康）

校园内超市中的沙棘专柜（陕西安康）

有些沙棘企业成立了养生会馆、体验店等，以吸引更多的顾客来了解沙棘、喜欢沙棘，进而购买沙棘产品。

沙棘养生会馆（黑龙江宝清）

沙棘养生馆（山西太原）

沙棘体验店（甘肃华池）

新疆景华天宝科技发展有限公司在致力于沙棘产品电商服务的同时，创建了独特的线下营销体系，在酒类直供店、特产店、超市、茶院和婴幼儿食品店中寻得一席之地，销售适销对路的沙棘产品。目前产品除在新疆销售外，还远销江浙等地。

新疆阿勒泰

江苏常州

景华天宝的沙棘产品销售体系（一）

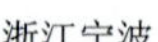
浙江宁波

浙江余姚

湖南株洲

景华天宝的沙棘产品销售体系（二）

2015 年 3 月 25 日，商务部对外公告，内蒙古宇航人公司获取了直销筹备许可证，随后的相关信息迅速引爆媒体，“商务部布告宇航人获直销执照，打造全国沙棘第一品牌”“商务部启示：宇航人是全国第 50 家拿牌直销企业”“中国首张少数民族自治区直销执照落户内蒙古”“我区成 5 个自治区首张直销执照具有者”……2015 年 4 月 12 日，宇航人直销执照揭牌典礼隆重举办。之后直销业务一直不错，不过近两年受天津权健事件影响，直销业务大为萎缩。

2017 年以来，“沙棘圈”启动了“1000 家沙棘实体店流量扶植计划，O2O 共享模式开始”项目，以不断推荐优质沙棘实体店卖家。此后的工作顺利开展，截至 2019 年年底已新建或加盟的沙棘产品实体店已有 100 多家。2020 年受新冠肺炎疫情的影响严重影响了这项工作，但后续的推广方案已经制订，相信下一年工作会有大的推进。

2019 年 4 月 10 日，孙吴沙棘消费扶贫办公室成立仪式暨沙棘优选电商平台启动大会在黑龙江省哈尔滨召开。来自全国各地的沙棘企业、销售以及爱好者 100 多人也光临参加了会议。孙吴县政府负责人详细介绍了孙吴县的地理环境等相关情况，并指出自 1999 年发展沙棘产业以来，举全县之力深入实施发展战略，2003 年确定了“沙棘立县”战略，沙棘产业在全县铺开。孙吴沙棘扶贫办公室的成立，是切实解决全县大果沙棘产品销路，是促进孙吴县沙棘产品与市场需求有效对接的重要途径，更是带动贫困人口增收脱贫的有效措施！随后，沙棘优选电商平台沙棘优选超市暨孙吴沙棘扶贫办公室全国运营中心在黑龙江省哈尔滨市启动。孙吴沙棘扶贫办公室的成立及运营，也为全国贫困地区发展地域经济，尤其是为其他沙棘产区树立了可供参考的运作模式，必将助力全国沙棘产业，推进沙棘事业实现新的腾飞。

沙棘优选哈尔滨专卖店

2019 年 7 月 28 日，沙棘之家沙棘优选超市合肥专卖店开业，来自安徽、陕西、新疆等地的沙棘企业、沙棘代表等 400 余人参加了此次开业庆典。该专卖店将通过线下实体店结合线上互联网平台，创造良好的沙棘营销环境，将沙棘产业最优质的沙棘产品直观地展示给消费者。

沙棘优选合肥专卖店

沙棘优选超市太原店

总的来说，电商对传统销售已经造成了巨大的影响。在新的消费环境条件下，沙棘实体店等传统企业有无活路生存？沙棘圈发动的“1000 家沙棘实体店流量扶植计划”已经做了很好的探索。下面是对整体行业传统销售的三点思考：

首先，放弃自卖自夸的推广方式，改变以往诸如强势来袭、最佳、最大等生硬粗暴的推广用语，更多去创造消费者的需求，比如“小饿小困，喝点香飘飘”。

其次，无沟通，不销售。销售实现已经无法与销售沟通分割。营销沟通说白了，就是怎么让消费者认知、怎么让购物者亲近、怎么让用户喊好。但是不要把营销沟通简单定义为 VI、广告和公关等。可以多尝试结合全新的媒体与自媒体形式，诸如社群营销等方法，让受众觉得有需求，好玩，先聚粉再营销。正如雷军说的，“因为米粉，所以小米”。

最后，新的消费环境下，线上线下已经无法分割。占消费总基数 1/3 左右的 80 后、90 后已经成为消费主力，他们都是生活在互联网环境的主流人群，都是重度互联网依赖者。信息接收往往不是来自品牌自我宣传，不是来自大众媒体渠道，而是来自意见领袖、熟人推荐或者是用户评价，以往强势灌输的没有参与、互动的信息轰炸只会起到反作用。省点广告费，更多拿来“讨好”、让利用户，本身才更接地气。

相信商业基本规律仍然继续存在，网络销售应该不会完全替代实体店，沙棘实体店需要积极应变，处理好线上、线下关系，夹缝中探寻出路，才能适者生存。

2. 新零售

近年来，沙棘产品除了在实体店售卖，网络销售迅速兴起。淘宝、京东、天猫等线上沙棘产品琳琅满目，五花八门，数不胜数。面对新零售机遇，沙棘产品商家也与时俱进，注意选好赛道、创新产品、抓住人才，正在成就着各自的一片新天地！目前来看，线上渠道主要有电商直播、短视频及网络购物等。

电商直播，是一种购物方式，在法律上属于商业广告活动，主播根据具体行为还要承担“广告代言人”“广告发布者”或“广告主”的责任。如果消费者买到假货，首先应联系销售者即卖家承担法律责任，主播和电商直播平台也要承担相应的连带责任。2016 年 3 月，作为直播电商首创者的蘑菇街在全行业率先上线视频直播功能。专家认为，电商直播增强了主播与观众的互动，多少人在线观看、购买产品的信息也可能刺激消费者购物。还有专家认为，相比电视购物，电商直播不是用夸张的语言和戏剧效果来实现“饥饿营销”，而是更强调主播与受众的交互和共情，符合互联网时代用户的社交习惯。

截至 2020 年 6 月，中国电商直播、短视频及网络购物用户规模较 3 月增长均超过 5%，电商直播用户规模达 3.09 亿，较 2020 年 3 月增长 4430 万，规模增速达 16.7%，成为上半年增长最快的个人互联网应用。网络零售用户规模达 7.49 亿，占网民整体的 79.7%，市场连续七年保持全球第一，为形成新发展格局提供了重要支撑。

通过互联网销售产品，公认的最大推手是1999年成立的阿里巴巴网络技术公司。从当年一句“让天下没有难做的生意”开始，经过20多年的发展，已经形成了淘宝、天猫、京东、当当、1688、阿里国际站等众多的线上销售平台，随后陆续诞生了现在耳熟能详的电商平台，如拼多多、唯品会等。

（1）我国主要电商平台。随着电商平台越来越多，市场越来越细分，各种玩法层出不穷。除了淘宝、天猫、京东等早期电商，后续细分的线上平台类型主要有8大类：

1）专注某一行业或细分市场的垂直电商平台，如阿芙精油、酒仙网、本来生活、贡天下等。

2）针对具有社区属性的用户，在县城、乡镇、村、社区进行的网上交易行为的社区电商平台，如兴盛优选、食享会、小区乐、考拉精选、每日一淘等。

3）针对企业用户的B2B电商平台，如1688、黄页88、慧聪网、中国制造网、阿里国际站等。

4）信息流电商，通过投放广告信息（文字、图文、短视频等）引流最终实现产品销售的渠道，主要有百度、今日头条、抖音（鲁班）、腾讯（广点通、微信朋友圈）等。

5）具有社交属性社交电商平台，如云集、淘小铺、有鱼有品、拼多多、小红书等，当然，现在很多传统电商平台也具有社交属性。

6）微商，利用微信、微博等社会化媒体的社交网络，开展一系列电商活动的商人，如庭秘密、韩束、颜如玉等。

7）跨境电商，是指分属不同关境的交易主体，通过电子商务平台达成交易、进行支付结算，并通过跨境物流送达商品、完成交易的平台，如速卖通、亚马逊、eBay、敦煌、洋码头、天猫国际、苏宁云商海外购、网易考拉海购、顺丰海淘等。

8）直播电商，通过线上视频直播展示与互动销售产品的平台，如蘑菇街、淘宝直播、抖音直播、快手直播、微信直播等。

新零售的出现，起因于“三大因素”改变了消费习惯，使线上消费逐渐成为主流。

一是消费主力人群转移。随着40后、50后、60后逐渐老去，70后、80后、90后、00后逐步成为消费主力，这个年龄人群普遍能够熟练使用电脑、手机等工具，以及微信、QQ、抖音、头条、淘宝等社交及购物类APP。

二是智能手机普及。我国智能手机用户已超过10亿，智能手机在手机市场已然完全占据了主导的地位，功能机正逐渐被时代所淘汰，智能手机的普及彻底改变人们的生活方式。

三是因势利导，创造机会。2020年春夏之交的新型冠状病毒疫情，特别是在隔离期间，人们只能通过线上购物消费，让绝大多数人形成了线上消费的习惯。

（2）沙棘企业新零售销售数据分析。沙棘企业也不甘示弱，与很多其他行业一样，开展了多种新零售尝试，取得了不错的业绩，并且善于抓住机遇，推动沙棘产品的线上的畅销。

2017年12月1日，阿里巴巴在杭州宣布将成立脱贫基金，未来5年投入100亿元。阿里巴巴将把每年营业额的0.3%注入该基金，暂不接受外部注资。在发布会现场，马云举了一些阿里公益的例子，比如蚂蚁森林已经有1000多万棵树，一部分阿里自己种，一部分出钱从政府手里把土地经营权买下来。他希望能把环境治理和脱贫结合起来，“比如一棵树10块钱，7块是树，3块是人工。那这就是一个就业机会。”

2018年11月，蚂蚁森林首个生态经济林树种“沙棘”上线。截至目前，已有近2400万网友参与沙棘林的种植与保护，全国新种植沙棘面积超过近10万亩，同时保护野生沙棘林2万亩，造福内蒙古、山西、四川等多地。支付宝正通过蚂蚁森林平台，努力帮助贫困地区将沙棘林的生态效益最大化地转化为经济效益。

2019年1月10日，马云品尝了蚂蚁森林产出的沙棘汁，并连声称赞；紧接着2019年年底，蚂蚁森林沙棘汁公益试卖，10万箱产品3小时内一抢而光。一时间，沙棘成为电商市场瞩目的明星产品，多家沙棘相关企业如雨后春笋争相涌现。

阿里巴巴建立的脱贫基金——5年投入100亿元

2019年5月以来，甘肃华池甘农生物科技有限公司打破传统企业运营模式，将“然萃沙棘”品牌从线下转移到线上，目前已经入驻天猫、京东、苏宁易购等40余家线上销售平台，“然萃沙棘汁”成为天猫饮料类目排名第四的优势品牌。公司通过“线上+线下”发展模式，带来了沙棘原料需求的快速增长，并带动种植业、加工业和包装、仓储、物流等相关产业发展，促进就业，增加农民收入，实现了长效带贫机制。2020年上半年线上销售额已达248万元，公司将在店铺运营、售后服务等方面更加精细化，从而提升店铺品牌，并打算和湖南卫视合作，形成直播带货销售矩阵。

2020年5月21日，新疆克孜勒苏柯尔克孜自治州阿合奇县政府负责人走进直播间，将沙棘的背景历史和独特功能娓娓道来，不少网民大呼“长见识”“买买买”……伴随网友一句句留言而来的是一个个订单。3个小时的直播结束时，直播间共销售沙棘产品2000余箱，合计约38万元，加上其他产品共计销售52万余元。

吕梁野山坡食品有限公司作为山西省农业产业化重点龙头企业和沙棘采收加工省级农业标准化示范区，按照“以销定产”的生产方式，今年疫情期间，根据实体销售渠道的订单量，加工的沙棘产品只达到去年同期产量的1/3。就在实体店销售遇阻的时候，线上销售却活跃起来。“吕梁野山坡”沙棘饮料在网络销售上同样表现不俗，除了京东、天猫等旗舰店外，在“快手”开设的直播带货，日销量超过1万箱。这次疫情“危机”虽然对企业影响很大，但也给了企业一次行业合作创新、自我迭代升级的机会，促使企业朝着更加规范化、连锁化、线下与线上集体发力的方向发展。

新疆青河沙棘林面积有10万亩，年挂果面积在4万亩左右，已成为该县支柱性产业。有超过4万户农牧民从事与沙棘种植、生产相关工作。采摘季节可以从8月延续到冬季。青河县沙棘形成的产业链，有效带动了当地物流、服务、电商、旅游等产业的发展。目前全县有200余人在天猫、京东、淘宝、抖音、快手等网络销售平台从事销售工作。青河县独目人电子商务服务有限公司主要进行沙棘系列产品销售，主要借助线上直播的销售模式，从西安仓配一体化中心把沙棘发到全国各地。2019年5月起，该公司与青河县内隆濠、恩利德、慧华三家沙棘生产企业，共同打造了3款适合网销、设计简约、便于运输的沙棘产品，主打“青河沙棘”（申报国家地理标志品牌中）、“青格里”（青河县公共服务品牌）双品牌，其中规格为315mL的沙棘果汁，受到了广大消费者的一致好评，为青河沙棘树立品牌、赢得市场，打下了坚固的基石。2个月时间内，京东平台销售的“青河沙棘”果汁饮料，在京东商城沙棘类果汁类中，销售突破1万件，位列京东平台沙棘饮料销售第二名的成绩，这一刻，是青河电商发展中，农产品销售工作的里程碑。2020年“青河沙棘”在京东和天猫线上的总销售额已达270多万元。

100%沙棘原浆 多地当日达
¥99.00
呀啦嗦 沙棘原浆1000ml盒装
已有1.3万+人评价
¥53.00
海尾 新疆野生沙棘果干
已有4500+人评价
¥1090.00
沙棘原浆
100%沙棘原浆 多地当日达
¥99.00
呀啦嗦 沙棘原浆1000ml盒装
1.8万+条评价
呀啦嗦京东自营旗舰店
¥54.90
京东超市 吕梁野山坡沙棘汁果汁饮料300ml*12瓶整箱
27万+条评价
吕梁野山坡京东自营
¥76.00
¥68.00 PLUS
京东超市 青源堂 沙棘原浆300ml鲜榨沙棘汁沙棘鲜榨沙棘原浆含沙棘油 礼盒装
8400+条评价
青源堂京东自营旗舰店
第2件半价 11.21-11.27
买2份
第2份
半价
¥36.75
¥49.00
敬昂 沙棘果 新疆特产沙棘干果果干泡茶 内蒙古原产沙棘原浆沙棘果汁 250g干果
1.5万+条评价
敬昂营养健康专营店
咖祥堂 中药材 沙棘500克 达尔

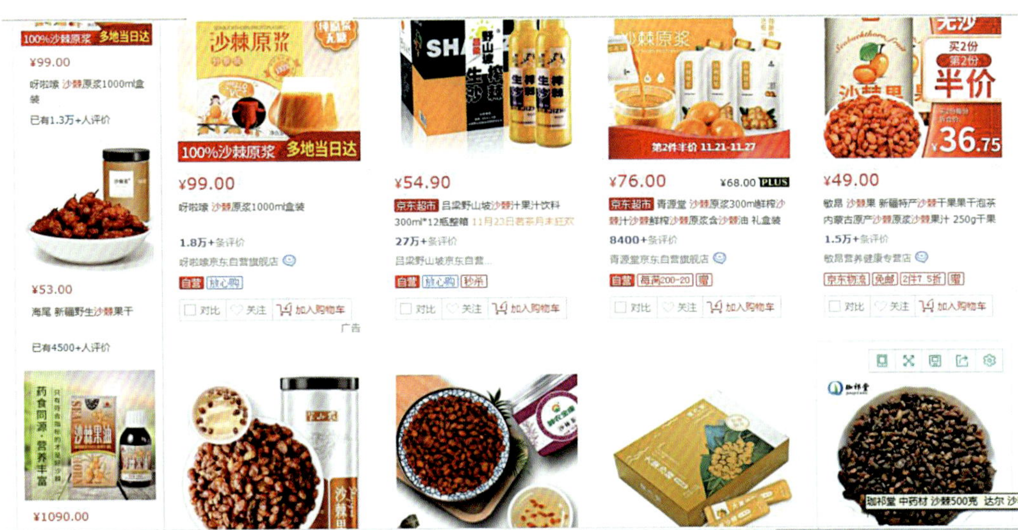

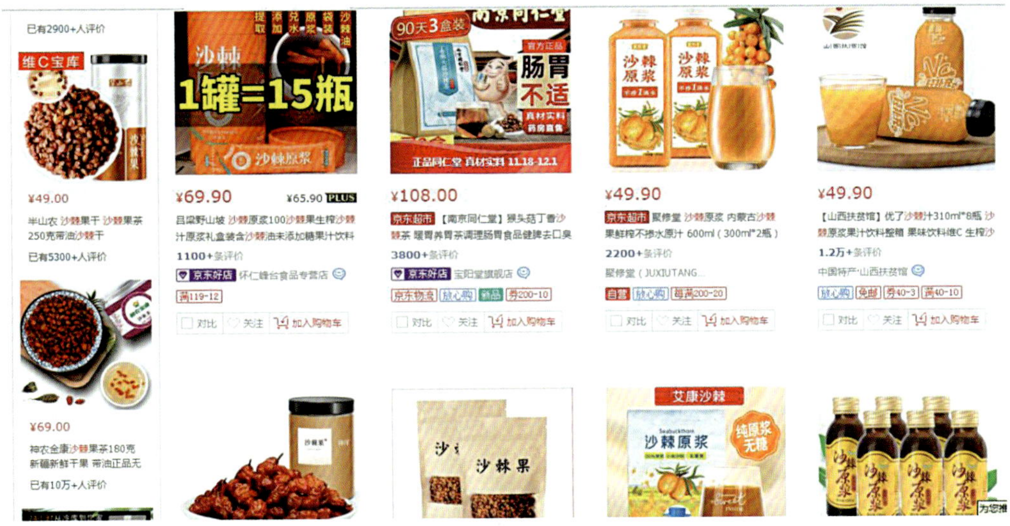
已有2900+人评价
维C宝库
¥49.00
半山农 沙棘果干 沙棘果茶 250克带泡沙棘干
已有5300+人评价
¥69.00
神农金康沙棘果茶180克 新疆新鲜干果 带油正品无
已有10万+人评价
沙棘
1罐=15瓶
¥69.90
¥65.90 PLUS
吕梁野山坡 沙棘原浆100沙棘果生榨沙棘汁原浆礼盒装含沙棘油未添加糖果汁饮料
1100+条评价
京东好店 怀仁锦台食品专营店
90天3盒装
南京同仁堂
肠胃不适
正品同仁堂 真材实料 11.18-12.1
¥108.00
京东超市 【南京同仁堂】猴头菇丁香沙棘茶 暖胃养胃茶调理肠胃食品健康去口臭
3800+条评价
京东好店 宝阳堂旗舰店
沙棘原浆
¥49.90
京东超市 聚修堂 沙棘原浆 内蒙古沙棘果鲜榨不掺水原汁 600ml（300ml*2瓶）
2200+条评价
聚修堂（JUXIUTANG...
¥49.90
【山西扶贫馆】优了沙棘汁310ml*8瓶 沙棘原浆果汁饮料整箱 果味饮料维C 生榨沙
1.2万+条评价
中国特产·山西扶贫馆
艾康沙棘
沙棘原浆
纯原浆
无糖
沙棘果

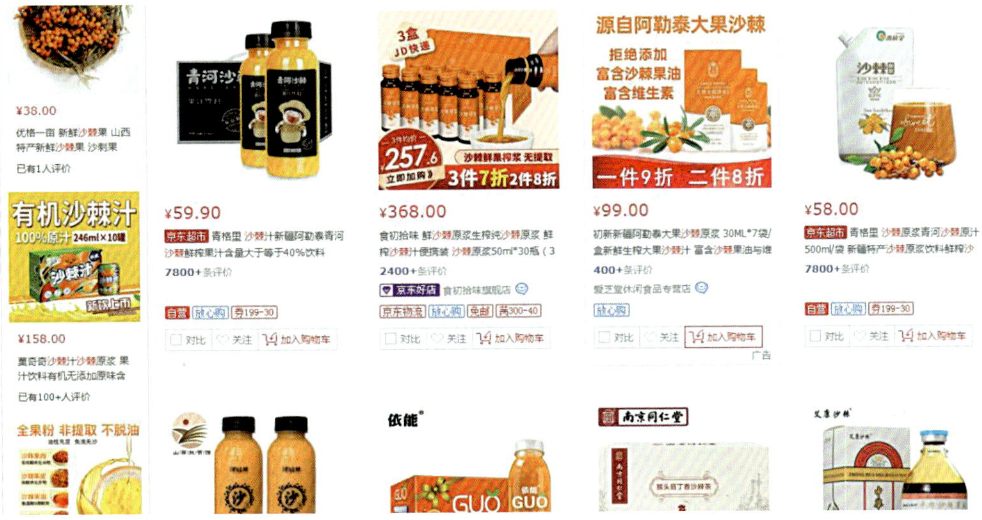
¥38.00
优格一亩 新鲜沙棘果 山西特产新鲜沙棘果 沙刺果
已有1人评价
有机沙棘汁
100%原汁 246ml×10瓶
¥158.00
enjoying 沙棘汁沙棘原浆 果汁饮料有机无添加原味含
已有100+人评价
全果粉 非提取 不脱油
¥59.90
京东超市 青格里 沙棘汁新疆阿勒泰青河沙棘鲜榨果汁含量大于等于40%饮料
7800+条评价
3盒
JD快递
¥257.6
立即加购
3件7折2件8折
¥368.00
食初拾味 鲜沙棘原浆生榨纯沙棘原浆 鲜榨沙棘汁便携装 沙棘原浆50ml*30瓶（3
2400+条评价
京东好店 食初拾味旗舰店
源自阿勒泰大果沙棘
拒绝添加
富含沙棘果油
富含维生素
一件9折 二件8折
¥99.00
初新新疆阿勒泰大果沙棘原浆 30ML*7袋/盒新鲜生榨大果沙棘汁 富含沙棘果油与维
400+条评价
¥58.00
京东超市 青格里 沙棘原浆青河沙棘原汁 500ml/袋 新疆特产沙棘原浆饮料鲜榨沙
7800+条评价
依能
南京同仁堂
艾康沙棘

京东网展示的部分沙棘产品（2020 年 11 月 23 日）（一）

京东网展示的部分沙棘产品（2020 年 11 月 23 日）（二）

根据统计公开平台数据进行一些分析，可以初步从中看到我国沙棘电商销售的一些趋势和有用的信息。

1）京东店铺累积数据（截止日期：2020 年 11 月 28 日）。

店铺名	产品名	销量/万件	价格/(元/件)	销售额/万元
吕梁野山坡京东自营	吕梁野山坡沙棘汁、果汁饮料，300mL×12 瓶，整箱	27	59.9	1617.30
神农金康京东自营旗舰店	神农金康沙棘果茶，180g，新疆新鲜干果带油正品无汁养生茶	22	69	1518.00
依能京东自营旗舰店	依能沙棘橙汁，350mL×15 瓶，整箱装	12	59.9	718.80
中国特产·方山馆	产区直发，棘娃娃沙棘汁，山西吕梁方山特产，沙棘果汁饮品 300mL×8 瓶装	8.2	56.9	466.58
呀啦嗦京东自营旗舰店	呀啦嗦沙棘原浆、沙棘汁饮料，30mL×10 袋礼盒沙棘果油	3.7	109	403.30
聚修堂京东自营	聚修堂沙棘果、沙棘干，100g×2 瓶新疆带油大果原浆、干果泡茶	3.1	49.9	154.69
半山农京东自营旗舰店	半山农沙棘果干、沙棘果茶 250g	2.1	49	102.90
呀啦嗦京东自营旗舰店	呀啦嗦棘品大果沙棘果粉、含果油全果营养盒（5g×15 袋）	1.8	128	230.40
呀啦嗦京东自营旗舰店	呀啦嗦沙棘原浆、沙棘果鲜榨沙棘汁，沙棘油 1000mL 盒装	1.8	99	178.20
中国特产·山西扶贫馆	优了沙棘汁 310mL×8 瓶，沙棘原浆果汁饮料整箱，生榨沙棘果汁，鲜榨原汁 1 件	1.5	49.9	74.85
敏昂营养健康专营店	敏昂沙棘果、新疆特产沙棘干果、果干泡茶，内蒙古原产沙棘原浆、沙棘果汁，250g 干果第 2 瓶 5 折	1.5	49	73.50

2）天猫店铺近 1 月数据（截止日期：2020 年 11 月 28 日）。

店铺名	产品	产品名	月销量/件	价格/(元/件)	销售额/万元
宇航人旗舰店	沙棘饮料	天猫榜单，40%沙棘汁，0 防腐 0 色素 0 香精 0 脂，12 瓶，整箱包邮	1.5 万＋	139	208.50
待见旗舰店	沙棘原浆	待见沙棘原浆，含果油，无加糖	1 万＋	28	28.00
印象赣品旗舰店	沙棘原浆	沙棘原浆，内蒙红果粉，沙棘油、沙棘果、果油、果汁、沙棘茶	7000＋	39.8	27.86
待见旗舰店	沙棘饮料	待见沙棘汁，24 瓶	4595	19.9	9.14
聚修堂旗舰店	沙棘原浆	内蒙古沙棘原浆、沙棘茶、沙棘果	2912	36.9	10.75
吕梁野山坡食品旗舰店	沙棘饮料	生榨沙棘汁原浆，吕梁野山坡 24 瓶	2378	129	30.68
待见旗舰店	沙棘饮料	待见沙棘汁，350mL×20 瓶，吕梁野山坡浓缩原浆，整箱	2065	99	20.44
味琳琅旗舰店	沙棘原浆	内蒙古高原小果沙棘原汁、原浆	1537	198	30.43
耕正食品专营店	沙棘饮料	吕梁野山坡沙棘汁，350mL×24 瓶	1164	123	14.32
吕梁野山坡食品旗舰店	沙棘饮料	吕梁野山坡整箱生榨果汁、网红沙棘汁原浆 8 瓶装	908	43	3.90

注 多有优惠活动。

3）淘宝直播近 1 个月沙棘原浆带货数据（截止日期：2020 年 11 月 28 日）。

商品信息	合作主播数	直播场次	销量/件	销售额/万元
（薇娅推荐）天猫榜单，40%沙棘汁，0 防腐 0 色素 0 香精 0 脂，12 瓶，整箱包邮	4	7	15100	209.33
天露芬沙棘润唇膏，天然保湿滋润、淡化唇纹、无色；孕妇儿童润唇膏	20	102	6880	46.6
猴头菇丁香沙棘茶，养胃调理肠胃、去口臭、养生花草茶	1	37	4468	19.73
保加利亚玫瑰金珠，0.75g 一粒，蔓越莓油＋蓝莓油＋沙棘果油＋葡萄籽油	1	10	3995	103.87
天露芬沙棘双萃精华液，提亮肤色、抗氧、紧致补水保湿女面部，双效 V_C 精华	8	12	3788	93.94
保加利亚玫瑰金珠 0.75g 一粒，蔓越莓油＋蓝莓油＋沙棘果油＋葡萄籽油	11	19	3003	78.07
宇航人沙棘浓缩果汁饮料、沙棘原浆，低卡 0 脂 0 防腐 0 色素 0 蔗糖	4	4	2250	11.22
城城家（沙棘果角鲨烷 E＊F）无添加提亮，抗炎、抗衰面膜，单片装 15g	1	15	1944	10.26
广时记沙棘 V_C 软糖糖果，水果味，美白儿童成人，0 脂肪低钠零食	2	3	1236	8.16
沙棘果面膜，抗氧修护、去黄亮肤、抗痘，单片装	1	23	1214	1.93
蓝莓酱（无添加）、树莓蔓越莓沙棘早餐夹心面包、涂抹山药专用烘焙果酱	1	5	720	3.37
宇航人 SNC 沙棘 V_E 乳液、双重 V_E 精华，敏感肌可用 100g/瓶	4	7	677	3.01
玫瑰精油丸、明星化妆师 DD 玫瑰油、沙棘果油、葡萄籽油	1	8	567	14.74
沙棘玫瑰枸杞膏、桑椹膏，美容润颜固元膏，女性解酒护肝调理、安神助眠	1	1	408	8.89
seacode 喜蔻沙棘多效修护冰胶肌肤、大水舒缓去痘补水保湿去红	4	20	359	3.44
猴头菇丁香沙棘茶，去脾胃养生茶	1	27	359	4.98
吕梁野山坡沙棘汁 12 瓶，整箱特价，网红生榨沙棘原浆果汁	3	4	305	1.83
（主播专享）沙棘原浆、原汁、原液纯，天然不添加，包装袋礼盒	2	3	303	9.05
可乐姐！天露芬沙棘双萃面部精华液，滋润保湿、抗衰老	2	10	287	5.40
圣宝泰沙棘汁，生榨低脂无蔗糖，网红果汁饮料	1	1	208	2.05

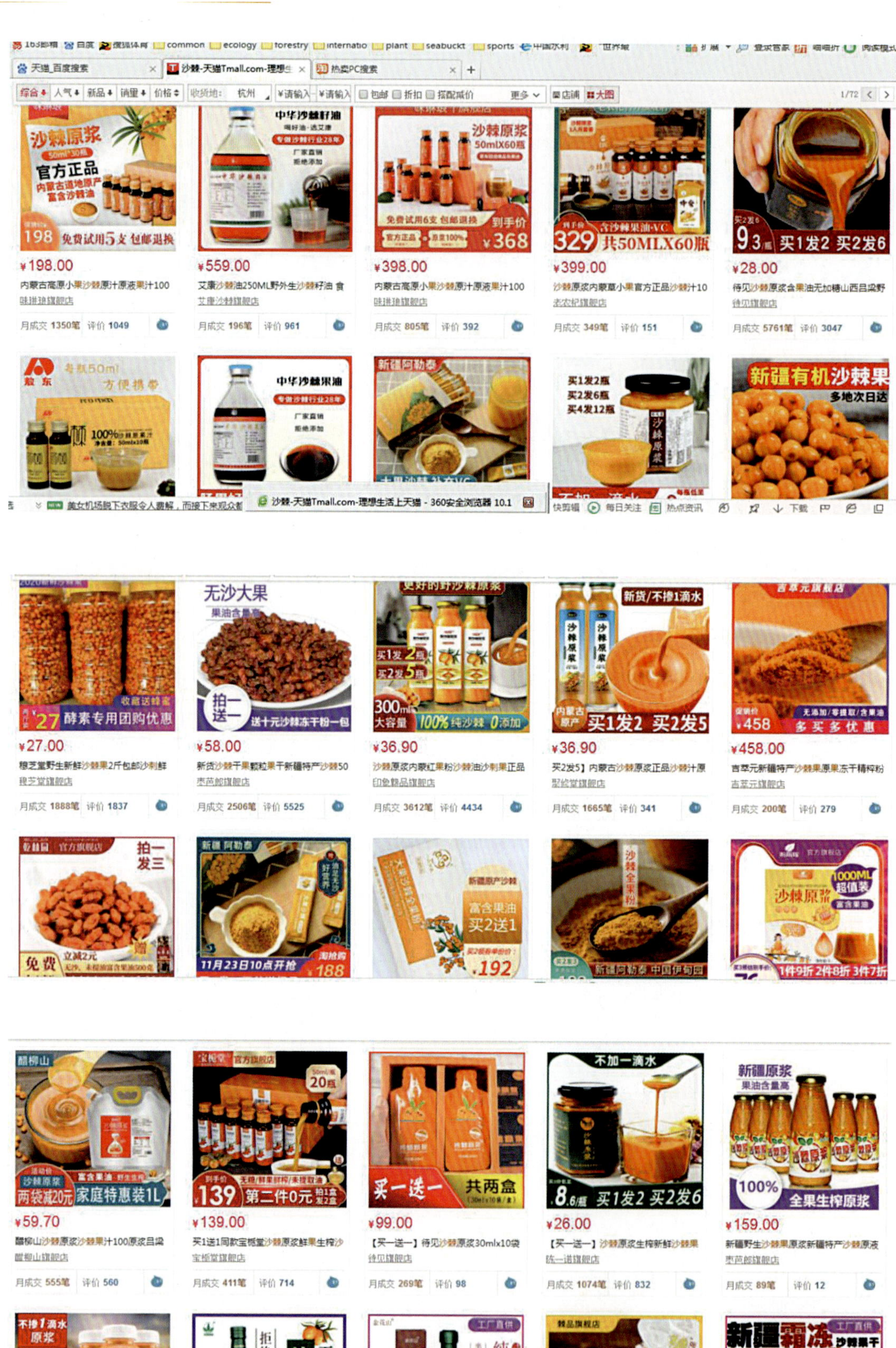

天猫网展示的部分沙棘产品（2020 年 11 月 23 日）（一）

天猫网展示的部分沙棘产品（2020 年 11 月 23 日）（二）

淘宝网热卖的部分沙棘产品（2020 年 11 月 23 日）（一）

淘宝网热卖的部分沙棘产品（2020 年 11 月 23 日）（二）

4）拼多多店铺 2020 年累积数据（截止日期：2020 年 11 月 28 日）。

店铺名	产品名	销量/万件	价格/（元/件）	销售额/万元
待见食品旗舰店	沙棘汁饮料，整箱批发；野山坡沙棘原浆饮品，特价	10	20.9 起	209.00
山谷甄味	买 2 送 1，买 3 送 2，买 4 送 3，沙棘果原浆、原汁（180mL）	9.8	10.8 起	105.84
云中紫塞旗舰店	8 斤大桶，山西野生沙棘汁、原浆、果汁饮料；新鲜 4 斤特价饮品，整箱批发	4.8	26.9 起	129.12
吕梁野山坡德茂专卖店	沙棘汁生榨果汁、原浆饮料，整箱，年货大礼包	3.9	40.32	157.25
胖妈养生馆	新疆沙棘果油软胶囊，60 粒	3	44.6	133.80
山药旦派食品专营店	（果汁含量 40%）待见沙棘汁饮料、沙棘原浆，整箱批发	2.7	19.5 起	52.65
张元堂食品官方旗舰店	内蒙古原产沙棘原浆（富含油），300mL 大瓶	2.4	22 起	52.80
醋柳山旗舰店	沙棘原浆、沙棘汁（含油）	2	9.9 起	19.80
宝栀堂官方旗舰店	沙棘原浆、生榨鲜果汁（含果油）、沙棘饮料	1.9	35.82	68.06
待见食品旗舰店	买 2 送 1，买 3 送 2，沙棘原浆、纯沙棘汁、生榨果汁饮料，整箱	1.5	9.69	14.54
农家恋养生特产店	买 2 送 1，买 3 送 2，买 4 送 3，吕梁野生纯沙棘原浆，果汁含量 100%（188g）	1.4	9.5	13.30
朵辉山西特产	吕梁野生沙棘果干、沙棘茶	1.3	12.79	16.63

注 多有优惠活动。

4 个店铺，由于销售内容不尽相同，即使同为饮料，也有一件 12 瓶、24 瓶的不同包装，有 40% 沙棘汁的也有不注明的，还有让利销售以及各种促销手段，因此很难直接相比，但总体感觉，销量还是不错。

综上所述，沙棘企业新零售销售的主要有以下 5 个特点：

1）新零售依然处于红利期。综合线上投资回报较高，沙棘企业整体线上平台投资回报率（ROI）为 1.4～2.1。但是，每一个平台投资回报率并不相同，每一个平台的流量都会向头部品牌倾斜。根据企业实际情况进行平台选择非常关键，建议后发品牌多选择新兴平台和渠道进行投资。

拼多多优惠商城的部分沙棘产品（2020 年 11 月 23 日）（一）

拼多多优惠商城的部分沙棘产品（2020年11月23日）（二）

2）线上销售的价格战已打响。价格竞争在蚕食利润空间，但同时也在扩大沙棘产品的消费群体。良性的价格竞争有利于打破行业价格虚高，让更多人认识沙棘对健康的作用，让沙棘产品真正惠及大众消费者。

3）大浪淘沙，同质、劣质产品自然被淘汰。根据沙棘产品同质化较严重现象，需要加强产品创新力，针对不同的人群、功能、作用不断创新产品，最终才能赢得市场。

4）对团队的综合专业能力要求更高。企业拓展新零售平台和渠道对团队的专业性要求更高，线上投资回报高低，绝对因素是团队专业能力，企业在准备拓展新零售平台和渠道前，一定要储备专业人才。

5）要有长远打算。企业拓展新零售平台和渠道一定是持续投资，制订中长期规划，不能过多考虑一时得失。

（3）沙棘产品的新零售策略。

新零售业务如雨后春笋，在我国遍地开花。专业人才是竞争力的根本，这是前提。还需要沙棘企业重视以下几个方面的策略，争做新零售弄潮儿。

一是新零售本质是流量经济，哪里有流量，哪里就有经营活动，在五花八门的平台和渠道中，选择适合自身发展的平台和渠道才是核心。

二是不同赛道不同玩法，找准自身定位，精耕细作。如：传统电商关注展示、搜索、排名等要素；短视频类信息流电商，核心是短视频制作质量、投放策略；直播电商对主播的能力要求、产品组合等。

三是新零售渠道更加扁平化，更需要近距离触达客户的能力，最终能够服务多少终端客户是核心。

四是新零售需要更加透明、亲民的价格策略，客户需要购买的足够理由和全网价格比较优势。

针对不同市场，可用于沙棘产品、投资回报率相对较高的一些平台推荐如下：

1）中高端原料的国际市场，投资组合包括：阿里国际站、亚马逊、中国制造、google 搜索等。

2）国内原料市场，投资组合包括：企业官网、百度搜索、21food、慧聪网、百度爱采购等。

3）沙棘饮料类传统电商市场，投资组合包括：天猫、京东、食品、生鲜、饮料类垂直电商（如本来生活）等。

4）沙棘功能性产品的信息流电商市场，投资组合包括：腾讯广点通、微信朋友圈、今日头条、抖音、快手等。

5）沙棘产品直播电商市场，投资组合包括：淘宝直播、抖音直播、快手直播、微信直播等。

互联网时代的到来，不仅加速改变了流通方式，也颠覆了传统商业模式。在这个大背景下，必须打破线上线下的界限，打造新的商业业态。这要求学习掌握互联网思维，着力构建线上线下优势互补的商业模式，让消费者的线上支付与线下体验产生协同效应，必须努力实现线上支付与线下体验的无缝衔接，建立从实体店到数字店的全渠道销售方式，必须完善物流配送，建立更方便、更快捷、更安全、更灵活的模式，必须针对互联网商业特点，全面提升质量管控水准，相信未来线上线下交互购物形式将成为主流趋势。

3. 国际贸易

1994年4月7日，陕西艾康沙棘制药有限公司与泰国新东联旅运贸易有限公司，在陕西西安举行了经销合同的签字仪式。根据合同条款，泰方将成为艾康在东南亚销售沙棘油及其系列产品的总代理。我国沙棘产品开始逐步打入了国际市场。

其实，1993年齐齐哈尔市园艺研究所与俄罗斯布里亚特共和国乌兰乌德浆果研究所商定，用我国的西瓜与俄方交换沙棘，以货易货，也算是更早期国际贸易的一种形式。

35年中，我国一些大型沙棘企业都有涉足国际贸易，东北的企业多与韩国、日本建有贸易渠道，新疆有与蒙古、俄罗斯的贸易渠道。但沙棘产品的国际贸易，多数时间受政治因素影响大，或增或降或停，经常不受经济规律左右，年度间波动很大；有些时候也受突发事件的影响，比如2020年受新冠肺炎疫情的影响，出口额就大幅下降。

（1）沙棘产品出口基本情况。

沙棘产品的出口数据重点还是出口额。据海关总署网站信息，青海省2020年前3季度，沙棘粉、沙棘原花青素、沙棘籽油等沙棘产品出口货值达到1646.9万元，同比增长215%。黑龙江省2020年原果出口约700t，出口金额约490万元。不过，受新冠肺炎疫情影响，许多省区2020年沙棘出口工作并未开展。

从了解到的一些公司2020年沙棘出口贸易情况来看，宇航人公司出口额3000多万元，河北神兴公司出口额约1200万元，新疆慧华沙棘生物科技有限公司出口额约800万元，山西野山坡公司出口额约400万元。

在贸易摩擦、外需不足、出口上升空间不大、世界经济已进入深度转型调整期的宏观条件下，我国沙棘产品出口难免也存在着一些棘手的问题。

1）产品出口门槛高，对沙棘企业技术水平和管理水平有较高要求。沙棘产品主要是以食品、植物产品出口，都属于法检产品。根据商检的属地原则，生产企业必须在当地出入境检验检疫局进行备案。果汁、调味品等食品类的产品出口要做出口食品备案，而获得这个备案前，企业首先要通过HACCP认证（危害分析与关键控制点体系认证）；沙棘籽、干果属于植物产品，出口要进行植物产品出口备案；沙棘苗木要进行种苗花卉生产经营备案。

韩国有机认证公司在我国沙棘林地采取土样

2）各进口国认证要求多样化，增加了沙棘出口企业成本。HACCP、ISO质量体系认证是必须遵循的，另外产品出口要具有竞争力，还需有机认证。有机认证分为欧盟、美国（NOP）、加拿大、日本、韩国、澳大利亚等多种，各家的要求不一样，认证体系不完全一致，国际有机认证缺乏互认互通。另外，食品出口还要做Kosher（犹太）、Halal（清真）、BRC（英国零售商协会标准）、美国FDA注册，大部分认证都是一年一做，出口贸易要求越来越严格，证书要求越来越多。

3）国际上对食品质量要求十分严格，有些标准国内很难达到。以前出口沙棘汁、冻果的问题主要是重金属含量超标，近几年果汁重金属的含量基本能达到国际要求，也能达到欧美小于0.05ppm的要求，但是果粉、浓缩汁中铅的含量浓缩后还是有风险的。沙棘油的塑化剂问题也是隐形风险。沙棘干果包括成品油中存在PAH超标的风险。

4）出口发运手续烦琐，要求呈越来越多的趋势。出口发运，主要是空运手续越来越繁杂。液体、粉末发运前都要做DGM（非危险品）鉴定，食品出口必须商检，不管是10mL还是50kg，还要做报关。

总之，沙棘企业产品出口的门槛越来越高，要求越来越严，面临的困难越来越多，对企业提升自身加工水平、产品质检水平等提出了严格要求。在出口大环境越来越恶劣的情势面前，大浪淘沙，优胜劣汰，概莫例外。

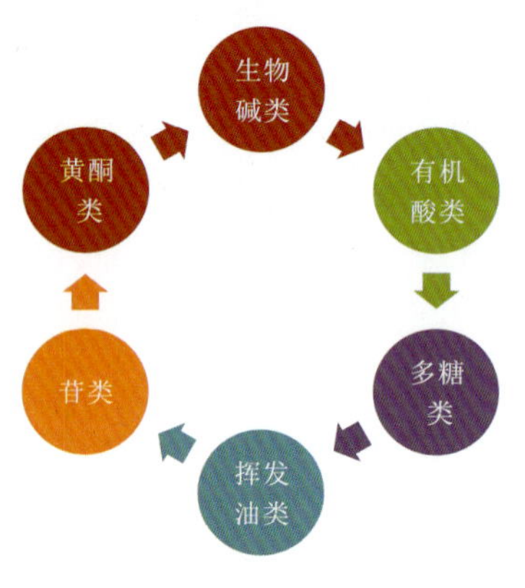

植物提取物种类

（2）沙棘产品扩大国际贸易的机遇已经降临。

随着我国“一带一路”奠定的难得发展机遇，以及国际社会主要经济体复苏回稳加快，我们认为，沙棘产品还是迎来了一些扩大国际贸易的较好时机。

1）植提市场庞大，沙棘企业面临良好的发展机遇。植物提取物种类众多，目前进入工业化提取的种类超过300种。植提物分类方法有多种，根据活性成分可分为生物碱类、苷类、黄酮类、有机酸类、多糖类和挥发油类。2010年以来，得益于全球食品饮料、膳食补充剂、化妆品、医药等下游产业快速发展，以及消费者对“天然健康”等理念的日益重视，国内植物提取物行业表现出强劲的增长势头。据我国海关数据显示，2019年，我国植物提取物行业出口额达23.72亿美元，同比增长0.2%；我国植物提取物行业进口额达8.49亿美元，同比增长16.9%。其中，美国是我国进出口贸易的最大贸易伙伴。

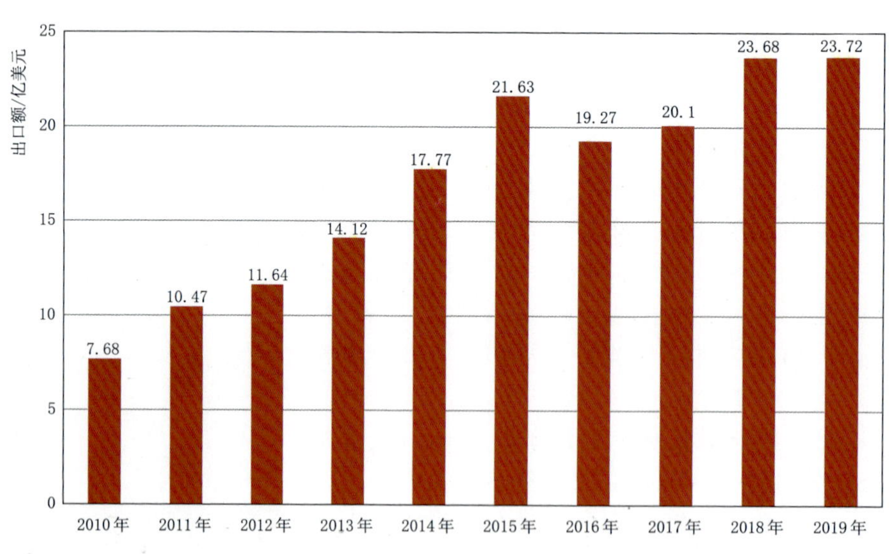

近10年（2010—2019年）我国植提物出口额数据

出口产品的前十大品种是甜菊叶提取物、桉叶油、薄荷醇、辣椒色素、万寿菊提取物、甘草提取物、银杏液汁及浸膏、越橘提取物、水飞蓟提取物、芦丁提取物，但没有沙棘，显示出沙棘行业在这方面的巨大差距，也为我们提出了努力的目标。食品饮料中用作香精香料甜味剂色素的植物提取物，

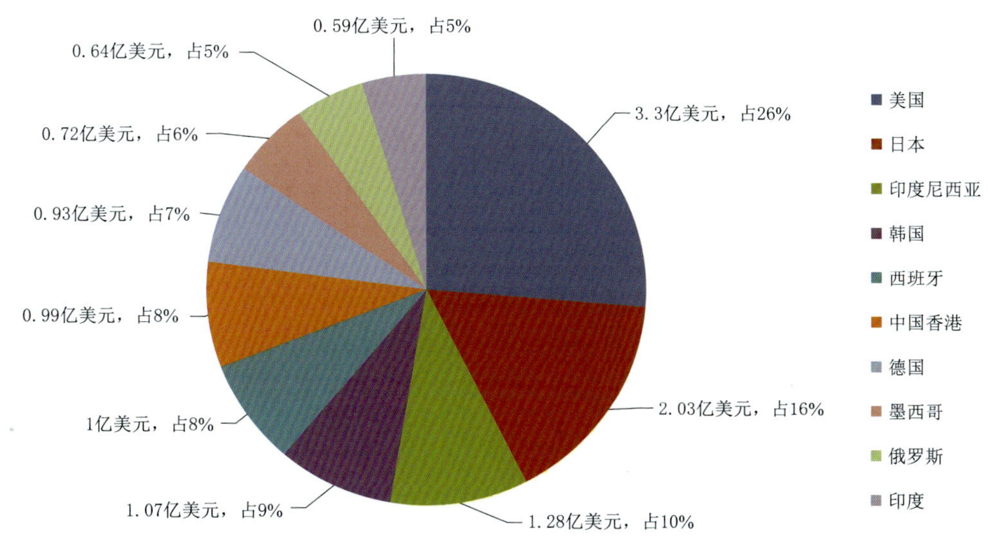

2019 年我国植提物行业十大出口地的出口额

在出口中优势越来越明显。据研究，美国市场对沙棘提取物每年需求量达 240t，其国内产量只能满足 10%；日本需求量年增加率在 20%以上。近年来，我国食品、化妆品行业因国外巨头的大举进入，对沙棘提取物的市场需求更是以 25%～30%的速度增长。相信随着沙棘提取物产业的快速发展，只要企业把沙棘产品做好了，面临的市场机遇还是很多的。

2）国家多种出口鼓励政策，有助于促进沙棘企业的出口积极性。①资金资助，国家鼓励企业出口，各地商委有专门的资金支持外贸企业提升国际化经营能力，对企业参加境外展会、企业管理体系认证、产品认证、境外专利申请、国际市场宣传推介（制作宣传材料、宣传视频）、电子商务、国际市场考察、洽谈、境外广告或商标注册提供资金资助，一般是所花费用的 50%；②税收优惠，对于国家鼓励出口的产品，产品出口后，凭出口单据可以到税务局办理出口退税。退税率根据产品的品种不同而不同，现在沙棘汁出口销售没有税，征 15%退 15%；而干果征 10%退 6%。此外，政府还有多项专门的措施鼓励企业出口，企业应该尽可能多的利用国家的优惠政策，多出去参展、考察，有条件的企业多做些产品的国际认证、宣传资料。

3）优质沙棘资源的种植，或许会为带动沙棘产业的快速发展创造条件。近年来用新选育品种种植的沙棘工业原料林，品种好，产量高，品相佳，检测数据也好，有了这么好的沙棘资源，产品质量就不用发愁了，只要控制好加工工艺，指标都可以达到有关标准。有了好的沙棘资源，销售就可以放开来做了，不用再担心产品的质量问题了。从对市场容量、未来发展潜力、原材料供给、是否属于欧美畅销产品、形成大市场与否等多种因素进行综合考量，沙棘还是具有很大的投资吸引力和发展潜力的。目前我国出口的沙棘产品相对比较低端，国外企业进口后利用这些原料去生产高纯度产品，应用到食品等领域，获得了高额利润。但相信未来，随着我国沙棘企业在加工技术上进行更深入的挖潜改造，逐步提升精深加工能力，企业利润不断增加也是可期的。

不过重中之重，还是要得到各级政府的高度重视，才能聚积各种有利因素，形成行业整体集团优势，推动沙棘产品出口的有序发展。

综上所述，35 年中，我国研发拓宽了沙棘系列产品，竭力提高了市场沙棘营销份额，成绩还是不错的。但与“第一代”“第二代”水果相比，处于“第三代”水果领军地位的沙棘，在开发和销售方面存在的问题还真不少。归纳起来，主要表现在以下 5 个方面：①社会效益很大，但经济效益不尽如人意；②有着高美誉度，但同时存在着低认知度；③品牌虽多，但精品较少，且多处于随波逐流状态；④有商无业；⑤从业人员多，商业素质低，在销售中多以“传说”“神话”为主要依据，无可信度。这些问题的存在，表明我国沙棘产业还处于营销初级阶段，需要想方设法尽快加以解决，以推动下一个 35 年沙棘产业能够跨入更加健康的可持续发展之路。

咱们工人有力量
嘿　咱们工人有力量
每天每日工作忙
嘿　每天每日工作忙
盖成了高楼大厦
修起了铁路煤矿
改造的世界变呀么变了样
哎嘿
开动了机器 轰隆隆地响
举起了铁锤 响叮当
造成了犁锄 好生产
……
哎嘿哎嘿哎呀，
咱们的脸上放红光，
咱们的汗珠往下淌。
……

四、"科学之歌·梦想的翅膀"

——系统开展了全方位的沙棘科技配套服务，助推形成了崭新的沙棘种植开发局面

35 年中，我国沙棘种植开发尚在执行期的国家标准、行业标准和团体标准有 14 个；水利部沙棘开发管理中心等有关单位编制各类规划设计 20 余个；每年在大中型沙棘工程施工前期，有关流域机构等单位均开展了系统的咨询和培训；有关大专院校、科研院所完成了 40 多项沙棘适用技术的攻关研发，获得国家级奖项 1 项、省部级奖项 20 余项；水利部沙棘开发管理中心、国际沙棘协会等组织了 30 次左右的大型沙棘学术交流研讨会议；有关专家出版专著 30 部以上；有关科技人员和研究生等发表科技论文 9949 篇、学位论文 1054 篇；有关单位或个人获得专利 5683 项；水利部沙棘开发管理中心等有关单位策划了丰富多彩的沙棘宣传，开展了行之有效的沙棘新品种资源和技术示范推广；我国与 15 个国家开展了沙棘领域的国际合作，并将沙棘品种和技术输出到玻利维亚，扩大了秘书处设在我国的国际沙棘协会在国际活动中的突出地位。正是这些以科技为特色的配套工作，有力推动了我国沙棘种植开发工作走上了一个更高的台阶，形成了一个崭新的局面。

（一）制定发布了一系列沙棘标准和规程

35 年中，中国沙棘行业管理逐步规范，先后制定了一系列沙棘标准，获得国家、行业部门或地方批准，并得以颁布实施，很好地推动了沙棘资源建设与开发利用工作。

1994 年 6 月，全国水资源与水土保持工作领导小组沙棘协调办公室（简称"全国沙棘办"）第一次颁布了两个全国性沙棘行业标准：《沙棘籽油》（HB/QS 002—94）、《沙棘果油》（HB/QS 001—94）。

此后，由水利部发布的行业标准有《沙棘种子》（SL 283—2003）、《沙棘苗木》（SL 284—2003）、《沙棘生态建设工程技术规程》（SL 350—2006）、《沙棘原果汁》（SL 353—2006）、《沙棘籽油》（SL 495—2010）、《沙棘果叶采摘技术规范》（SL 494—2010）、《沙棘黄酮质量标准》（T/ISAS 001—2019）等，其中《沙棘果汁》《沙棘籽油》已于 2020 年 5 月 7 日由水利部发出公告停止执行。

各类标准规程编制大纲或成果审查会（北京）

2015年7月，由水利部沙棘开发管理中心承担的《沙棘苗木》标准英译稿通过水利部国际合作与科技司组织的技术审查。这是我国第一部沙棘英文标准。

2019年7月，经专家评审，国际沙棘协会（ISA）第一个团体标准《沙棘黄酮质量标准》对外颁布。

国内颁布的最高级别的标准——国标目前只有1个：《中国沙棘果实质量等级》（GB/T 23234—2009）。

国内已备案的行业标准有6个，其中4个来自水利，2个来自林业。

编号	标准号	标准名称	行业领域	批准日期	实施日期	备案号	备案日期
1	LY/T 3074—2018	沙棘种质资源异地保存库营建技术规程	林业	2018/12/29	2019/5/1	65751—2019	2019/1/4
2	LY/T 2287—2014	植物新品种特异性、一致性、稳定性测试指南 沙棘	林业	2014/8/21	2014/12/1	48787—2015	2015/7/3
3	SL 494—2010	沙棘果叶采摘技术规范	水利	2010/7/7	2010/10/7	29921—2010	2014/12/26
4	SL 283—2003	沙棘种子	水利	2003/3/25	2003/6/1	21398—2007	2014/12/26
5	SL 350—2006	沙棘生态建设工程技术规程	水利	2006/10/23	2006/12/1	21915—2007	2014/12/26
6	SL 284—2003	沙棘苗木	水利	2003/3/25	2003/6/1	21399—2007	2014/12/26

国内已备案的地方标准有38个，其中青海12个，黑龙江7个，新疆5个，山西3个，辽宁2个，河北2个，内蒙古2个，甘肃2个，吉林1个，宁夏1个，四川1个。

编号	标准号	标准名称	省（自治区、直辖市）	状态	批准日期	实施日期	备案号	备案日期
1	DB51/T 2650—2019	川西北沙地沙棘栽培技术规程	四川	现行	2019/12/17	2020/1/1	69426—2020	2020/1/8
2	DB14/T 1855—2019	沙棘木蠹蛾检疫技术规程	山西	现行	2019/7/8	2019/9/8	67927—2019	2019/12/12
3	DB23/T 2352—2019	沙棘育秧盘硬枝扦插规程	黑龙江	现行	2019/4/3	2019/5/2	63436—2019	2019/10/21
4	DB62/T 2972—2019	沙棘果籽分离技术规范	甘肃	现行	2019/3/7	2019/4/1	62273—2019	2019/9/24
5	DB14/T 1697—2018	沙棘扦插育苗技术规程	山西	现行	2018/7/30	2018/9/30	61213—2019	2018/10/19
6	DB14/T 1696—2018	沙棘播种育苗技术规程	山西	现行	2018/7/30	2018/9/30	61212—2019	2018/10/19
7	DB23/T 2006—2017	沙棘木耳棚室挂袋栽培技术规程	黑龙江	现行	2017/11/23	2017/12/23	59787—2018	2018/4/9
8	DB23/T 2002—2017	沙棘家系和优良杂交组合选育技术规程	黑龙江	现行	2017/11/23	2017/12/23	59742—2018	2018/4/9
9	DB23/T 1974—2017	沙棘果园整形修枝技术规程	黑龙江省	现行	2017/9/7	2017/10/7	59899—2018	2018/4/9
10	DB15/T 1299—2017	沙棘种子质量分级	内蒙古	现行	2017/12/25	2018/3/25	57048—2017	2017/12/26
11	DB63/T 1604—2017	西藏沙棘播种育苗技术规程	青海	现行	2017/10/16	2017/12/20	56950—2017	2017/10/27
12	DB63/T 1603—2017	肋果沙棘播种育苗技术规程	青海	现行	2017/10/16	2017/12/20	56949—2017	2017/10/27
13	DB64/T 1201—2016	沙棘木蠹蛾防治技术规程	宁夏	现行	2016/12/28	2017/3/28	55382—2017	2017/1/23
14	DB15/T 998—2016	沙棘木蠹蛾防治技术规程	内蒙古	现行	2016/5/10	2016/8/10	49715—2016	2016/6/6
15	DB63/T 1356—2015	肋果沙棘种植技术规范	青海	现行	2015/2/9	2015/3/15	44855—2015	2015/2/25
16	DB23/T 1540—2014	地理标志产品 孙吴大果沙棘果	黑龙江	现行	2014/1/2	2014/2/2	43066—2014	2014/7/10
17	DB63/T 1229—2013	中国沙棘种子育苗技术规程	青海	现行	2013/9/6	2013/10/15	38497—2013	2013/10/9

续表

编号	标准号	标准名称	省（自治区、直辖市）	状态	批准日期	实施日期	备案号	备案日期
18	DB63/T 1227—2013	中国沙棘低产林改造技术规程	青海	现行	2013/9/6	2013/10/15	38495—2013	2013/10/9
19	DB63/T 1228—2013	中国沙棘经济林建设技术规程	青海	现行	2013/9/6	2013/10/15	38496—2013	2013/10/9
20	DB65/T 3493—2013	大果沙棘绿枝扦插育苗技术规程	新疆	现行	2013/7/1	2013/8/1	38339b—2013	2013/9/28
21	DB22/T 1196—2011	沙棘生产技术规程	吉林	现行	2011/8/15	2011/8/15	36343—2013	2013/1/25
22	DB62/T 2168—2012	庆阳市沙棘育苗及造林技术规程	甘肃	现行	2012/7/20	2012/8/30	35222—2012	2012/10/31
23	DB21/T 1854—2010	沙棘丰产栽培技术规程	辽宁	现行	2010/12/30	2011/1/30	30022—2011	2011/3/14
24	DB21/T 1832—2010	沙棘扦插育苗技术规程	辽宁	现行	2010/9/28	2010/10/15	29079—2010	2010/11/9
25	DB63/T 851—2009	大果沙棘病虫害防治技术规范	青海	现行	2009/10/27	2009/11/30	26375—2009	2009/11/6
26	DB63/T 828—2009	中国沙棘扦插育苗技术规程	青海	现行	2009/9/19	2009/11/18	26352—2009	2009/11/6
27	DB63/T 853—2009	大果沙棘种植技术规范	青海	现行	2009/10/27	2009/11/30	26377—2009	2009/11/6
28	DB63/T 852—2009	大果沙棘苗木培育技术规范	青海	现行	2009/10/27	2009/11/30	26376—2009	2009/11/6
29	DB63/T 827—2009	中国沙棘优株选育技术规程	青海	现行	2009/9/19	2009/11/18	26351—2009	2009/11/6
30	DB63/T 826—2009	中国沙棘生态经济林基地建设技术规程	青海	现行	2009/9/19	2009/11/18	26350—2009	2009/11/6
31	DB65/T 2989—2009	沙棘栽培技术规程	新疆	现行	2009/8/1	2009/9/1	26083—2009	2009/9/29
32	DB65/T 2907—2008	大果沙棘主要有害生物防治技术规程	新疆	现行	2008/9/20	2008/10/20	23914—2009	2009/1/5
33	DB65/T 2906—2008	大果沙棘栽培技术规程	新疆	现行	2008/9/20	2008/10/20	23913—2009	2009/1/5
34	DB65/T 2905—2008	大果沙棘无性繁殖育苗技术规程	新疆	现行	2008/9/20	2008/10/20	23912—2009	2009/1/5
35	DB23/T 1194—2007	沙棘栽培技术规程	黑龙江	现行	2007/12/12	2008/1/12	21790—2008	2008/1/9
36	DB23/T 1129—2007	沙棘繁殖技术	黑龙江	现行	2007/1/24	2007/2/24	21733—2008	2008/1/7
37	DB13/T 535—2004	沙棘果实质量	河北	现行	2004/3/29	2004/3/29	16038—2004	2004/11/16
38	DB13/T 536—2004	沙棘生产技术规程	河北	现行	2004/3/29	2004/3/29	16039—2004	2004/11/16

国内发布的团体标准有 5 个，其中《特种食用油》为沙棘油团体标准公布前可借用的相关标准。

编号	团 体 名 称	标准编号	标准名称	公布日期
1	国际沙棘协会	T/ISAS 002—2020	沙棘原果汁	2020/7/20
2	国际沙棘协会	T/ISAS 001—2020	沙棘籽油	2020/7/20
3	国际沙棘协会	T/ISAS 001—2019	沙棘黄酮质量标准	2019/1/15
4	中国食品工业协会	T/CNFIA 103—2018	沙棘露酒	2018/11/12
5	广州市循环经济清洁生产协会	T/GZCECP 2—2017	特种食用油	2017/12/12

（二）编制落实了不同层次的沙棘规划设计报告

35 年中，国内沙棘资源建设与开发利用的蓬勃发展，始终离不开规划设计在其中所起的作用。在“三北”地区，几乎每一个适宜沙棘种植的省区、地市甚至县级政府部门，都有来自有关单位所编制的沙棘发展规划。

从国家层面来看，由全国沙棘办负责编制了《1991—1995 年沙棘开发利用发展规划》；水利部沙棘开发管理中心负责编制了《1996—2000 年全国沙棘事业发展规划纲要》《“九五”沙棘事业发展规划纲要》《全国沙棘资源建设专项规划（1998—2030 年）》《“三北”地区沙棘植被建设规划》等；国家林业和草原局在《全国经济林发展规划（2021—2030 年）》中，也列有沙棘的独立规划。

在省区层面上，甘肃省沙棘协调办公室编制了《甘肃省“八五”期间沙棘开发利用发展规划》；陕西省沙棘开发利用办公室编制了《陕西省沙棘开发利用“八五”规划》；黄委沙棘办公室（简称“黄委沙棘办”）负责编制了《黄河流域“九五”沙棘发展规划》等。

在地县层面上，也有不同的沙棘规划，如由黄委下达、内蒙古伊克昭盟完成的《砒砂岩地区沙棘示范片造林规划》，由中国农业科学院农业资源与农业区划研究所负责编制的《山西省岚县沙棘产业发展规划（2020—2030 年）》等。

从 2005 年以来，经由水利部沙棘开发管理中心负责编制的这类规划很多，主要有：《内蒙古鄂尔多斯市沙棘资源建设与综合开发利用规划》《陕西省吴起县沙棘资源建设与综合开发利用规划》《黑龙江省孙吴县沙棘资源建设与综合开发利用规划》《新疆维吾尔自治区克拉玛依市沙棘精品工程建设与综合开发利用规划》《新疆维吾尔自治区阿勒泰地区沙棘资源建设与综合开发利用规划》《黑龙江林口县沙棘资源建设与产业发展规划》《黑龙江省八面通重点国有林管理局沙棘资源建设与产业发展规划》《西藏阿里地区沙棘资源建设及产业发展规划》《新疆维吾尔自治区塔什库尔干县沙棘种植与开发规划》《新疆阿克陶县沙棘种植开发综合规划》等。

水利部沙棘开发管理中心负责编制的可研报告有：“青海省黄河干流地区沙棘开发基地建设可行性研究报告”“新疆吉木萨尔国泰新华矿沙棘生态治理项目可行性研究报告”等。

岚县沙棘产业发展规划评审会（2020 年，北京）

克拉玛依市沙棘精品工程规划审查会（2007 年，北京）

阿勒泰地区沙棘资源建设与综合开发利用规划审查会（2009 年，新疆阿勒泰）

林口县沙棘资源建设与产业发展规划审查会
（2018 年，黑龙江林口）

阿里地区沙棘资源建设及产业发展规划汇报会
（2020 年，西藏噶尔）

这些不同级别层次的规划，为沙棘资源建设与开发利用工作保驾护航，发挥了积极的作用。目前，“规划先行—资源建设—龙头企业进驻”已成为国内许多沙棘开发地区一种十分盛行的主流生态经济产业模式。

（三）举办了形式多样的沙棘咨询和培训活动

在沙棘事业发展征程中，每年举办的有关技术咨询和各种各样的培训活动就从来没有中断或停止过，咨询与培训活动一直和沙棘的发展相伴而生，维护着沙棘事业的向前推进。

1. 沙棘咨询服务有声有色

为了更好地团结广大沙棘科技工作者，开展国内外沙棘学术交流，普及沙棘技术知识，倡导沙棘先进技术，推动我国沙棘学术水平更上一层楼，1987 年 6 月 29 日，中国水土保持学会沙棘专业委员会（简称“沙棘专委会”）在北京正式成立。来自水利、林业、轻工、经贸等行业和有关地区共 43 个单位、55 人组成了首届沙棘专委会。35 年中，作为行业主管部门，水利部沙棘开发管理中心与沙棘专委会一起，以服务沙棘生态建设工程作为己任，开展了多种多样的沙棘咨询活动。

1988 年 3 月 22—24 日，沙棘专委会在陕西西安召开了常委扩大会议，就全国沙棘开发战略、种苗基地及种植园建设、召开国际沙棘学术会议等事项进行了研讨，原学科组调整为良种培育、医药、日化、情报以及开发利用等。

1990 年 7 月 24—27 日，沙棘专委会在山西五台召开了常委扩大会议，会议确定了“八五”沙棘开发战略，特别就资源建设、产品加工、医药研究和信息交流等方面开展了研讨。

沙棘治理砒砂岩技术咨询

1998年以来，在基建项目“晋陕蒙砒砂岩区沙棘生态工程”“晋陕蒙砒砂岩区窟野河流域沙棘生态减沙工程”“晋陕蒙砒砂岩区十大孔兑沙棘生态减沙工程”实施过程中，水利部沙棘开发管理中心与沙棘专委会一起，组织专家从良种选育、苗木培育、种植技术、果实采收和加工利用各个环节，提供全程技术咨询服务，树立了砒砂岩沙棘项目作为水土保持建设的标志性品牌工程、地方政府生态建设的亮点工程和农村脱贫增收的富民工程，为有效防止入黄泥沙，做出了突出贡献。

1995年10月，中国科学院资深院士阳含熙、中国工程院资深院士关君蔚等专家在内蒙古伊克昭盟开展“发展沙棘，保持水土，建设生态农业”的考察，对砒砂岩区沙棘生态工程开展把脉和咨询。关君蔚院士认为，沙棘为黄河多沙粗砂区治理找到了“一把钥匙”。

2005年12月11—12日，水利部沙棘开发管理中心、沙棘专委会联合在深圳召开了以“生产标准，质量安全”为主题的全国沙棘发展研讨会。各企业代表在大会上就沙棘的种植、加工、质量标准、市场培育、宣传、科研等方面做了积极的交流。代表们一致认为，此次会议以沙棘的质量控制为主题，针对大家共同关心的沙棘产品及原料的质量、市场的宣传培育以及沙棘科研等问题交换了看法，为企业提供了互相学习、借鉴的平台，会议举办得很及时，对沙棘企业和产业的发展起到了很大的促进作用。

青海省沙棘开发技术咨询（2008年，北京）

2008年3月14日，青海省商会负责人来水利部沙棘开发管理中心，就国内外沙棘品种、种植、开发等方面的情况进行了咨询。

2009年3月10—11日，新疆阿勒泰地区行署及地区林业局有关领导，与水利部沙棘开发管理中心领导就阿勒泰地区种植开发沙棘事宜进行了协商。沙棘中心将受邀负责编制阿勒泰地区沙棘种植与开发规划，中心2～3名专家将被聘任为阿勒泰地区技术顾问。双方还就今年沙棘良种、优质种苗、种植面积及当地野生沙棘利用等方面进行了探讨，并约定今后继续寻求进一步合作的机会。

2010年6月23日，新疆阿勒泰地区林业局就沙棘资源建设与开发利用工作和水利部沙棘开发管理中心有关技术人员进行了咨询座谈。

沙棘利用及产业发展咨询会（2010年，新疆阿勒泰）

2014年6月12日，内蒙古鄂尔多斯市委、市政府召开座谈会，与水利部沙棘开发管理中心进行座谈交流，共同探讨促进鄂尔多斯市沙棘产业发展的思路和措施。

2017年7月6—7日，应黑龙江省林口县委、县政府，以及黑龙江省森工总局八面通林业局邀请，水利部沙棘开发管理中心一行前往黑龙江省林口县、穆棱市，对沙棘种植和开发情况进行了实地考察，并结合现场中发现的问题，分别谈了振兴当地沙棘产业的具体意见。

林口县沙棘种植和产业化咨询（2017 年，黑龙江林口）

八面通林业局沙棘种植和产业化咨询（2017 年，黑龙江穆棱）

2018 年 8 月 6—7 日，新疆阿合奇沙棘产业发展研讨会在新疆阿合奇县召开。8 月 7 日，来自国际沙棘协会、江苏省无锡市工商联、北京大学、南京农业大学、南京大学、江南大学、西北农林科技大学、南京野生植物综合利用研究院、沙棘圈媒体，以及来自新疆、江苏无锡的沙棘企业做了专题发言和讨论，为阿合奇县的沙棘产业把脉建言。参会人员参观了库兰萨日克乡沙棘育苗基地、种植基地和新疆金之源生物有限公司工厂。研讨会期间，阿合奇县政府、企业与相关高校签订合作协议，发布了研讨成果，并成立了戈壁沙棘协会。

众专家为沙棘产业发展建言献策（2018 年，新疆阿合奇）

2018 年 11 月 28 日，水利部沙棘开发管理中心在北京召开了沙棘前瞻性研发工作专家座谈会。8 位专家针对沙棘工作，从科研生产一线角度，提供了翔实的情况，对沙棘事业发展提出了具体的要求，从各自角度分别提出了宝贵建议。

沙棘前瞻性研发工作专家座谈会（2018 年，北京）

2019 年 7 月 18 日，在全国沙棘学术交流会召开期间，新疆生产建设兵团第九师一七〇团就沙棘产业发展，向与会企业家开展了有关咨询。

一七〇团沙棘产业发展咨询（2019 年，新疆额敏）

2019 年 10 月 31 日，新疆阿克陶县政府、县供销社、县农业农村局、林业局、自然资源局、林草局、水利局等有关单位与水利部沙棘开发管理中心有关人员，就沙棘优质资源基地建设和产业开发前景，进行了有关咨询和交流。

新疆阿克陶沙棘产业发展咨询（2019 年）

2020 年 10 月 12—15 日，纪念全国沙棘开发事业 35 周年活动在山西省吕梁市举办，一批老专家、老领导齐聚 35 年前沙棘事业的发源地，回顾总结 30 多年沙棘开发成就经验，展望谋划今后沙棘开发战略，并为山西吕梁的沙棘资源建设与开发利用工作把脉，提出了今后发展的方向和具体措施。

山西吕梁沙棘产业发展咨询（2020 年）

多年来，在对新疆阿勒泰、克拉玛依、喀什等地，陕西榆林，黑龙江孙吴、林口、穆棱等地的沙棘种植与开发工作中，水利部沙棘开发管理中心与沙棘专委会、ISA 秘书处一起，开展了常年性的技术咨询工作，帮助地方政府提出有关决策，为企业排忧解难，共商发展思路，有效地促进了这些地区沙棘事业的正常运行。

2. 沙棘培训活动有的放矢

事实上，一有沙棘种植工程上马，即有相应的沙棘培训活动开始。通过聘请国内外知名学者、专家担任主讲教师，传授沙棘种植开发环节中的理论知识、关键技术，提高了沙棘专业队伍的素质，形成了一支能征善战的沙棘人才队伍。

1994 年 6 月 29—30 日，由全国沙棘办和黄委沙棘办共同主持的“全国沙棘育种工作研讨会”在北京召开。来自青海、宁夏、甘肃、陕西、山西、内蒙古、辽宁、黑龙江、黄河水利委员会、北京林业大学、中国林科院、中科院西北水保所及黄河水利委员会天水、西峰、绥德水保试验站的 30 余位专家教授和科研人员出席了会议。会议传达了 1993 年全国沙棘资源建设现场会议精神，学习了钮茂生部长对沙棘工作的重要讲话，与会同志交流了近年来沙棘育种工作的情况，研讨了沙棘优良品种培育的技术和途径。会议建议成立全国沙棘育种协作组，并拟定在下一年适当时间举办沙棘育种培训班。会议代表还希望沙棘开发动态在交流育种信息方面发挥更大作用。

1995年3月5—13日，全国沙棘办和黄委沙棘办联合在陕西临潼举办了“全国沙棘良种繁育研讨班”。参加这次研讨班的有来自北京、河北、山西、内蒙古、辽宁、陕西、甘肃、青海、宁夏等10省（自治区、直辖市）从事沙棘管理、教学、科研和生产单位的63名代表，包括黄河中游15个沙棘种植基地县的相关人员；授课老师几乎请到了国内沙棘育种界的所有知名学者专家。这次研讨班旨在更好地贯彻1993年伊盟会议精神，顺应沙棘发展形势，加大沙棘良种选育繁殖力度，为营造高标准沙棘林培养一支素质过硬的沙棘良种繁育队伍。研讨班以研讨为核心，以提高参会者对沙棘的认识和信心为目的，通过有序的教学手段，基本上达到了预期的效果。

全国沙棘良种繁育研讨班授课及交流（1995年，陕西临潼）

1996年3月20—31日，黄委沙棘办在内蒙古磴口举办了沙棘育种高级研讨会，来自北京、内蒙古、陕西、甘肃、宁夏、辽宁等6省（自治区、直辖市）的30多位技术人员参加了会议。研讨会由黄委沙棘办高级技术顾问、中国林科院研究员黄铨主讲，他围绕林木育种基础理论、基本技术和国家技术标准，国内外林木育种的基本情况和经验，就沙棘育种的策略、技术方案等进行了全面系统的阐述，特别是结合我国10年来开展沙棘育种工作的经验教训，有的放矢，回答了生产实践中存在的一些共性问题和难题。会议还组织参观了磴口沙棘育种基地，现场交流、讨论和解答了各类沙棘育种技术问题。

1998年12月13—19日，由黄委黄河上中游局UNDP项目办主办的沙棘资源开发技术培训班在陕西西安举行。来自黄河上中游6省（自治区、直辖市）水保部门从事沙棘工作的技术骨干计32人参加了培训。这次培训是UNDP中国沙棘开发项目的一项重要内容，培训内容包括沙棘属植物概论、国内外沙棘资源开发的成就与发展动态、沙棘育种育苗技术、栽培技术、加工技术及项目管理等，目的是培养中高级专业技术和管理人员，壮大沙棘工作队伍。

1999年3月31日至4月2日，在国家外专局的支持和领导下，新疆大果沙棘培训班在新疆乌鲁木齐举办。4位专家就沙棘育苗、种植和加工、市场等做了培训，来自新疆13个地州39个县（市、区）的有关单位学员得到了培训。国家外专局还向受训的各地学员赠送了30个俄罗斯大果沙棘无性系苗木3万株。

1999年年初，由国家外国专家局、陕西省引进智力办公室在陕西榆林举办了晋陕蒙俄罗斯大果沙棘繁育技术培训班。5名专家就俄罗斯大果沙棘的特点、大果沙棘的育苗方法及集约化经营管理技术等做了系统的讲解。来自陕西、山西、内蒙古3省（自治区）的60多名学员受到了培训。

2000年5月20—22日，由国家外国专家局主办，在辽宁阜新召开了全国沙棘良种选育研讨会，11个省（自治区、直辖市）90余人参加了这次研讨会。在这次研讨会上，林木病虫害防治专家、水保专家和林学专家等做了专题报告。研讨会还在现场沙棘嫩枝扦插全光喷雾设备使用实际操作教学，使参会的一些刚入行的技术和管理人员掌握到了一些实际操作技能。

大果沙棘繁育技术培训（1999 年，新疆乌鲁木齐）

大果沙棘繁育技术培训（1999 年，陕西榆林）

从 1999 年开始的 20 多年时间里，许多年份都围绕基建项目“晋陕蒙砒砂岩区沙棘生态工程”“晋陕蒙砒砂岩区窟野河流域沙棘生态减沙工程”“晋陕蒙砒砂岩区十大孔兑沙棘生态减沙工程”，按照“一条龙、八流程”的要求，分层逐级，根据年度计划和项目进展情况，对参与项目实施的行政领导、技术人员、管理人员开展多种形式的培训，使他们了解国内外最新沙棘动态、熟悉项目实施流程，掌握种植技术要点。特别是重视对广大种植农户的宣传培训发动，在确定项目种植点后，通过召开群众大会、利用村务公开栏和可视传媒，宣传项目的机制、种植技术、兑现政策标准以及沙棘的经济价值。通过深入宣传后，按照双向选择的原则，由老百姓自愿与施工单位签订种植承包合同。

晋陕蒙砒砂岩区沙棘生态工程项目区每年都开展的各类培训

2006 年 9 月 18—22 日，“欧亚沙棘可持续利用战略发展网建设项目”高级培训班在北京举行。2005 年 8 月，水利部国际沙棘研究培训中心与德国不来梅技术推广中心（TTZ）、德国 NIG 公司、俄罗斯北方林业研究所共同启动实施了这一项目，实施时间为 2005 年 8 月 1 日至 2007 年 7 月 30 日，旨在建立欧洲、中国、俄罗斯和独联体国家之间的一个共同提高沙棘可持续利用的相互合作网，从而促进沙棘的可持续利用、改进沙棘果采收及加工技术方法、促进生产符合欧洲市场标准的高质安全的沙棘产品、在资源国家建立长期的沙棘产业。来自德国、俄罗斯、芬兰、尼泊尔和中国8个省（自治区、直辖市）的30多位学员参加了培训。此次培训分为5个专题："沙棘种植栽培与果实采收""沙棘初加工技术""沙棘深加工技术""沙棘产品质量安全控制""沙棘市场开发与销售"。该培训对沙棘研究人员进行一次系统的、全面的培训，将进一步提高沙棘研究人员的知识和技术水平。

沙棘生态建设与开发技术推广培训班（2006年，四川小金）

欧亚沙棘网络项目高级培训班（2006年，北京）

德国NIG公司Gerhard Gimmler做"沙棘加工"专题培训（2006年，北京）

德国柏林科技大学Thomeas Mörsel博士做"沙棘质量与安全"培训（2006年，北京）

德国不来梅应用科学大学Anja Nok博士做"沙棘深加工及产品研发"培训（2006年，北京）

德国不来梅应用科学大学 Regina Brucksch 博士做“沙棘市场与宣传”培训（2006 年，北京）

俄罗斯北方林业科学研究所 Natalia 研究员做“沙棘栽培与采收”培训（2006 年，北京）

颁发结业证书（2006 年，北京）

2007 年 5 月 14—18 日，“欧亚沙棘可持续利用战略发展网建设项目”终期培训班在内蒙古自治区鄂尔多斯市东胜区举办，对来自蒙古国的 5 名沙棘工作者及来自我国陕西、内蒙古等地区 50 名沙棘专业技术、管理人员进行了为期 3 天的技术培训，培训重点包括沙棘栽培与采收、产品加工、产品开发、质量和安全管理 5 个专题。培训后还组织参观了鄂尔多斯市高原圣果生态建设开发有限公司、九成宫沙棘良种繁育基地和础砂岩沙棘生态建设工程。通过培训，学员们系统掌握了国外沙棘建设与开发等方面的技术、规范和经验，促进了国内外沙棘发展的宣传与交流。

欧亚沙棘网络项目终期培训班（2007 年，内蒙古鄂尔多斯）

2012年7月10—13日，由水利部沙棘开发管理中心等8家单位承担的水利部948项目“俄罗斯第三代沙棘良种引进”（201216）研讨会在内蒙古鄂尔多斯召开。会议就工作内容、要求、方法等进行了深入研讨和培训。同时，围绕国家生态建设和经济开发的目标，就沙棘下一阶段的育种目标、扩繁体系建设等展开了讨论。会议还组织与会者考察了位于内蒙古准旗暖水沙棘基地的大棚建设、区域性试验、嫩枝扦插等工作，参观了鄂尔多斯市高原圣果生态建设开发有限公司的车间生产线等。

水利部948项目研讨会（2012年，内蒙古鄂尔多斯）

2017年11月8—9日，由国际沙棘协会举办的“国际沙棘协会中国沙棘企业能力提升培训班”在山西太原召开，培训内容包括沙棘保健品食品注册备案相关新规、沙棘的健康作用与潜在临床价值以及企业如何面对不同的听众做好宣传等内容。来自全国36个沙棘企业和研究单位的65位代表参加了这次培训班。

沙棘企业能力提升培训（2017年，山西太原）

从2017年以来，黑龙江省林口县、穆棱市等地，每年都利用冬闲时间或在早春芽未开放前，聘请专家为当地群众举办沙棘剪枝培训，以确保沙棘能够稳产丰产。

黑龙江省每年都要开展的沙棘冬剪

2018年新年伊始，甘肃省庆阳市就在华池县举办了全市沙棘栽培管理技术培训班。全市8县（市、区）林业局局长和林业技术推广站站长、市林业局有关部门负责人，华池县林业局、农牧局、水保局干部职工及乡镇负责人、有关企业80余人参加了培训。培训班邀请西北农林科技大学知名教授，重点围绕沙棘开发的意义、沙棘的主要生化成分、沙棘开发的主要途径、沙棘开发利用应注意的问题进行了深入详细的讲解。培训会后，参训人员现场参观了华池县高原圣果有限公司沙棘生产车间，随后赴华池县紫坊畔乡沙棘栽植基地进行实地观摩。

莫旗2018年春季沙棘栽植技术培训班

2018年4月1日，内蒙古莫力达瓦达斡尔族自治旗林业局举办了全旗春季沙棘栽植技术培训班，邀请有关专家讲解沙棘栽植等相关技术知识。参加会议的有旗林业局领导班子成员、各国有林场主任及技术员、各基层林工站站长和行政村村两委代表以及部分沙棘种植户等。通过培训，提高了沙棘户对沙棘种植技术、病虫害防治、高产技能的掌握，给广大沙棘户带去了实惠，受到沙棘户的一致好评，达到了预期的效果。

2019年，水利部沙棘开发管理中心承担了中国科协科普惠民服务专项服务定点扶贫项目“沙棘生态经济型新品种引种示范”专题。为了搞好这项工作，全年共开展2次技术培训，第一次为良种繁育技术培训，重点为嫩枝扦插技术培训，于6月下旬开展，培训人员25人，由专家在田间按扦插步骤进行示范教学，同时发放了培训材料；第二次为专项种植技术培训，于10月下旬开展，共培训人员29人，由专家在田间按整地、种植步骤进行示范教学，同时发放了培训材料。

中国科协科普惠民服务专项良种繁育技术培训（2019 年，山西岚县）

中国科协科普惠民服务专项种植技术培训（2019 年，山西岚县）

另外，在每年召开的全国性沙棘会议上，以会代培，也取得了较好的培训效果。同时，采取“走出去，请进来”的方式，通过参加各类国内会议、国际会议，更好地提高了沙棘人才队伍的水平，推动了这支队伍的建设成效。

（四）组织完成了多项沙棘适用技术的攻关研发，牵头召开了各类沙棘学术交流研讨会议

35 年中，有关单位通过开展沙棘领域的科技攻关，解决了生产实践中面临的大量的技术难题；通过举办地区、全国、国际性的各类沙棘学术会议，有效地传播了最新研发成果，让科技成果更好地服务于中国沙棘事业。

1. 沙棘科研成果屡有突破

1986 年，山西省医药研究所分别受山西省科委、经委和山西省沙棘基地开发协调领导小组的委托，开展了沙棘药用研究以及沙棘保鲜和保健品的应用研究，经过近 4 年的努力，至 1989 年，已对从沙棘原果到果渣进行了多层次的综合利用研究，研制的沙棘冲剂已由山西省卫生厅批准投入批量生产，用于治疗慢性支气管炎。在此基础上，又完成了沙棘冲剂在心血管疾病方面的应用研究。该所还完成了沙棘黄酮提取工艺、元素分析、毒性试验和对心血管疾病的治疗作用研究，并研制成沙棘黄酮胶囊、沙棘黄酮片。该所研制完成的沙棘原粉生产工艺，V_C 损失少，实用简单，较成功地解决了沙棘原料长途运输和沙棘固体饮料的生产问题。此外，还研制出了富锌沙棘豆和康寿晶两种沙棘保健品，并进入了工厂化生产。

1987 年 12 月 25 日，由山西杏花村酒厂、山西省食品工业研究所及方山县大武酒厂共同研制的“半干沙棘酒”在山西省杏花村酒厂技术鉴定，山西省轻工厅主持了鉴定会。据此，山西省内的沙棘酒，既有真武沙棘酒、玫瑰香沙棘酒等甜型酒，也有半干及干型果酒。

1988 年 7 月 21 日，由陕西省沙棘开发利用办公室和陕西省沙棘开发利用科研中心下达，西安市轻工业科学研究所和西安啤酒厂共同完成的“沙棘啤酒酿造新工艺及其产品”在西安通过省级技术鉴定。沙棘啤酒以沙棘果汁、麦芽、白糖为主要原料，按科学配方，选用优良啤酒酵母，采用低温发酵等先进工艺，精心配制而成，填补了陕西省果味啤酒的空白。

真武沙棘酒

沙棘是一种野生植物。沙棘果实富含多种维生素Vc、Ve、Va等均居于鲜水果之首。

沙棘酒是以沙棘果为原料，经发酵精酿而成，色呈桔黄，酸甜醇和，是果露酒中独具特色的新品种，是不添加香精色素，不带农药残毒的理想饮用佳品。

本品具有补脾健胃，消除疲劳，增进食欲之功效。适量久饮可延缓人体细胞老化达到延年益寿之目的。本品多次荣获省、全国酒类评比优良奖。

山西杏花村汾酒厂

真武沙棘酒

黑龙江省科委根据本省情况，通过对苏联浆果生产考察，将沙棘列为全省浆果发展的主要树种之一。1989—1993 年，委托省农科院浆果研究所开展“沙棘新品种选育”，并将这一课题列为省科委“七五”末期和“八五”期间的重点项目。

1990 年 2 月 27 日，由山西省医药研究所与娄烦县、古交科委共同承担的“沙棘人工栽培技术研究”，经过 4 年的工作，在山西太原通过由太原市科委组织的技术鉴定。

1990 年 12 月 22 日，由庆阳师专完成的“沙棘组织培养及综合利用研究”课题，通过了由甘肃省庆阳地区科技处主持的成果鉴定。

1991 年，由中国林科院林产化学工业研究所承担的国家“七五”科技攻关项目专题“沙棘油提取工艺研究”，通过了由林业部组织的鉴定。所采用的节管式液态连续萃取工艺与设备先进，具有较高技术水平和推广应用价值。

1992 年 10 月 21 日，由黄委天水水保站负责完成的“中国沙棘地理种源试验”课题在甘肃天水通过鉴定，鉴定会议由黄委主持。专家们认为，课题筛选的优良种源和单株，为当地提供了良好的材料。

1989 年 11 月 7—9 日，由辽宁省水电厅主持，对建平县水保站、朝阳市水保总站、辽宁省水保

站完成的“辽西半干旱地区建平大面积人工沙棘水土保持林技术开发研究”课题进行成果鉴定，专家认为在大面积沙棘水土保持林营造和结合水土保持综合治理三大效益研究方面，这一课题研究成果居国际领先水平。这一课题荣获1992年辽宁省科技进步一等奖。

由青海省农林科学院林业科学研究所完成的“青海省沙棘资源的综合开发利用研究”，荣获1992年林业部科技进步三等奖。

由黄河水利委员会西峰水土保持科学试验站完成的“黄土高原半干旱地区武沟沙棘栽培技术和综合经济效益研究”，荣获1993年水利部科技进步三等奖。

1994年，由陕西省沙棘食品实验厂所属陕西艾康沙棘制药有限公司同陕西省农科城天然产品研究所共同研制的“艾得康”沙棘系列口服液（儿童型），在陕西西安通过了省级技术鉴定和投产鉴定。

由陕西省延安市农机研究所等完成的“沙棘产地加工工艺及设备研究”，荣获1994年农业部科技进步三等奖。

1995年3月15日，由山西通宝生物技术产业公司开发研制的，以沙棘黄酮为主要成分并配以红花、甘草提取物，经先进工艺精制而成的“中华爱心宝沙棘黄酮口服液”在山西太原通过了由山西省科委组织的科技成果鉴定。

1995年，由中国石油天然气总公司长庆石油勘探局所属陕西长庆药用沙棘油厂开发研制的“长力牌”沙棘油保健系列产品——美夫人晨霜、美夫人晚霜、帅克男士霜、特效劳保护肤霜、乖孩子儿童霜、高级润肤霜（中老年型）、柔肤营养奶液、沙棘滋养油等，在陕西西安通过省级科技成果鉴定与新产品投产鉴定。省经贸委、省轻工厅聘请的有关专家认为，“长力牌”沙棘油护肤系列产品香气纯正，膏体细腻，光亮均匀，护肤保健效果明显。这一产品经产品质量监督检验所和省卫生防疫站检测，各项理化指标和卫生指标符合QB/T 1857—93和GB 7917—87规范，其中美夫人晨霜、美夫人晚霜已荣膺卫生部、外经贸部、国家科委联合主办的“1994年第一届中国国际保健节”金奖。

大面积营造沙棘水土保持林技术成果鉴定会（1989年，辽宁建平）

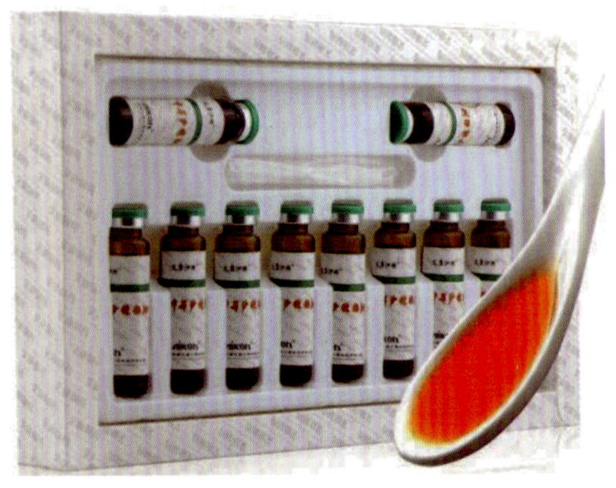

艾得康沙棘口服液

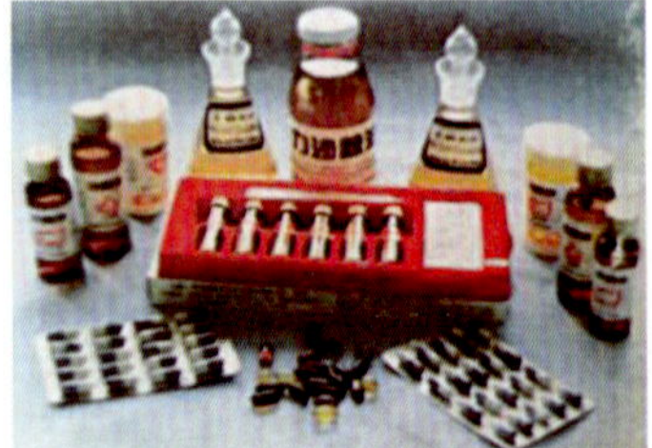

“长力牌”沙棘油保健系列产品

由四川美大康药业有限公司完成的“沙棘黄酮及心达康片工艺技术研究开发及应用”，荣获1996年四川省科技进步三等奖。

1997年1月23—24日，由陕西省水土保持勘测规划设计研究所、黄委沙棘办和中国林科院林研所共同承担的“沙棘良种选育”课题，在陕西西安通过了省级鉴定。课题于1989年立项，历时8年选育出复合无性系新原种1个、经济型果用和观赏用沙棘新品种原种各1个。

1997年4月23日，由黄委沙棘办、内蒙古伊克昭盟水保所和中国林科院共同承担的“内蒙古砒砂岩地区沙棘育种研究”课题，在北京通过了水利部科技司组织的成果鉴定。课题选育出了2个复合无性系新品种原种“黄河1号”和“乌沙2号”。

由青海省农林科学院林业研究所完成的“沙棘无性繁殖与沙棘园开发技术研究”，荣获1997年林业部科技进步三等奖。

陕西省“50万亩沙棘人工丰产林技术”项目，于1998年6月26日，在陕西西安由陕西省水利厅组织鉴定和验收。该项目由陕西省农业开发办公室审批立项并提供部分费用，由陕西省水保局负责实施，形成了一整套沙棘人工丰产林营造和抚育管护技术，培养了一支沙棘科技队伍。

1998年10月，由山西省农科院情报所完成的“沙棘开发利用情报研究”课题通过了省级鉴定，专家们一致认为该课题是情报研究的一个成功范例，是我国对苏联沙棘科技情报研究的重大突破，其深度和广度前所未有。该成果于2001年4月获山西省科技进步二等奖。

1998年10月6日，由中国林科院主持，黄委黄河上中游管理局等10余个单位参加完成的“沙棘遗传改良系统研究”项目，荣获1998年度国家科技进步一等奖。这一项目始于1985年，经国家“七五”“八五”科技攻关，于1995年完成了项目各项研究任务，通过了由林业部组织的成果鉴定，曾于1996年荣获林业部科技进步一等奖。

国家科学技术进步奖
获奖者证书

科技進步奬
証書
为表彰在促进科学技术进步工作中做出重大贡献者，特颁发国家科技进步奖证书，以资鼓励
获奖项目：沙棘遗传改良系统研究
获奖者：黄铨
奖励等级：一等奖
奖励日期：一九九八年十二月
证书号：
中华人民共和国科学技术部
朱丽兰

沙棘研究获国家科技进步一等奖的唯一成果

由内蒙古自治区科委和黄委立项，内蒙古自治区水科院主持，历时6年完成的“俄罗斯大果沙棘和中国沙棘引种、繁育、栽培示范和集约式沙棘园推广研究”课题，于1999年8月通过由内蒙古自治区科委组织的成果鉴定。专家认为，该项成果对内蒙古的生态建设、牧区草场建设、产业发展和农牧民的脱贫致富具有重要意义。

2000年8月9日，由黑龙江省农科院浆果研究所完成的“盐碱地营造沙棘林及果汁保鲜加工技术”课题通过了成果鉴定。这一课题属于黑龙江省农业科技攻关重大项目，在3年（1998—2000年）时间内，筛选出盐碱品种1个，有望品系2个，并在风沙、盐碱土地上成功营造沙棘林1000亩。该课题于2002年荣获黑龙江省科技进步二等奖。

由甘肃省水利厅下达，甘肃省定西地区水保所和定西县关川河流域综合治理指挥部承担的“沙棘良种引种选育试验研究”课题，经过6年（1995—2000年）的试验研究已完成了试验任务，于2000年12月23—24日进行了阶段验收。项目除引种成功“丘伊斯克”“乌兰格林木”“红霞”外，还在“丘伊斯克”与中国沙棘的杂种苗中，初选出26株（雌株20株，雄株6株）优良单株，有望在区域化试验后获得新品种进行推广。

由辽宁省干旱地区造林研究所完成的“大果沙棘良种引进、选育及其繁殖技术研究”荣获2002年度辽宁省科技进步三等奖。

2004年7月25—26日，水利部国际科司在内蒙古鄂尔多斯市主持召开了由水利部沙棘开发管理中心承担的“叶用型沙棘育种研究”成果鉴定会。这一课题从“蒙×中”“俄×中”杂交组合中各选择出6个共计12个沙棘新品系，以适应性强、生产迅速、叶产量高为特征，可用于建立沙棘茶厂的原料基地。此课题于2007年荣获中国水土保持学会科学技术奖三等奖。

由辽宁中医药大学完成的“沙棘总黄酮抑制血栓形成的实验研究”，荣获2005年辽宁省科技进步三等奖。

2006年12月11日，由水利部沙棘开发管理中心完成的“半干旱区生态经济型沙棘育种研究”，在北京通过了由水利部国科司组织的成果鉴定。这一课题以中国沙棘优良类型“丰宁雄”作为杂交父本，以大果沙棘优良类型“乌兰沙林”为母本，通过2个沙棘亚种良种间的远缘杂交，从1500株“蒙×中”沙棘 F_1 雌株群体中选择的3个新品系。3个新品系与选择群体和亲本比较，具有长势快、生长适应性强、果实大、单株产量高、棘刺少、果实营养品质好以及抗病能力较强等优点。

叶用型沙棘育种研究成果鉴定会
（2004年，北京）

半干旱区生态经济型沙棘育种
鉴定会（2006年，北京）

由辽宁省森林病虫害防治检疫站等单位完成的“沙棘木蠹蛾综合治理技术研究”，荣获2007年辽宁省科技进步三等奖。

由青海康普德生物制品有限公司完成的“沙棘总黄酮技术研究与高技术产品产业化”，荣获2008年青海省科技进步二等奖。

2008年1月8日，水利部国际合作与科技司在北京主持召开了由水利部沙棘开发管理中心完成的“沙棘杂交育种研究”科技成果鉴定会。这一成果从3个杂交组合子代1300株群体中最终选出6个优良品系，其果实产量具有明显的杂种优势，在灌溉条件下，平均单株果产量10.96kg，是灌溉条件下母本的342.5%，且适应性优于母本。专家认为，该项成果在内蒙古鄂尔多斯市等半干旱地区的良种试种中，取得了显著的经济效益和生态效益，并具有广阔的推广应用前景。此课题于2009年荣获水利部大禹水利科学技术奖三等奖。

由黑龙江省农科院浆果所完成的“沙棘果酒、果醋菌种的筛选与加工研究”，于2010年荣获黑龙

沙棘杂交育种研究成果鉴定会（2008年，北京）

江省科技进步奖三等奖。

由黑龙江省农科院浆果所完成的“寒地浆果资源搜集保存与创新利用”，荣获2012年黑龙江省科技进步三等奖。

由北京林业大学、水利部沙棘开发管理中心等单位完成的“沙棘等灌木林衰退机理、抗逆育种及虫害防治的理论与技术”，荣获2015年教育部科学技术进步二等奖。

2020年7月15日，由水利部沙棘开发管理中心（水利部水土保持植物开发管理中心）、黄河水利委员会西峰水土保持科学试验站、辽宁省旱地农林研究所（辽宁省水土保持研究所）、黑龙江省农业科学院乡村振兴科技研究所、新疆农垦科学院林园研究所、青海省农林科学院青藏高原野生资源研究所等共同完成的“广适优质高产沙棘杂交新品种选育与应用”课题通过了科技成果评价。专家评审认为，课题筛选出了“工业原料型”“鲜食型”“保健饲料两用型”三大类6个杂交沙棘新品种“蒙中雄”“蒙中黄”“蒙中红”“达拉特”“俄中黄”“俄中鲜”，实现了广适优质高产沙棘良种的创新，推广前景非常广阔。此课题荣获2020年中国水土保持学会科学技术奖二等奖。

“俄罗斯第三代沙棘良种引进试验技术创新与应用”课题成果评价视频会议

2020年10月27日，由水利部沙棘开发管理中心（水利部水土保持植物开发管理中心）、黑龙江省农业科学院乡村振兴科技研究所、新疆农垦科学院林园研究所、辽宁省旱地农林研究所（辽宁省水土保持研究所）、黄河水利委员会西峰水土保持科学试验站、青海省农林科学院青藏高原野生资源研究所、沈阳农业大学等共同完成的“俄罗斯第三代沙棘良种引进试验技术创新与应用”课题完成了科技成果评价。课题组通过实施水利部948项目，从俄罗斯引进了22个“第三代”沙棘良种，开展了卓有成效的引种试验研究，从中选择出“大果型”“高产型”“高油型”“高黄酮型”“高胡萝卜素型”“高白雀木醇型”“矮生型”“红果型”“早熟型”“保健、茶用和饲料型”等10类沙棘优良品种，丰富了“三北”地区可用于生产的优良沙棘品种，为提高沙棘产量、质量以及产品加工利用工作奠定了优质材料基础，有助于充分发挥沙棘的生态、经济、社会效益，将在我国生态建设和扶贫攻坚工作中发挥重要作用。

2. 沙棘学术交流有序开展

自1987年沙棘专委会成立以来，一直十分重视学术交流，基本上每年都配合水利部沙棘开发管理中心安排一次全国性或国际性的学术交流会议，旨在沟通信息，交流经验，取长补短，共促进步。一直到2000年随着ISA的成立，学术会议的重点转向国际会议，由ISA秘书处主办，每两年一次。

通过举办这些各种各样的学术会议，引起了国内外对沙棘的广泛关注，推动了沙棘事业的健康发展。

1987 年 12 月 21—24 日，受全国沙棘办委托，陕西省沙棘开发利用科研中心等单位在陕西杨凌举办了第一次全国沙棘科研学术会议。来自全国 9 个省（自治区、直辖市）32 个科研单位、大专院校的 50 多名科技人员出席了会议。这次会议对沙棘分类、生物化学、选种育种、繁殖栽培、产品开发、药理试验、临床应用、情报研究以及发展战略等问题展开了讨论。会议共收到研究论文 45 篇，有 18 位代表在大会上宣读了论文。会议人员认识到近年来我国沙棘开发利用有了很大的发展，但由于起步较晚，多方面还落后于国外先进水平，且缺乏组织和协调，人力、财力比较分散，重复研究多等，建议对良种选育、药理和临床、以生化为主的应用基础研究等开展重点研究。

1988 年 3 月 22—24 日，沙棘专委会常委扩大会议在陕西西安召开，会议对两年来全国沙棘开发工作给予高度评价，并就全开发的战略措施等进行了讨论。

沙棘专委会常委扩大会议（1988 年，陕西西安）

1989 年 10 月 16—23 日，由沙棘专委会、黄委和陕西省科委共同主持的第一届国际沙棘学术交流会在西安人民大厦举行。来自苏联、匈牙利、芬兰和中国从事沙棘研究的专家学者共 70 多人出席了大会。水利部副部长钮茂生主持开幕式并致开幕词，陕西省副省长潘蓓蕾同志致欢迎词。会议收到中国、苏联、芬兰、捷克斯洛伐克、匈牙利、波兰、挪威、德意志联邦共和国、美国等 9 个国家有关学者的论文和文摘共 153 篇，涉及沙棘的生物学、遗传学、生态学、生物化学以及育种、栽培、环境保护、水土保持、病虫害防治、饮料食品、日用化学、医药保健等多学科领域，既有基础研究，又有应用和开发新技术，展示了当时各国沙棘研究的新成果、新进展。与会代表还专程考察了陕西宜君的沙棘资源，参观了陕西境内的一些沙棘加工厂家。编辑出版的会议论文集（中、英文各一册），基本成了后来国内外沙棘研究者参考的“圣经”。在会议闭幕式上，与会代表签发了“关于建立国际沙棘研究开发中心的倡议书”。这次国际会议的召开，既促进和加强了中外沙棘开发研究的交流和合作，增进了各国对沙棘开发利用成果和研究方向的彼此了解，也较好地宣传了我国沙棘研发的成就，扩大了国际影响，促进国际沙棘研发利用事业向纵深发展。

第一届国际沙棘学术交流会（1989 年，陕西西安）

1991 年 9 月 24—26 日，沙棘专委会在辽宁兴城召开换届及学术交流会。参加会议的有来自水利部、林业部、轻工业部、有关流域机构和省（自治区、直辖市）代表 60 多人。会议重点对水利部副部长王守强的书面报告“继续发挥沙棘专业委员会的组织协调作用，实现‘八五’沙棘开发事业的四个突破”进行了讨论。与会代表对“八五”期间沙棘开发事业实现资源建设上的突破、开发利用上的突破、科学研究上的突破、国际学术交流的突破，信心满满。

1993 年 3 月 17—19 日，由全国沙棘办主持召开的“全国沙棘医药开发科研学术交流会”在陕西西安召开。参会人员50余人，多数为从事沙棘医药研究多年的知名学者。与会代表围绕着“让沙棘为人类的健康作贡献”这一主题，就各自研究领域做了专题发言，涉及沙棘医药开发战略、药理学、药效学、沙棘制剂临床应用和民间验方等方面，展示了当时我国沙棘医药开发研究的最新成果。

1993年8月，第二届国际沙棘学术研讨会在俄罗斯西伯利亚利萨文科园艺研究所举办，我国由来自陕西、山西、青海、黑龙江、解放军和水利部的代表15人参加了这次会议。这次会议收集到论文80余篇，其中我国参会人员提交论文17篇，大会发言12篇。俄罗斯在沙棘育种、采收、加工等方面的成就，给我国代表留下了深刻印象。

全国沙棘医药开发科研学术交流会
（1993年，陕西西安）

参加第二届国际沙棘学术研讨会的我国代表
（1993年，俄罗斯西伯利亚）

1994年12月8日，由中国药学会重庆分会、四川雅达药业股份有限公司主办的“心达康学术研讨会”在重庆召开。“心达康”（醋柳黄酮）经华西医科大学药物研究所、四川省中药研究所、华西医科大学附一院内科等单位组成的药物研究协作组，对该药从药物化学、药理、毒理、药效学、生产工艺、临床等多个领域进行了长期全面深入的研究，结果证明醋柳黄酮主含异鼠李素及槲皮素，其药理作用有显著增加心肌血流量、降低心肌耗氧量、提高机体耐缺氧能力及对血小板聚集有一定的抑制和降压作用，且未发现任何毒副作用。“心达康”的问世，为我国心脏病患者带来了福音，同时也为沙棘系列产品开发创出了新路。

全国沙棘学术讨论会（1995年，青海西宁）

1995年5月26—28日，全国沙棘学术讨论会暨中国水土保持学会第三届沙棘专业委员会会议在青海西宁召开。水利部、林业部、卫生部、国内贸易部、中国科学院及16个省（自治区、直辖市）的近100名代表参加了这次会议。这次会议由全国沙棘办主办、黄委沙棘办协办、青海省水保局承办。会议以“沙棘与环境”“沙棘与脱贫”为主题，更好地顺应全国科学技术工作发展的大好形势，交流沙棘开发利用工作经验，并进行沙棘专业委员会换届工作。会议利用大量时间开展了广泛的学术交流和经验介绍，20多名代表在大会上做了学术报告，内容涉及沙棘分类、育种、育苗、种植、医药、食品、情报、国际作用等方面。会间还召开了大小不同的十几次沙棘专题会议，具体探讨了沙棘种植开发工作中存在的问题及解决办法，如何扩大国际影响，如何让沙棘造福于人类等。会议还组织参观青海省农林科学院的沙棘试验基地。

大会主会场

参会中外代表合影

中外代表签署《北京宣言》

ICRTS协调委员会第一次会议

1995年在北京召开的国际沙棘研讨会

1995年12月12—17日，由水利部举办的第三届国际沙棘学术研讨会在北京举办，中国、俄罗斯、白俄罗斯、蒙古、日本、加拿大、印度、尼泊尔、芬兰、瑞典、南非等11个国家和联合国开发计划署（UNDP）、联合国工业发展组织（UNIDO）、联合国粮农组织（FAO）等代表共89人参加了这次会议。水利部部长钮茂生在开幕式上做了主题发言。会议收到论文50余篇，21位专家在大会上宣读了论文。会议通过了关于在北京设立国际沙棘研究培训中心（ICRTS）的《北京宣言》，讨论通过了《国际沙棘研究培训中心章程》，成立了由 12 个参会国和 ICIMOD 代表组成的国际沙棘协调委员会。在大会闭幕式上，水利部副部长朱登铨做了总结发言，并为国际沙棘研究培训中心铜牌揭牌。闭幕式后，召开了第一次 ICRTS 协调委员会全体会议。会议期间，与会代表还参观考察了北京江河沙棘集团公司、全国沙棘产品检测中心以及我国沙棘开发利用 10 周年成就展览等。会后于 1997 年由中国科学技术出版社出版发行了会议材料汇编《世界沙棘研究与开发》。

1997 年 11 月 1—4 日，第二届全国沙棘学术研讨会暨中国水土保持学会沙棘专业委员会年会在四川都江堰召开。11 个省（自治区、直辖市）和水利部、林业部、内贸部、中国科学院等单位的 70 多人参加了这次会议。会议收到学术论文 90 余篇。通过学术交流、分组讨论，评选出论文一等奖 9 篇，二等奖 21 篇。与会代表普遍认为，沙棘事业发展的条件已基本具备，沙棘在我国生态农业中将发挥出“十五年初见成效，三十年大见成效”的作用，沙棘事业全面发展的春天到了。

第二届全国沙棘学术研讨会（1997 年，四川都江堰）

沙棘专业委员会年会暨全国沙棘学术研讨会（1998 年，辽宁大连）

1998 年 8 月 24—29 日，第四届国际沙棘学术讨论会在俄罗斯布里亚特共和国首都乌兰乌德市召开。95 人出席了会议，提交论文 82 篇。7 名中国代表出席了这次会议。

1998 年 10 月 15—18 日，水利部沙棘开发管理中心在辽宁大连组织召开了中国水保学会沙棘专业委员会年会暨《沙棘》杂志创刊 10 周年纪念会。来自 15 个省（自治区、直辖市）的 90 多位代表参加了这次会议。会议交流了沙棘领域的最新研究成果，介绍了工作经验和体会，还就沙棘界共同关心的问题进行了探讨。

1999 年 8 月 30 日至 9 月 2 日，由水利部沙棘开发管理中心与国际沙棘研究培训中心联合主办、联合国开发计划署协办的第五届国际沙棘学术研讨会在北京召开。来自加拿大、白俄罗斯、芬兰、美国、中国等 14 个国家及 UNDP、FAO、ICIMOD 等国际组织的 100 余名代表参加了在北京召开的国际沙棘研讨会（IWS—99）。与会专家学者纷纷就沙棘开发利用的最新成就做了精彩的学术报告，并就有关技术问题进行了深入讨论。全国政协副主席钱正英、水利部副部长朱登铨等出席会议。联合国开发计划署、联合国粮农组织和国际山地综合发展中心等代表，对世界范围内沙棘的开发利用成就给了很高的评价，并表示将一如既往地支持这项造福全人类的伟大事业。会议决定由国际沙棘研究培训中心牵头筹备成立国际沙棘协会，起草协会章程等有关事宜。会后于 2001 年由中国科学技术出版社出版发行了《99 北京国际沙棘研讨会论文集》。

1999 年国际沙棘研讨会在北京召开

2001 年 2 月 18—22 日，在印度新德里召开了第六届国际沙棘研讨会，200 多位代表参加了会议，共收到论文 70 多篇。印度政府十分重视，多名政府部长出席了会议。我国共有 6 名代表出席了会议。会议期间还召开了 ICRTS 协调委员会会议，在会上讨论并初步通过了《国际沙棘协会 ISA 章程（草案）》，同时提名了理事会成员。

2001 年 7 月 25 日，由中国信息协会投资信息服务专业委员会主办的沙棘在西部大开发中的作用国际研讨会在北京召开。国家发展改革委、水利部、国家林业局等部门及特邀专家、外宾等 100 余人参加了会议。会议期间，有关专家还联名向国务院提交了“近年来我国沙棘的发展概况及今后工作建议”。

2003 年 9 月 14—18 日，会后被定名为第一届国际沙棘协会大会的第七届国际沙棘研讨会在德国柏林召开，来自 25 个国家的近 150 人出席了这次会议，其中中国代表团一行 12 人。先后有来自 10 个国家的 40 多名专家进行了口头交流，还有 50 多篇论文进行了墙报展贴。来自德国、芬兰、罗马尼

沙棘在西部大开发中的作用国际研讨会（2001 年，北京）

亚、拉脱维亚、中国的10多个加工企业参加了产品和技术展览。参展的德国、芬兰加工企业基本代表了欧洲沙棘加工的最高水平，给与会者充分展示了欧洲的沙棘加工工艺、管理水平和产品研发的方向。此次会议上正式宣告国际沙棘协会ISA成立，并通过了《国际沙棘协会章程》。理事会决定每两年召开一次国际沙棘大会，每年召开一次理事会。ISA秘书处挂靠在中国水利部沙棘管理中心。

第一届国际沙棘大会（2003年，德国柏林）

2005年8月26—29日，第二届国际沙棘大会在北京隆重召开，大会主席、水利部副部长鄂竟平同志致辞，大会名誉主席钱正英院士提交了书面致辞，联合国机构驻华代表处来宾、印度Hiamohal Pardesh邦政府电力部长V. Sotkes等在开幕式上做了发言。大会收到论文80多篇，来自19个国家的180位代表出席了本次大会。围绕“沙棘——多功能植物，营养、健康和环境的挑战与对策”这一主题，总结交流沙棘研究开发的新成就、新经验，共同研讨国际沙棘科技交流与经济合作，充分体现了全球对沙棘植物的高度关注和人们对沙棘研究开发的浓厚热情与兴趣。会议代表参观了位于北京怀柔的沙棘育苗基地。会议同期召开了国际沙棘协会理事会会议，确定了成立国际沙棘协会技术委员会等事宜。这次会议还制作了近百块丰富多彩的沙棘展板以及一系列影像材料，供与会者观看，宣传沙棘的生态经济价值。

第二届国际沙棘大会会场（2005年，北京）

与会代表参观北京怀柔沙棘育苗基地（2005 年，北京怀柔）

国际沙棘协会理事会 2005 年会（2005 年，北京）

2007 年 8 月 12—17 日，由国际沙棘协会主办，加拿大拉瓦尔大学医药与功能食品研究所、魁北克沙棘种植协会共同承办的第三届国际沙棘协会大会，在加拿大魁北克市召开。这次会议以“促进世界沙棘产业——机遇与挑战”为主题，突出了全世界共同探讨沙棘产业发展的热点问题。会议分设了“沙棘栽培——栽培、采收与育种”“加工——技术与营养、医学和化妆品”“产品开发和市场——产品及其应用”3 个专题，大会共收到 90 篇论文，先后有来自中国、德国、芬兰、俄罗斯、罗马尼亚、加拿大、美国、玻利维亚和印度等 10 多个国家的 39 名专家进行了口头交流，还有 31 篇论文进行了墙报交流，另外有来自中国、印度、芬兰、加拿大等国的近 10 个加工企业参加了产品和技术展览。会议还组织对加拿大的沙棘种植园及试验园地进行了实地考察。我国派出了由水利部水土保持司副司长曾大林担任团长的水利部代表团一行 6 人，另有国内有关部门、企业的 30 多名代表也出席了这次会议。

第三届国际沙棘协会大会（2007 年，加拿大魁北克）

2008 年 4 月 28—31 日，第二届中国（上海）国际营养健康产业博览会暨国际沙棘论坛会在上海召开。会议由水利部沙棘开发管理中心主办，第二届中国（上海）国际营养健康产业博览会组委会协办，会议围绕沙棘营养健康、沙棘产品的开发和世界各国开发利用沙棘的现状等进行了热烈的研讨。来自芬兰、德国、日本、印度、加拿大、中国的代表 100 多人参加了会议，同时来自国内的沙棘企业代表也参加了会议。其间召开了国际沙棘协会理事会 2008 年年会，会议上成立了技术委员会，确定了芬兰图尔库大学卡里欧教授为技术委员会主任；并讨论通过了《国际沙棘协会大会申办指南（草案）》和《国际沙棘协会技术委员会章程（草案）》。

第二届中国（上海）国际营养健康产业博览会暨国际沙棘论坛会现场（2008 年，上海）

2008 年国际沙棘协会理事会年会暨技术委员会会议（2008 年，上海）

2009 年 8 月 31 日至 9 月 6 日，由国际沙棘协会（ISA）主办，俄罗斯联邦阿尔泰边疆区政府、俄罗斯农业科学院西伯利亚分院、西伯利亚利萨文科园艺研究所承办的第四届国际沙棘协会大会（ISA－2009），在俄罗斯联邦阿尔泰边疆区别洛库里哈市召开。来自 15 个国家的 130 名代表参加了这次会议，其中来自中国的代表有 45 名。水利部副部长鄂竟平在开幕式上致辞。这次会议以“沙棘——走向科学和产业发展的融合之路”为主题，突出了全世界共同探讨沙棘产业发展的热点、焦点和难点问题。会议分设了“育种/遗传/生态”“栽培/宣传/收获”“化学”“加工/产品”“药用”及“其他”6 个专题，大会共收到 101 篇交流论文，先后有来自中国、俄罗斯、白俄罗斯、罗马尼亚、德国、拉脱维亚、印度、芬兰、加拿大、瑞典、美国等国家的 34 名专家进行了口头交流，还有 56 篇论文进行了墙报交流，另外有来自中国、俄罗斯、印度等国的近 10 个加工企业展示了沙棘产品。会议在广泛交流的基础上，还划分了“栽培类”“加工类”“营销类”3 个大组，分别召开圆桌会议，就如何加强国际合作、编制实用项目大纲、搞好学科间的融合等进行了讨论，提出了编制国际沙棘标准、企业间合作、发掘新的活性因子、基因组计划等一些很好的建议。会议组织对俄罗斯的沙棘种植园、加工厂等进行了实地考察。

大会主会场

学术交流

参观展板

第四届国际沙棘大会（2007 年，俄罗斯别洛库里哈）（一）

产品展览

种植园考察

第四届国际沙棘协会大会（2007 年，俄罗斯别洛库里哈）（二）

2010 年 8 月 16 日，水利部沙棘开发管理中心在黑龙江孙吴主办召开了“全国沙棘学术研讨会”。全国有关沙棘的管理、生产、科研和加工企业等方面的 120 多位代表参加了会议。此次会议入选论文 50 多篇，其中 15 篇荣获优秀论文奖。会议对沙棘良种选育、采收机械、病虫害防治、产品品种、质量检测等，特别是在拓宽国内外市场方面展开了热烈的讨论。会议还为青河县沙棘展览馆揭幕，组织参观了青河县沙棘育苗和种植基地。

主会场

分组交流

全国沙棘学术研讨会（2010 年，黑龙江孙吴）（一）

沙棘展览馆揭幕

现场考察

全国沙棘学术研讨会（2010年，黑龙江孙吴）（二）

2011年9月4—7日，第五届国际沙棘协会大会在青海省西宁市召开，青海省委书记、省人大常委会主任强卫为大会发来贺词，青海省人民政府常务副省长徐福顺出席会议并致辞，青海省政协副主席韩玉贵出席开幕式，水利部副部长刘宁做了热情洋溢的主旨讲话。共有来自17个国家的近690名代表参加了本次会议。大会论文集收有108篇论文。会议围绕“沙棘种植资源选育和保护利用”“沙棘生态建设和栽培管理”“沙棘生化成分分析”“沙棘功能性食品和药品研发”“沙棘产品市场开发”等5个议题进行了学术交流，同时抽出半天时间分种植、开发、销售3个专题进行了分组讨论。会议首次设奖表彰了国际沙棘活动中做出突出贡献的人员。俄罗斯潘捷列娃教授和我国吕荣森研究员荣获“终身成就奖”，另有芬兰卡里欧教授等5人荣获“杰出贡献奖”。

大会会场

主席台

终身成就奖获得者（右一为代替领奖者）

杰出贡献奖获得者

第五届国际沙棘协会大会（2011年，青海西宁）（一）

学术交流

分组讨论

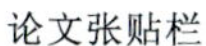

论文张贴栏

技术考察

第五届国际沙棘协会大会（2011 年，青海西宁）（二）

2013 年 10 月 13—17 日，由国际沙棘协会主办，德国沙棘与野生果实协会和德国洪堡大学承办的第六届国际沙棘协会大会（ISA - 2013）在德国波茨坦召开。该次会议以“沙棘—开启人类科技、健康与环境的理念”为主题，来自中国、芬兰、德国、俄罗斯、加拿大、印度、美国等 32 个国家的 260 名代表参加了会议，并就沙棘种苗繁育、种植、采收与管护、营养和医药价值研究、生物化学成分分析、产品研发与销售等方面进行了学术交流和讨论。本届大会交流论文共 78 篇，其中口头交流论文 45 篇，张贴论文 23 篇。我国有近 30 名代表出席了这次会议。

第六届国际沙棘协会大会（2013 年，德国波茨坦）

2015 年 8 月 23—25 日，中国治沙暨沙业学会沙棘产业专业委员会 2015 年年会暨第二届沙棘产业发展论坛在河北省塞罕坝机械林场举办，来自加拿大、土耳其、日本、马来西亚、印度尼西亚等国家和北京、河北、辽宁、内蒙古、甘肃、青海、陕西、台湾等地的专家、企业家近200人参加了会议。会议指出，沙棘企业在发展中面临的主要问题是，中小企业融资难度大，原料基地建设很难满足产业化发展，技术创新不足难以支撑新产品开发，高科技人才短缺，营销渠道有待进一步打开等。会议认为，沙棘产业专业委员会成立两年来，为促进沙棘产业技术创新与进步，壮大沙棘产业，推动沙区和荒漠化地区生态林业、民生林业的建设做出了贡献。与会代表还参观了河北承德宇航人高山植物应用技术有限公司生产车间以及沙棘种植基地。

第七届国际沙棘协会大会
（2015年，印度新德里）

2015年11月24—26日，由国际沙棘协会主办，印度沙棘协会和印度CSK喜马偕尔邦农业大学承办的第七届国际沙棘协会大会（ISA－2015）在印度新德里召开，共收到论文90篇。会议以“沙棘——有益人类健康和环境保护的新兴技术”为主题，并就沙棘种苗繁育、沙棘种植、采收与管护、沙棘营养和医药价值研究、沙棘生物化学成分分析、沙棘产品研发与销售等方面进行了主旨发言、学术交流和讨论。来自中国、芬兰、德国、俄罗斯、加拿大、印度、伊朗、英国、土耳其、意大利等18个国家的200多名代表出席了会议，其中，我国近30名代表参加了会议。

2018年2月4日，由国际山地综合发展中心（ICIMOD）赞助，甘肃农业大学、国际沙棘协会、甘肃高原圣果沙棘开发有限公司共同组织，在甘肃兰州召开了“沙棘产业价值链区域发展前景研讨会”，就沙棘资源、加工工艺技术、产业及产业价值链等方面进行了交流。这次研讨会是在“一带一路”倡议下讲好中国故事的背景下召开的，对于促进我国沙棘资源建设和产业发展走出去开了一个良好开端，相信我国沙棘经验技术在南亚国家的推广和应用必将成为沙棘国际化发展的有力抓手。

2018年9月17—21日，由国际沙棘协会和山西省人民政府主办、山西省林业厅和国际沙棘协会（中国）沙棘企业联合会承办的第八届国际沙棘协会大会在山西太原举办，山西省陈永奇副省长等出席了会议。来自芬兰、德国、印度、俄罗斯、希腊、伊朗、日本、拉脱维亚、蒙古、巴基斯坦、罗马尼亚、美国等国家近40余名外方代表，来自国内地方政府部门、研究机构、大学、企业、种植基地和媒体等近300人代表参加了此次会议。会议授予我国科学家黄铨研究员“国际沙棘协会终身成就奖”，德国Moersel等4人获得“国际沙棘协会杰出贡献奖”。会议收到论文84篇，其中49篇论文得到口头交流，交流论文按沙棘良种选育、繁殖及资源建设，沙棘原料加工及有效成分提取，沙棘营养食品、保健品和药品的研发与营销，沙棘生物学、生态学、生化学特征及综合效益评估，以及沙棘规范、标准、规程及政策等软科学研究5个专题开展。考察沙棘种植改造基地，参观沙棘龙头企业等交流活动。会间召开了2018年国际沙棘协会理事会及技术委员会年会，并开辟展

沙棘产业价值链区域发展前景研讨会现场
（2018年，甘肃兰州）

主会场

终身成就奖获得者

杰出贡献奖获得者

学术交流

参观沙棘加工企业

参观沙棘资源

第八届国际沙棘协会大会（2018 年，山西太原）

室展示了国内外沙棘最新产品。会后于 2020 年由中国水利水电出版社出版发行了《国际沙棘研发新进展 ISA－2018 论文集》。

2019 年 7 月 17—19 日，全国沙棘学术交流会在新疆生产建设兵团第九师一七〇团驻地召开。会议由水利部沙棘开发管理中心主办，中国水保学会水保植物专业委员会、国际沙棘协会（ISA）、新疆建设兵团第九师一七〇团协办。全国有关沙棘的管理、生产、科研和加工企业等方面的近百位代表参加了这次研讨会。本次会议以“加快新时代沙棘绿色产业可持续发展步伐”为主题，围绕沙棘的育种、育苗、种植、有效成分提取、开发利用、销售等展开学术交流。与会期间，代表们参观考察了新疆建设兵团第九师一七〇团的沙棘良种资源采穗圃、育苗大棚和种植园。

全国沙棘学术交流会（2019 年，新疆额敏）

2020 年 10 月 12—15 日，全国沙棘学术交流会暨国际沙棘协会（中国）企业委员会 2020 年年会在山西吕梁召开。全国有关沙棘种植地区政府部门、大专院校、科研院校、专家、加工企业等 150 余人参加了会议，大会共收到了学术论文 44 篇。大会颁发了国际沙棘协会 2020 年优秀沙棘企业奖励证书、2020 年优秀企业家奖励证书。在学术交流环节，16 位专家、学者及企业家回顾了 35 年中我国深入开发沙棘的历程，交流了沙棘基础研究、良种繁育、种植管护、有效成分提取、产品开发、制备工艺及销售等内容。参会代表前往山西省吕梁市交城县会立乡双家寨观摩了沙棘资源，在文水县参观了野山坡食品有限责任公司，了解企业文化和主营业务，参观沙棘果汁灌装生产线，品尝了各类沙棘产品等。大会期间还举办了沙棘产品展览，来自国内的近 20 户沙棘企业展示了沙棘保健品、食品、化妆品等，咨询和商谈合作与共赢，为企业提供了很好的展示平台和窗口，促进了沙棘企业之间的贸易合作。这次会议面对 2020 年复杂的宏观经济形势和新冠肺炎疫情的影响，会议为参会科研单位、企业之间交流提供了强大的平台支持，既希望帮助企业走出疫情困境，又为沙棘产业发展指明了方向。同时，全面总结和展示了我国 35 年中的沙棘资源建设和产业发展成就，促进了企业之间的交流与合作，达到了会议预期目的。

大会会场

颁奖

学术交流

全国沙棘学术交流会（2020 年，山西吕梁离石）（一）

参展产品

全国沙棘学术交流会（2020 年，山西吕梁离石）（二）

（五）出版发表了大量沙棘研究论著，申请获得了多项沙棘发明和实用新型专利

35 年中，沙棘的种植和开发进程虽然有所起伏，但研发工作却一直没有停止过，通过出版的专著、科技期刊发表的论文就可以看出这点；同时，通过科技人员申报成功的专利数量，也有力反映了围绕生态建设和产品开发方面所做的科技创新。正是这些高科技含量的支撑工作，有力地推动了沙棘事业的蓬勃发展。

1. 沙棘论著大量出版

沙棘论著的出版发行，既有前瞻性的研发成果，也有对我国开展的独特的沙棘工作成效的总结，对于及时指导生产实践、顺利开展有关工作都提供了有益的借鉴。

（1）专著。35 年中，我国正式出版的沙棘科技类书籍达 30 多部。

山西省生物研究所、山西省沙棘基地建设协调组办公室编写的《沙棘文摘》，1989 年 9 月由中国林业出版社出版发行。此书全面系统地从各种期刊、报纸、书籍和会议文献中搜集沙棘方面的资料，并进行摘录、加工编辑而成，是当时一部检索我国沙棘文献的累积性文摘，受到各界人士好评。

全国沙棘办编写的《中国沙棘开发利用（1985—1995）》，1995 年 12 月由西北大学出版社出版发行。该书以翔实的资料、大量的图片，概述了十年间我国沙棘开发利用事业的成就和经验。

部分沙棘书籍

黄委沙棘办和全国沙棘产品质量检测中心编著的《沙棘油脂概论》一书，1997 年 7 月由西北大学出版社出版发行。

我国著名沙棘育种学家黄铨研究员、史玲芳、王士坤合作编著的《沙棘种植技术与开发利用》，1998 年 1 月由金盾出版社出版，这是一本科普宣传、供生产者参考使用的著作。

王俊峰、梁宗锁等编著的《沙棘生物学特性与利用》，1999 年 12 月由陕西科学技术出版社出版发行。

国家外国专家局培训中心编著的《大果沙棘引种与栽培》，1998 年由世界图书出版公司出版发行（第二版于 2000 年 4 月出版）。该书可供从事沙棘引种、繁育和栽培的人员参考。书中重点介绍了苏联的沙棘育种、大果沙棘良种，并对大果沙棘引种、育苗、栽培及加工技术有所叙述。

黄委西峰水土保持科学试验站胡建忠高工主编的《沙棘的生态经济价值及综合开发利用技术》一书，2000 年 11 月由黄河水利出版社出版发行。该书论述了沙棘的生态价值、“三料”（燃料、饲料、肥料）价值、经济价值及其影响因素，总结了有关沙棘的生态工程建设、“三料”林的经营以及围绕沙棘果实等所进行的药品、保健品、饮料食品、化妆品等开发利用的新型实用技术。此书出版后即被砒砂岩沙棘工程项目区等用作主要培训教材。

部分沙棘书籍

我国著名沙棘分类学家、西北师范大学教授廉永善主编的《沙棘属植物生物学和化学》一书，2000 年 12 月由甘肃科学技术出版社出版发行。书中全面反映了作者十多年来的有关沙棘分类研究成果，其中沙棘属植物起源的研究，曾于 1990 年被中国科学院系统与进化植物学开放实验室评选为 3 篇代表论文之一。书中突出了对沙棘属植物各类性状和植物类群演化关系、进化规律的深入探讨。

水利部水土保持司、水利部沙棘开发管理中心编著的《沙棘种植与开发实用技术》，于 2002 年 5 月由中国科学技术出版社出版发行。

中国林科院张建国研究员著述的《大果沙棘优良品种引进及适应性研究》，于 2006 年 2 月由科学出版社出版发行。

黄铨研究员和于倬德教高主编的鸿篇巨制《沙棘研究》，2006 年 6 月由科学出版社出版发行，全书共 102 万字，参加该书编写的人员达 36 名。该书是对 20 年来我国沙棘研究成果的系统总结，涉及的领域包括沙棘分类、形态解剖、生理生化、生态、遗传育种、栽培管理、食品加工、油和黄酮等多种营养 保健物质的生产工艺及在医药卫生和日用化工领域的应用，以及沙棘作为饲料、燃料等的价值分析及应用技术等。

部分沙棘书籍

张建国、王军辉、许洋、许传森著述的《网袋容器育苗新技术》，2007 年 5 月由科学出版社出版发行。该书从扦插育苗、播种育苗、移植育苗 3 方面，对网袋容器育苗技术和效果进行了详细阐述。

黄铨研究员著述的《沙棘育种与栽培》，2007 年 7 月由科学出版社出版发行。该书是作者 20 年来从事沙棘研究工作的全面总结，供现代普及应用及后人从事该项研究的参考和借鉴。

张建国研究员著述的《沙棘新品种适应性研究》，2009 年 1 月由科学出版社出版发行。该书以选育的 7 个大果沙棘品种、3 个优良杂种和 2 个中国沙棘品种为研究对象，从成活率、保存率、生长特性、果实特性、种子特性、生物活性物质、适应性等多个方面，系统研究了不同试验点不同品种的适应性特点和差异规律，研究成果可为我国北方干旱和半干旱地区的沙棘栽培提供基础理论依据。

张建国研究员著述的《沙棘属植物育种研究》，于 2010 年 10 月由中国林业出版社出版发行。全书共分为 5 章，主要介绍了国内外沙棘育种概况、引进大果沙棘适应性及其栽培模式、生态经济性杂种的选育、沙棘新品种适应性特点、沙棘的扦插繁殖技术。

部分沙棘书籍

杨方社、李怀恩著述的《沙棘柔性坝水土保持生态效应与机理研究》，于2010年3月由中国环境出版社出版发行。该书主要内容涵盖沙棘柔性坝的拦沙效应、生态效应、水流特性研究等。

北京工商大学李秀婷、王昌涛著述的《沙棘加工技术及综合应用》，于2011年由中国农业科学技术出版社出版发行。本书分为沙棘品种与资源、沙棘油加工技术、沙棘汁的加工工艺、沙棘蛋白、沙棘膳食纤维、沙棘黄酮、沙棘原花青素、沙棘酵素、沙棘食品、沙棘活性成分在化妆品中的应用、沙棘行业分析和沙棘市场前景等12个部分。

黑龙江省农科院浆果研究所单金友、吴立仁、丁健、刘万达编著的《沙棘栽培技术——百例问答》，2011年6月由东北林业大学出版社出版发行。全书采用问答的编排形式，对沙棘品种特性和生物学特性、栽培技术原理、各种栽培方式的品种配置和栽培技术要点都做了详尽的阐述，同时对沙棘病虫害防治、采后处理和加工等方面也做了介绍。

部分沙棘书籍

水利部沙棘开发管理中心安宝利高工著述的《砒砂岩区沙棘生态工程的综合效益评价》，2013年由中国林业出版社出版发行。

杨方社、毕慈芬著述的《基于沙棘柔性坝技术的砒砂岩区小流域沟道水土保持研究》，2015年11月由中国环境出版社出版发行。该书根据野外调查与野外试验资料，采用理论分析的方法，重点对砒砂岩区沟道坝系工程体系的构建、小流域沟道综合治理技术模式及其实施的具体条件与方法进行了系统的研究。

水利部沙棘开发管理中心胡建忠、邰源临、李永海等著述的《砒砂岩区沙棘生态控制系统工程及产业化开发》一书，于2015年7月由中国水利水电出版社出版发行。该书详细介绍了砒砂岩区沙棘生态控制系统工程及产业化开发体系研究成果，包括系统的沙棘苗木繁育技术体系、沙棘配置模式、种植技术及管理综合体系、沙棘生长发育规律和空间结构变化特征、沙棘群落的生物多样性及演替规律、沙棘产品系列开发的综合工艺技术以及沙棘种植后的主要生态经济社会效益。全书72.4万字，是对实施周期达10年（1999—2008年）的国家基建项目“晋陕蒙砒砂岩区沙棘生态工程”的系统总结。

李旻辉、刘勇、廉永善、肖培根主编的《沙棘》，于2016年由中国医药科技出版社出版发行。该书适合从事中药材研究、开发生产及政策研究等相关人员使用。

胡建忠正高等编著的《三北地区沙棘工业原料林资源建设与开发利用》一书，2019年11月由中国环境科学出版集团出版发行。全书共52万字。书中首次将全国沙棘工业原料林种植区域，划分3个一级区、6个二级区，并就每个二级区提出了良种选择、苗木繁育、种植模式等对应方案，在此基础上，简要介绍了沙棘果实、枝、叶的采收和储运，详述了资源初加工和有效成分提取方法，特别是对十大类沙棘产品的开发利用工艺技术，浓墨重彩，用笔颇多。

胡建忠、卢顺光等著述的《沙棘杂种 F_1 代无性系区域试验示范》一书，由中国水利水电出版社于 2020 年 9 月出版发行。全书介绍了蒙古沙棘与中国沙棘两亚种间杂交育种、区域化试验的全部过程。在 10 余年的工作中，在 15 个试点重点开展了杂种 F_1 代无性系的抗性表现、营养生长特征、果实发育特征、生态经济效益、苗木快繁技术、分区种植示范推广技术等。通过试验得到的 6 个杂交沙棘良种，可运用于“三北”地区 3 个一级区 7 个二级区的沙棘资源建设之中，满足当地企业开发利用之需。

部分沙棘书籍

正式出版发行的学术专著，除经过发行途径传播外，还通过赠送方式，送交市县级政府和业务部门，扩大了专著的影响。

向新疆阿勒泰地区林业局负责人赠送沙棘专著

向山西省岢岚县委、县政府领导赠送沙棘专著

（2）科技论文。35 年间（1985 年 11 月 16 日至 2020 年 11 月 15 日），我国期刊发表的沙棘科技论文共 9949 篇，其中：核心期刊 3231 篇，SCI 期刊 19 篇，EI 期刊 35 篇。

从论文发表的年份来看，1986—1993 年为第一个阶段，年发表论文数量平均为 119 篇；1994—2001 年为第二个阶段，年发表论文数量平均为 232 篇，从上一阶段的年均 100 多篇提高到 200 多篇；而从 2002 年的 290 篇起，年发表论文数量呈线性趋势攀升，直至 2008 年的 472 篇，这是第三个阶段，年发表论文数量平均为 388 篇，从上一阶段的年均 200 多篇一下子提高到 400 多篇；此后论文数量呈现缓慢下降趋势，虽然略有波动，年发表论文数量平均为 375 篇，较上一阶段的年均 400 多篇略有下降，这是第四个阶段。

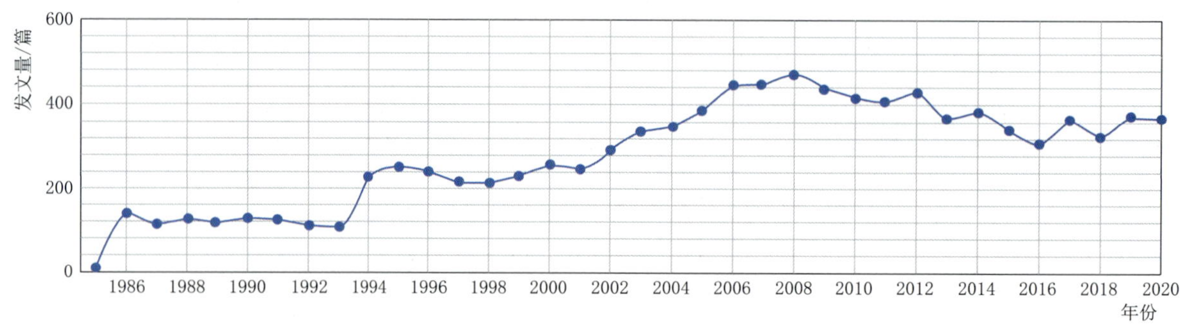

35 年间我国期刊历年发表的沙棘科技论文

从论文主题分布情况来看，研究沙棘油、大果沙棘和中国沙棘的文章最多，分别达到 282 篇、261 篇、240 篇。

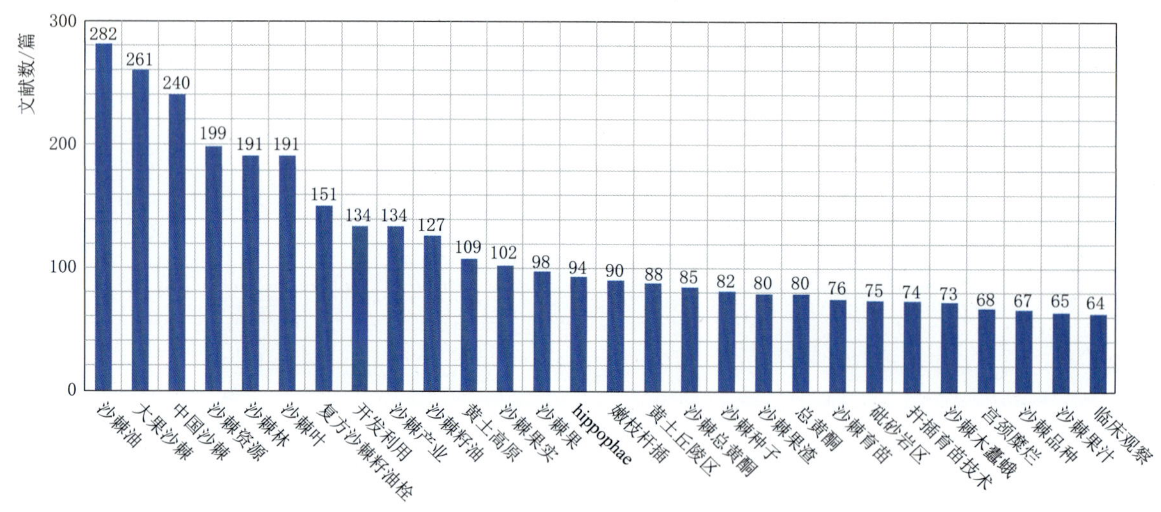

35 年间我国期刊发表沙棘科技论文的主题分布

从发表论文的学科分布情况来看，林业最多，达 4640 篇，占 43.87%，其他学科占比都在 10% 以下。

从发表论文所在机构来看，西北农林科技大学发表论文最多，达 328 篇；北京林业大学次之，达 292 篇；水利部沙棘开发管理中心（水利部水土保持植物开发管理中心）第三，262 篇；内蒙古农业大学第四，达 156 篇；中国科学院水利部水土保持研究所第五，148 篇；黑龙江农业科学院浆果研究所第六，135 篇；位于第七的中国林业科学研究林业研究所 91 篇。这 7 家正是我国沙棘研究工作搞得比较好的单位，有项目，有经费，有人员。

从发表论文的基金支持情况来看，来自国家自然科学基金 591 篇，国家科技支撑计划（含国家科

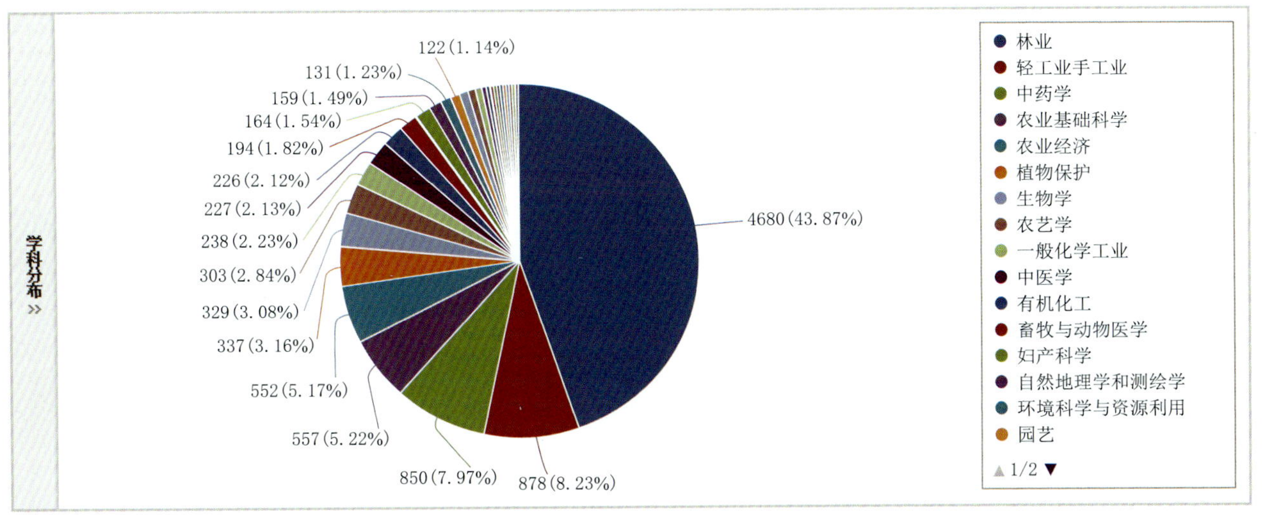

35 年间我国期刊发表沙棘科技论文的学科分布

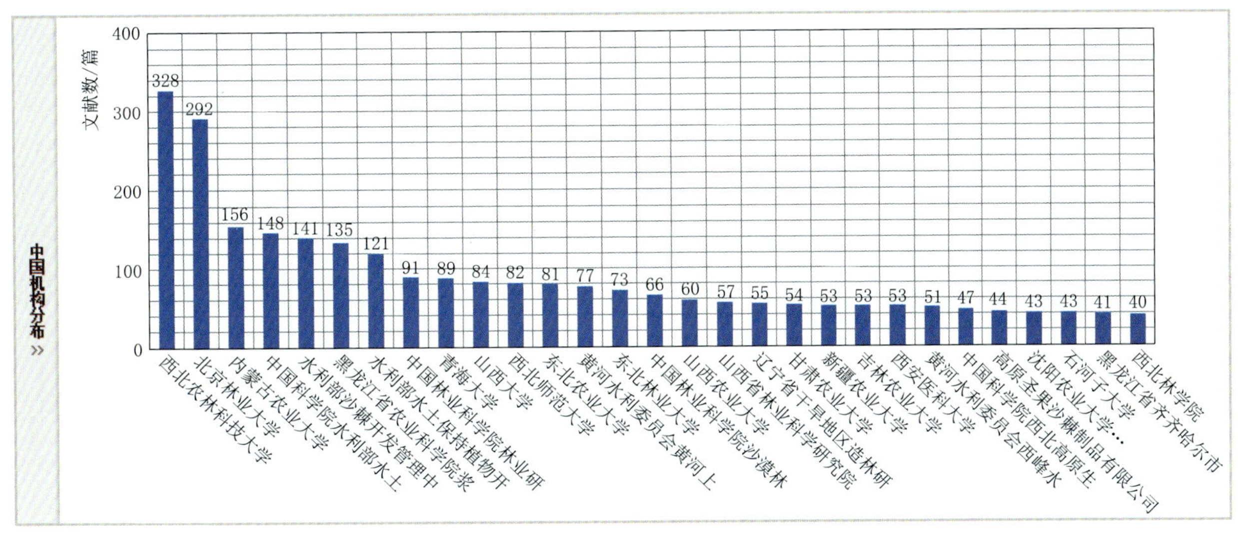

35 年间我国期刊发表沙棘科技论文的机构分布

技攻关计划）296 篇，引进国际先进农业科学技术项目（948 项目）45 篇，国家农业科技成果转化资金项目 44 篇，而国家高技术研究发展计划（863 计划）仅 23 篇。几大基金中，国家自然科学基金支持发表论文最多，这与前述发表论文的主体为高校是一致的，高校研发费用的主要来源为国家自然科学基金。863 计划支持发表的论文数很少，从一个方面反映了目前沙棘研发上的高新技术应用还有限，难以得到国家更大的支持。

35 年间（1985 年 11 月 16 日至 2020 年 11 月 15 日），如前所述，在科技期刊上发表论文数量，沙棘为 9949 篇，而与之相关的其他水土保持植物，如柠条仅为 4310 篇，紫穗槐为 1216 篇，文冠果为 1571 篇，侧柏为 3758 篇，油松为 6651 篇，刺槐为 6549 篇，山杏为 2376 篇，都远远少于有关沙棘的科技论文数量。如果说沙棘为我国"水土保持之树"，一点也不为过！科技人员在沙棘研究方面付出了极大的心血，同时也获得了丰硕的成果。

（3）学位论文。

从中国知网检索到的硕博士论文数量来看，35 年有关沙棘的硕士、博士论文共 1054 篇，其中硕士 870 篇，博士 184 篇（截至 2020 年 11 月 20 日）。

从论文发表年份（通过答辩的论文收入知网）分布情况来看，1999 年仅为 1 篇，随后迅速上升，增加到2005年的39篇；从2006年起至今，论文数量就基本上呈波动趋势，较为平衡地发展，最高年份为2008年的83篇，最少年份为2018年的48篇，平均每年发表约66篇。

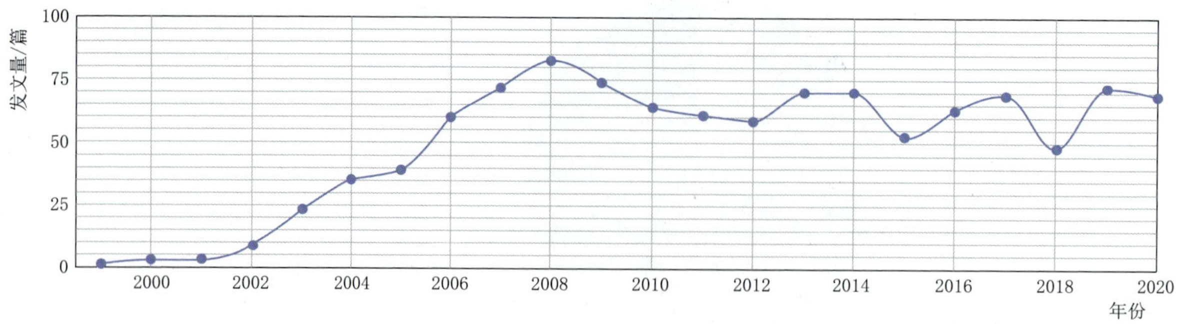

35年间我国沙棘学位论文的年度分布

从论文主题分布情况来看，研究黄土高原、植被恢复和黄土丘陵沟壑区的沙棘文献最多，分别达到47篇、43篇、39篇。

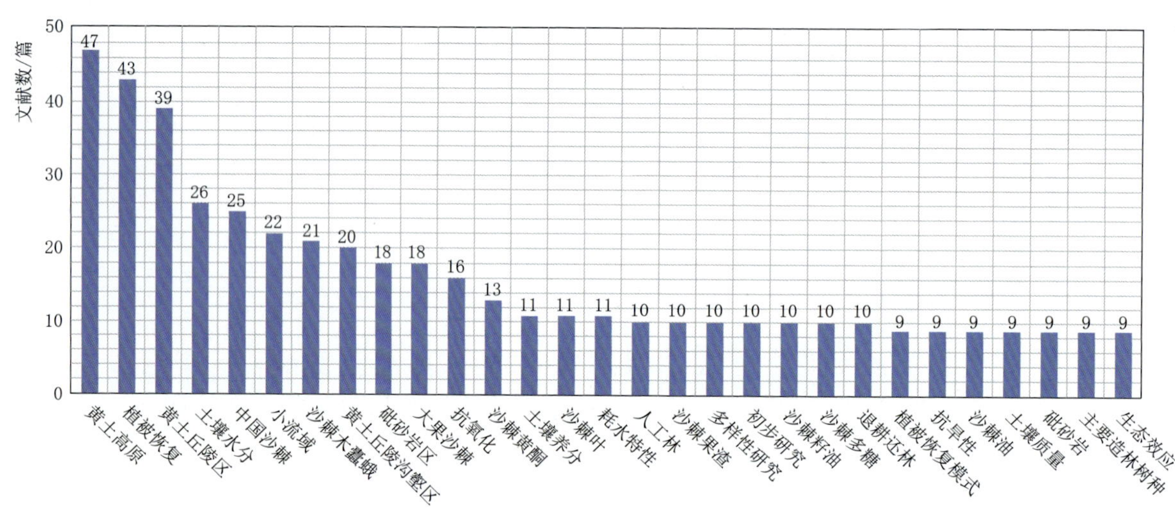

35年间我国沙棘学位论文的主题分布

从论文涉及学位授予单位的分布情况来看，与科技论文分布一样，仍然是西北农林科技大学论文最多，达203篇；北京林业大学次之，达120篇；内蒙古农业大学第三，达90篇。

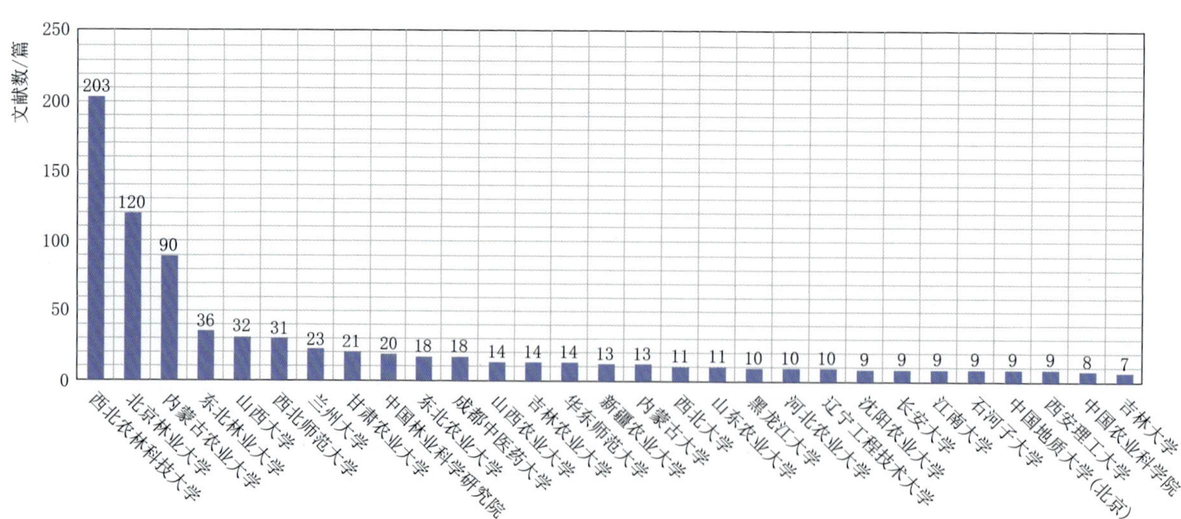

35年间我国沙棘学位论文的机构分布

从论文涉及学科专业分布情况来看，水土保持与荒漠化防治最多，为 150 篇；生态学居次，为 112 篇；植物学第三，为 79 篇；森林培育第四，为 58 篇。这些信息反映了从事沙棘研究的学科，也为用人单位选人提供了有关依据。

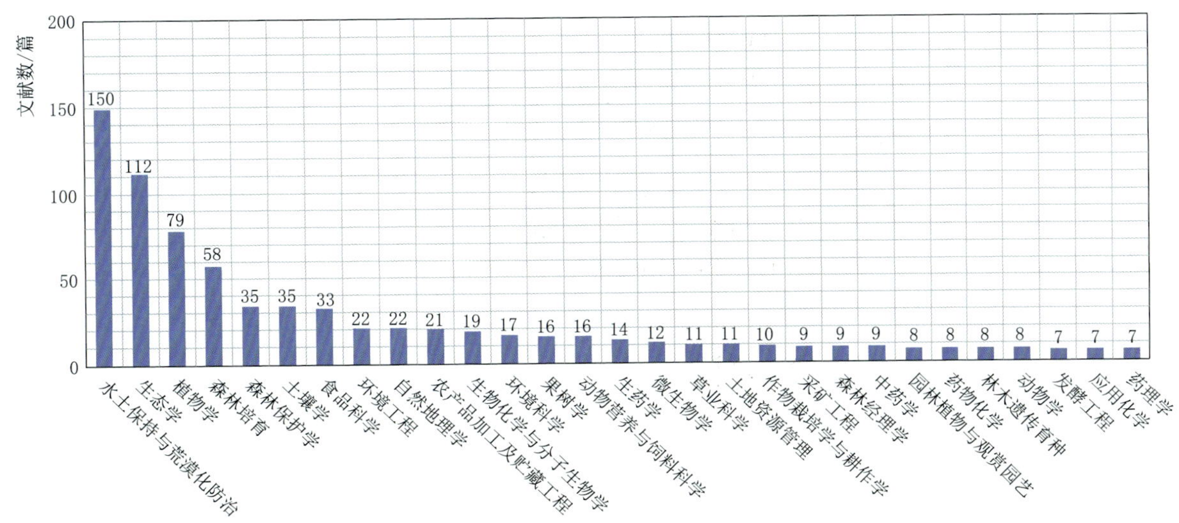

35 年间我国沙棘学位论文的学科分布

大专院校和科研院所是我国科研的主力，通过他们培养的硕士、博士研究生学位论文的情况，可以看出他们对沙棘的研究十分重视，特别是国内一些知名农林高等学府的水土保持与荒漠化防治专业，对黄土高原地区沙棘用于植被恢复的生态学效应方面的研究更多，这也反映出了 35 年中我国生态建设的着力点。

2. 沙棘专利接连获批

作为反映沙棘加工利用的代表性指标，35 年我国专利数达到 5683 项，其中发明公开 5218 个，外观设计 228 个，实用新型 186 个，发明授权 51 个。

按年份来看，从 1987 年的 3 个专利，一直到 2004 年的 32 年专利，发展比较缓慢；从 2005 年的 71 个专利，至 2011 年的 98 个专利，这一阶段专利数虽然较前一阶段有所提高，但仍然处于平衡发展阶段，没有明显上升的势头；一直到从 2012 年的 178 个专利起，至 2020 年（2020 年 11 月 19 日）的 843 个专利，这一阶段的发展势头很快，其中 2018 年达到了 915 个专利。近年来专利数的呈线性快速增长，从一个侧面反映了沙棘加工企业的需求，以及内在活力和创新力。

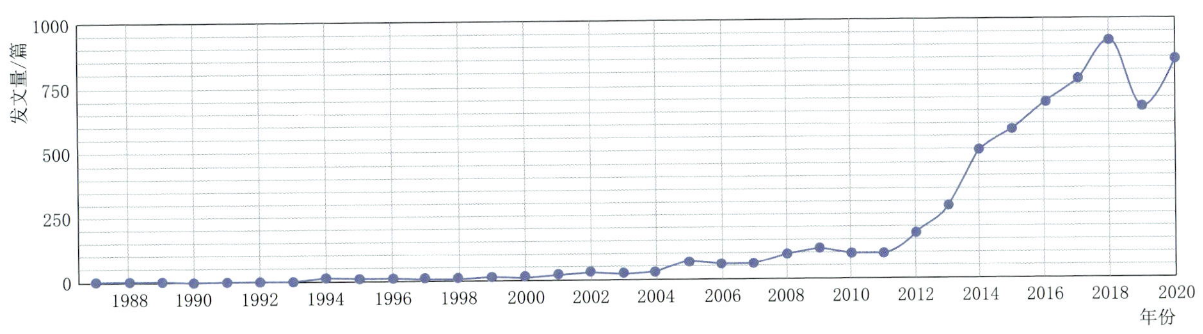

35 年间我国获得沙棘专利数量的年度变化

从专利的主题来看，排列第一的是制造方法，达 2289 个，占总专利数的 40.3%；组合物的 611 个，仅占 10.8%；其余主题很多，占比就很小了。围绕沙棘加工利用的制造方法，显然是专利的大户。

从学科分布来看，轻工业手工业最多，达 2565 个，占 43.66%；中药学第二，达 1247 个，占

21.23%；药学第三，达582个，占9.91%，位居第三。还是沙棘加工利用方面有关的轻工业、中药学、药学等学科的专利数量最多。

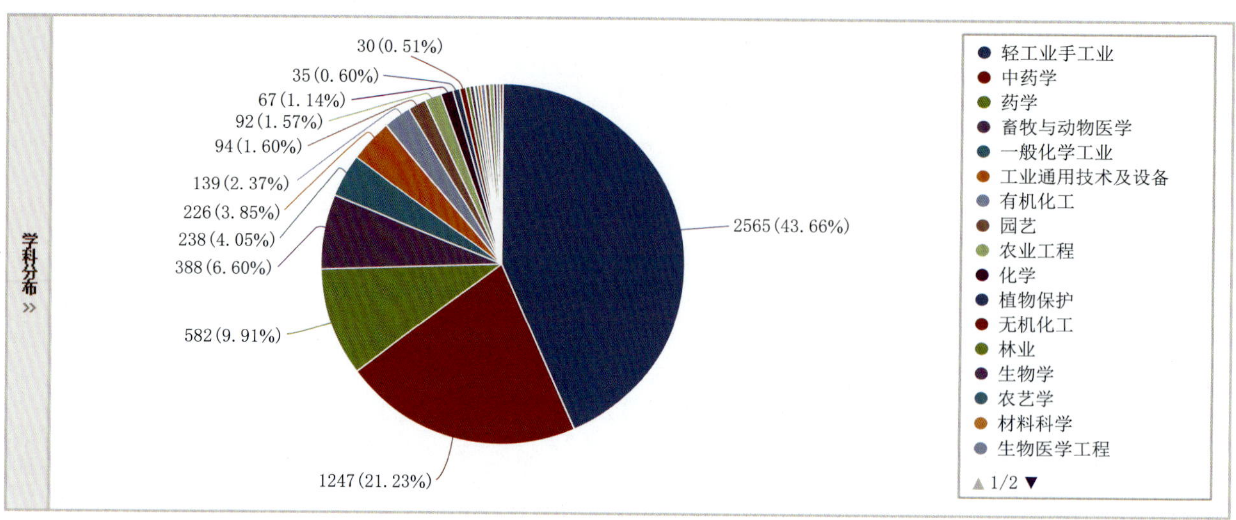

35年间我国沙棘专利的学科分布

在药品、保健品方面的一些已授权专利情况如下所示。

已授权的沙棘药品方面专利

专利名称	申请单位	用途
复方沙棘籽油栓	陕西海天制药有限公司	宫颈糜烂、阴道炎
一种修复胃黏膜的中药	内蒙古宇航人高技术产业有限责任公司	修复胃粘膜
调节血脂、保护肝脏的产品及其制备工艺	内蒙古元和药业股份有限公司	调节血脂、保护肝脏
希露消疣液	王志理	治疗尖锐湿疣的药物
一种调节妇女内分泌功能的药物	中国医学科学院西安分院医药生物技术研究所	妇女更年期综合征
一种治疗癌症的藏药及其制备方法	尕玛扎西	对癌细胞具有杀死和可增强机体免疫力
清血丸	白玛加措	治疗心脑血管疾病
沙棘药用基质油的低温制取生产技术	王俊霞	

已授权的沙棘保健品方面专利

专利名称	申请单位	用途
芦荟米酒及其制作工艺	李明芳；杨静	提高免疫力
天然滋补膏的制造工艺	石富成	软化血管
雪灵芝保健饮料	西藏自治区太阳能研究示范中心	增强免疫抗病能力、抗疲劳能力
沙棘粉油软胶囊保健食品及其生产方法	北京江河沙棘公司	
一种减肥茶	重庆市康尔寿保健食品研究所	减肥、保健、降低血脂
参棘软膏及其制备方法	赤峰万泽制药有限责任公司	黄褐斑、老年斑
具有心血管保健及延缓衰老功效的口服组合物	成都瑞翔生物技术有限公司	有心血管保健及延缓衰老功效
一种大黄果酸口服制剂及其制备工艺	青海普兰特药业有限公司	习惯性便秘，久治不愈的顽固性便秘，青春痤疮，黄褐斑等疾病
具有美容、养颜功能的保健食品及其制备方法	聂承和	抑制皮肤色斑产生

续表

专利名称	申请单位	用途
一种保暖、御寒、抗疲劳、温胃的茶及其制备方法	陈国荣	保暖、御寒、抗疲劳、温胃
离子交换法减除沙棘果汁原料中重金属铅含量的方法	青海康普生物科技股份有限公司	沙棘果汁原料中重金属铅含量的减除
一种荞麦保健醋的制备方法	陕西省微生物研究所	
具有延缓衰老作用的沙棘营养合剂及其制备工艺	武汉天天好生物制品有限公司	调节机体代谢平衡，提高机体免疫力

（六）策划实施了丰富多彩的沙棘宣传活动，积极开展了多部门工作会议加快沙棘示范推广

35 年中，丰富多彩的沙棘宣传工作，是整个沙棘种植开发工作中值得大书特书的一页；而水利、林业等有关部门主导的各项工作会议等，体现了领导的高度重视，为开展沙棘推广指明了方向、铺平了道路。

1. 形式多样，注重效果，沙棘宣传卓有成效

行业管理部门通过媒体、产品展览等多种渠道的宣传，促使人们对沙棘和沙棘产品的了解逐步加深，越来越多的单位也积极参与到沙棘种植和开发的行列中来。沙棘作为生态树种、经济树种的功能在社会上的影响日益扩大。

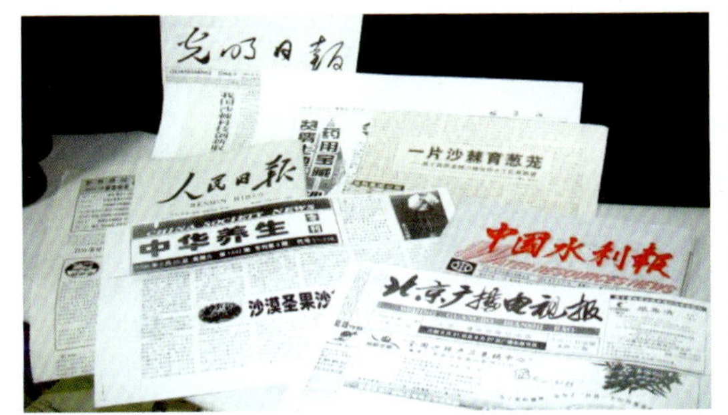

形式多样的沙棘宣传

1986 年 7—12 月，陕西武功农业科研中心协调委员会等协助中国农业科教电影制片厂拍摄了我国第一部沙棘科教影片《沙棘》，并被翻译成 7 种外文在国内外发行。

1988 年 3 月，全球第一份沙棘行业的中文学术期刊《沙棘》在陕西省武功农业科研中心创刊。

全球第一份沙棘行业的中文学术期刊《沙棘》

这份期刊由全国沙棘办、沙棘专委会、陕西省沙棘开发利用办公室和陕西省沙棘开发利用科研中心联合主办（2009 年停刊）。

1995 年，沙棘专委会及水利部沙棘开发管理中心与中国农业电影制片厂合作拍摄了近 2 个小时的中英文科教宣传片《开辟中国第二农业的特殊作物——沙棘》，5 月起在中央电视台 2 套《星火科技》栏目中播出。

1995 年 5 月 22 日，由内蒙古昊达集团绿带食品有限公司和北京政信达科技发展有限公司联合主办的昊达牌绿带沙棘饮料系列产品新闻发布会，在北京市政协一楼会议室举行。有关单位、新闻媒体和部分食品饮料加工企业的代表 80 余人出席了这次活动。

1995 年 10 月 26 日，水利部沙棘办与水利部宣传中心联合在北京举办我国沙棘开发新闻发布会，旨在介绍我国有计划有组织开发利用沙棘 10 年来的在资源建设、开发利用、科学研究和国际合作等方面的主要成果和经验，宣传沙棘的独特作用。在新闻发布会上，水利部副部长朱登铨首先向记者介绍了我国政府为什么要重视发展沙棘事业，水利部为什么要牵头组织协调推动我国沙棘事业的理由，以及我国开发利用沙棘的基本方针等。水利部沙棘办负责人详细介绍了我国开发利用沙棘的背景、目标、发展过程、主要成就、经验及战略设想等。参加这次新闻发布会的媒体有新华社、中国新闻社、人民日报、中国日报、中国科学报、科技日报、光明日报、经济日报、经济参考报、法制日报、中国环境报、中国水利报、中宣部《时事报告》杂志社、中央人民广播电台、中国国际广播电台和中国农业电影制片厂等近 20 名记者。

由水利部沙棘办资助、中国农业电影电视中心拍摄的《荒地与沙棘》，于 1996 年 4 月初在中央电视台 2 套《农业科技》栏目播出。节目播出后反响很好，为了满足观众需要，又拍摄并继续在 2 套栏目中播出了《神奇之果——沙棘》。播出后根据观众要求，中国农业电影电视中心又来水利部沙棘办，就群众来信中提出的问题，采访了有关专家，在 2 套节目播出。这一系列沙棘宣传片的播出，很好地宣传了沙棘的生态经济功能。同年，由林业部沙棘办和黑龙江电视台联合录制的 5 集专题片《奇树神果话沙棘》经过前期一年的制作，完成摄制和编辑，在黑龙江电视台播出。

我国发行的第二份沙棘科技期刊

2003 年 9 月，由国际沙棘协会主办的中英文科技期刊《国际沙棘研究与开发》（The Global Seabuckthorn Research and Development）（季刊）创刊发行（2014 年停刊）。

2005 年 10 月，水利部沙棘开发管理中心在水利部阳光走廊举办了“中国沙棘开发 20 年”展览。

2007 年 10 月 28—31 日，水利部沙棘开发管理中心参加了广西南宁“第四届中国—东盟博览会农村适用技术暨农业科技成果转化资金成果展”，宣传了沙棘科研成果、技术和产品，展出取得了圆满成功，会后许多媒体就展览情况，来中心开展了后续跟踪报道，较好地达到了宣传沙棘、造福人类的目的。

2008 年 5 月 14—16 日，高原圣果（北京）沙棘制品有限公司参加了上海第九届中国国际食品和饮料展览会（SIAL）。该展会创建于 1964 年，每两年一届，迄今已有 40 多年的历史，现已成为全球

农业科技成果转化资金成果展（2007 年，广西南宁）

食品和饮料行业最大的展览贸易盛会。自 2000 年 SIAL 展移至中国以来，已成功举办了八届，现已成为中国规模最大、层次最高、效益最好的国际食品展，被誉为“中国国际食品和饮料第一展”。该次展会中有中、日、韩、美、俄、以、法 7 个国家的 400 多家国际展商参展，共展出产品一万余种。该公司生产的沙棘产品在本次展会中表现出众，不负众望，作为 17 种获奖产品之一，荣膺创新产品奖。

Innovative Product SIAL China 2008
第九届中国国际食品和饮料展览会创新产品

Innovative Product SIAL China 2008
第九届中国国际食品和饮料展览会创新产品

Product Name / 产品名称: SEABUCKTHORN JUICE
Company Name / 公司名称: CONSECO SEABUCKTHORN
Country / 国家: CHINA（中国）

Organized by:
SIAL

上海第九届中国国际食品和饮料展览会（2008 年）

2019 年，水利部沙棘开发管理中心将自身拥有的 6 种杂交沙棘、12 种选育沙棘、10 种引进沙棘编印成册发放，既起到宣传作用，又可供有关方面建设沙棘种植园时参考选用。

通过这些影视、期刊、展会等不同途径，使不同层次、不同行业的人员接受了沙棘教育，促进了人们对沙棘的认知，达到了弘扬精神、传播思想、普及知识、倡导方法的科普目的。

2. 领导重视，现场办公，沙棘推广有条不紊

沙棘在种植和开发两大领域的推广，不仅有各级管理部门在政策、资金、机制等方面所起到的扶持作用，有各地各级水保、林业部门的组织协调作用，而且每年视情况召开的各种工作会议，有多部门、多级政府领导

出面，现场拍板解决问题，为沙棘推广起到了十分重要的推动作用。

1986 年 9 月 6—10 日，水电部、林业部和山西省人民政府联合在山西太原举办了第二次全国沙棘开发利用经验交流会。水电部部长钱正英做了大会报告，强调开发沙棘要处理好四个关系——资源建设与加工利用的关系；生产与销售的关系；独家经营与横向联合的关系；科研与生产的关系。林业部副部长刘琨做了总结发言，要求各地完成资源普查，科研上要有所突破，产品上要有新的进展。会议广泛交流了经验，互通了信息，明确了方向，坚定了信心，标志着我国沙棘开发进入了一个新的阶段。

1987 年 10 月 6—10 日，全国沙棘办、林业部造林经营司、中国水利实业开发总公司孙倩在辽宁省建平县召开了全国沙棘资源建设现场会，与会代表来自国内 11 个省（自治区、直辖市）的 40 余人。会议期间参观了建平县人工沙棘林，听取了赴苏联沙棘栽培和利用考察组的报告，辽宁、陕西、黄委、中国林科院等 11 个单位在大会上交流了沙棘资源建设的经验。会议要求，为了加速我国沙棘资源建设，各地要加强现有资源的管护，进一步落实经营承包责任制，制订沙棘资源管理条例，结合户包小流域和“三北”防护林工程，采用科学方法营造沙棘人工林，并抓好良种培育，搞好种苗基地，进一步开展沙棘资源建设方面的有关研究。

1990 年，全国沙棘办以沙办〔1990〕1 号文做出“关于表彰‘七五’期间沙棘开发利用的先进单位和先进个人的决定”，陕西省沙棘开发利用办公室等 44 个单位、郭裕怀等 63 人受到表彰。

1990 年 12 月，水利部在河南省郑州市召开第三次全国沙棘开发利用工作会议，水利部副部长钮茂生出席会议。会议推动了东北（黑龙江、吉林）、西北其他省（自治区）（宁夏、新疆）的水利厅，以及长江水利委员会、海河水利委员会、松辽河水利委员会的水土保持部门加强沙棘推广和组织管理工作。

全国沙棘开发利用工作会议（1990 年，河南郑州）

1993 年 9 月 21—23 日，由全国沙棘办和黄委主持，在内蒙古东胜召开了“全国沙棘资源建设现场会”。会议的主要目的是推广内蒙古伊克昭盟以沙棘治理砒砂岩的成功经验，总结交流近年来沙棘资源建设工作，研究确定如何进一步深化沙棘资源的开发利用。来自“三北”有关省区和流域机构、一些大专院校、科研院所的代表 90 余人参加了会议。水利部部长钮茂生做了“下定决心，抓住机遇，加速发展，促进沙棘开发利用事业再上新台阶”的报告。大会还安排了专题发言、现场考察。会议要求与会代表认真传达这次会议的有关精神，切实落实会议提出的各项工作，力争将全国沙棘开发利用推向新阶段。

1994 年 9 月，黄河流域沙棘示范区建设工作会议在甘肃省镇原县召开，来自黄河流域 7 省（自治区）、16 个县（旗）的 60 余名项目管理人员参加会议。会议提出 4 点要求，提高认识，切实加强领导；组建一个强有力的工作班子；有一个好的规划；建立一套科学的管理体系。

1995 年 10 月 6—9 日，黄委沙棘办在内蒙古东胜召开了第二次黄河流域沙棘示范区建设工作会议。参加会议的有黄河上中游各省区水土保持局负责人和各示范县负责人共 70 余人。与会代表参观了伊克昭盟沙棘示范区建设现场，交流了各自示范区建设的经验，进一步明确了任务，落实了责任，增强了信心。

全国沙棘资源建设现场会（1993 年，内蒙古东胜）

1995 年 10 月 13—17 日，林业部在山西右玉召开了全国沙棘工作会议。参加这次会议的有全国 19 个省（自治区、直辖市）林业部门、24 个沙棘产业重点县旗的领导及沙棘科研人员共 160 人。与会代表听取了林业部副部长祝光耀“提高思想认识，加强行业管理，进一步开创沙棘产业建设新局面”的工作报告，学习并充分讨论了林业部提出的“全国沙棘产业发展‘九五’实施意见”，认真听取了山西、内蒙古、辽宁等省（自治区）和右玉县的经验介绍，并现场参观了山西右玉、左云的 10 个沙棘产业发展典型。会议要求全国沙棘行业进一步解放思想，认真抓好思想认识上的提高，明确沙棘产业的发展方向；认真抓好资源建设，打好沙棘产业发展的基础；认真抓好开发，变资源优势为经济优势；认真抓好科学研究，不断增加沙棘产业的科技含量；认真抓好资金筹措，把沙棘产业发展的投入真正落到实处；认真抓好行业管理，确保沙棘产业有序、高效、健康地发展，把我国沙棘产业建设的发展提高到一个新的水平。

1996 年 12 月 26—28 日，水利部在北京召开了全国沙棘工作会议。辽宁、河北、山西、内蒙古、

全国沙棘工作会议（1996 年，北京）

陕西、甘肃等14个省（自治区、直辖市）及水利部、农业部、卫生部、中国科学院等部门和新疆单位的90余名代表出席了这次会议。会议的主要任务是总结交流"八五"经验，研究制定"九五"规划，同时表彰了"八五"期间在沙棘事业中做出突出贡献的27个先进集体和76名先进工作者。钮茂生部长在闭幕式上做了重要讲话，他对"九五"发展规划纲要的目标做了以下指示：一是资源建设大发展；二是加工利用创名牌；三是科学研究新突破；四是经营销售一条龙。他还对增加沙棘投入提了三方面的意见：一是国家、地方、集体、个人一齐上；二是建立1000万元的沙棘发展基金；三是从水利科研基金和部长基金中先节约出一部分，重点支持沙棘科研。

1997年10月10—14日，水利部水保司、水利部沙棘开发管理中心、中国水保学会联合主持，在内蒙古伊克昭盟召开了沙棘现场考察研讨会。出席会议的有水保、生态、农学等方面从事沙棘研究的专家和领导，以及人民日报、中央电视台、经济日报、科技日报、中国水利报等媒体的20余名记者。与会代表学习了江泽民总书记在十五届一中全会上的讲话精神，实际考察了伊克昭盟的沙棘治理砒砂岩现场，讨论了《全国沙棘资源建设专项规划（1998—2030年）》，研究落实了《"九五"沙棘事业发展规划纲要》。最后，与会专家集体提出了"发展沙棘，保持水土，建设生态农业的现场考察报告"，上报中央，以争取得到中央领导的支持。

1999年9月26—28日，为了贯彻落实江泽民总书记"再造一个山川秀美西北地区"的重要指标，以及朱镕基总理视察陕西省水土保持生态环境建设时的重要讲话，陕西省水保局在陕西吴起召开了陕西省沙棘生态工程建设现场会议。参加这次会议的有陕北、渭北6个地市及28个县市的水利水保局长、站长、队长等，省直有关部门、水利部有关单位和有关媒体等也受邀参加了会议，与会代表100余人。这次会议的主要议题：一是参观吴起县沙棘生态工程建设现场；二是总结推广交流陕西省沙棘生态工程建设经验；三是全面部署今后一段时间沙棘生态工程建设工作。与会者感受到，吴起的经验正在全省开花结果，"山变绿、水变清、人变富"在不远将会变为现实。

1999年11月12—13日，为了贯彻落实中央领导关于黄土高原水土保持生态环境建设工作的指示精神，总结交流沙棘生态建设经验，更好地发挥沙棘在"三北"地区水土保持生态环境中的重要作用，水利部在内蒙古东胜召开"'三北'地区沙棘生态建设工作会议"。全国政协副主席钱正英、水利部副部长张基尧等出席会议并讲话。会议命名了河北省丰宁县等11个县（旗、市）为"全国沙棘生态建设示范县"。与会代表还考察了砒砂岩典型地貌和沙棘治理示范工程。

2002年10月28日，水利部在北京召开全国沙棘生态建设工作座谈会，全国政协副主席钱正英、中国科学院院士阳含熙、中国工程院院士关君蔚、国家计委、国家外专局、中国科学院、水利部有关单位及流域机构、部分大专院校、沙棘生态建设项目区代表120多人参加了会议。会议总结了近年来全国沙棘开发工作，特别是沙棘生态建设的成绩、经验和问题，分析了当前面临的形势和挑战，进一步提高了沙棘资源建设和开发利用重要意义的认识，明确了新世纪沙棘发展的目标与任务，以推动全国沙棘资源建设与开发利用工作再创新佳绩。会议表彰了（"九五"期间）全国沙棘生态建设与开发先进集体30个、先进个人50人。

全国沙棘生态建设工作座谈会（2002年，北京）

2003 年 11 月 2 日，水利部沙棘生态建设与开发专家座谈会暨全国沙棘学术交流会在京召开。中国工程院院士钱正英、关君蔚、李文华出席了这次会议，水利部副部长鄂竟平出席会议并讲话。共 100 多位专家、代表参加了这次会议。1998 年 11 月，国务院副总理温家宝对有关专家关于沙棘种植和开发问题的来信做出了重要批示，其后温家宝又多次关心沙棘建设进展情况。5 年来，国务院有关部门积极贯彻落实批示精神，加大了对沙棘生态建设的投入力度；与此同时，沙棘资源的开发利用也取得了长足进展，在取得显著生态效益的同时，对促进“三农”问题的解决发挥了积极作用。在此背景之下，水利部召开专题会议，进一步贯彻落实温家宝批示精神，促进“三北”地区沙棘生态建设和沙棘资源的开发。参加会议的还有国家发展改革委、水利部、国家林业局等有关部门领导，有关流域机构、省水利厅（局）的水土保持部门负责人，北京林业大学、中科院成都生物研究所等大专院校、科研院所的教授专家，以及从事沙棘产品开发的企业负责人等。有 7 位专家、院士在上午的会上做了精彩的发言。

2005 年 12 月 11—12 日，水利部沙棘开发管理中心联合沙棘专委会在广东深圳召开了以“生产标准，质量安全”为主题的全国沙棘发展研讨会。来自全国的 30 多家企业代表约 60 人参加了此次会议。会议还邀请了中国农业大学食品学院知名教授为大家做了“食品安全，质量控制”的专题报告，开阔了大家的思路。各企业代表在大会上就沙棘的种植、加工、质量标准、市场培育、宣传、科研等方面做了积极的发言、交流，会议期间，代表们参观了深圳时代（中国）公司，对该公司先进的沙棘生产线、化妆品生产线等进行了参观。这次会议对沙棘产业的发展、对企业发展起到了极大的促进作用。

全国沙棘发展研讨会（2005 年，广东深圳）

2008 年 9 月 11 日，“晋陕蒙甘能源开发区水土保持生态修复暨沙棘资源建设论坛”在中国神华集团神东煤炭分公司神东宾馆召开。全国人大环资委主任委员曲格平、水利部副部长鄂竟平、中国科学院院士蒋有绪、中国工程院院士尹伟伦等出席会议并讲话。山西、内蒙古、陕西、甘肃四省水利厅的领导，忻州市、吕梁市、鄂尔多斯市、榆林市、延安市、庆阳市的市长分别做了交流发言。这次会议主要交流晋陕蒙甘能源开发区水土保持生态修复及其沙棘资源建设与开发利用的经验和成效，研讨区域资源开发建立水土保持生态补偿机制的理论基础和实现途径，探讨推进沙棘资源建设和产业开发区域合作机制。参加会议的还有水利部水土保持司、水利部沙棘开发管理中心、黄河水利委员会、黄河上中游管理局，山西、内蒙古、陕西、甘肃四省水利厅，忻州市、吕梁市、鄂尔多斯市、榆林市、延安市、庆阳市、中国神华神东煤炭分公司的领导及有关人员。新华社、人民日报、光明日报、经济日报等新闻媒体的记者也参加了会议。

2019 年 4 月 27 日，首届“中国沙棘产业生态扶贫（呼和浩特）峰会”在喜来登大酒店隆重召开，会议由中央电视台主持人宋英杰主持。此次峰会由内蒙古自治区林业和草原局、呼和浩特市人民政府主办，中国绿化基金会、浙江蚂蚁小微金融服务集团有限公司特别支持，清水河县人民政府、内蒙古宇航人高技术产业有限责任公司承办。峰会以“沙棘助推生态扶贫与人类健康”为主题，汇集社会各界专家、学者及生态环保志愿者，共话沙棘产业的发展、沙棘在荒漠化治理、精准扶贫中的价值以及沙棘在大健康产业的重要作用。参加会议的有国家林业和草原局、中国绿色基金会、中国林业科学院、北京林业大学和宇航人公司领导以及宇航商城的全国各地市场负责人应邀出席了会议。峰会上，中国绿化基金会、清水河县政府、宇航人公司签署了清水河天然沙棘林保护项目意向协议，宇航人公司与清水河县签订了合作框架协议，为沙棘治沙扶贫专项基金进行了公益募捐。活动还举行了清水河 20 万亩天然沙棘林保护项目意向协议签约仪式和合作框架协议签约仪式。集合政府、企业和社

晋陕蒙甘能源开发区水土保持生态修复暨沙棘资源建设论坛（2008 年，内蒙古鄂尔多斯）

会的力量形成合力，用更大的生态推动力、产业牵引力，携手推动沙棘生态产业加快发展，让更多的人了解沙棘产业，让更多的沙棘企业参与到生态种植以及产业扶贫当中，为建设生态北疆贡献自己的力量，带动塞北地区生态建设和经济社会发展，用实际行动践行“绿水青山就是金山银山”的发展理念，落实“构筑我国北方重要生态安全屏障”“以生态优先、绿色发展为导向”的重要精神。

首届“中国沙棘产业生态扶贫（呼和浩特）峰会”隆重召开（2019 年）

2020 年 10 月 14—16 日，中国治沙暨沙业学会沙棘产业专业委员会第二届换届会暨沙棘产业开发与生态建设研讨会在内蒙古呼和浩特召开。本次会议主题是沙棘助推绿色生态与健康产业，会议形成了《沙棘产业推广倡议书》，指出我国沙棘资源丰富，多年实践证明沙棘是生态树、健康树、扶贫树。在我国西北、华北、东北大约 100 万 km^2 的荒漠化地区或水土流失地区，沙棘仍是生态建设的关键树种，应该大力发展。要充分认识种植沙棘的生态、经济和社会意义，要高度重视沙棘产业的科技研发及应用，要着力加强媒体对沙棘的宣传和推广，要凝心聚力整合资源。沙棘产业正面临着良好的发展机遇，沙棘专委会期待和社会各界联合，助推种植、开发和利用沙棘，推动国家绿色发展，为我国生态建设事业和国际防治荒漠化事业再立新功。

沙棘产业开发与生态建设研讨会（2020 年，内蒙古呼和浩特）

（七）通过不同途径互通国内外信息，推进促成了多个成功的沙棘国际合作范例

沙棘的基础研究和开发利用工作，在俄罗斯和东欧一些国家开展得较早，积累了丰富的成果；而沙棘自然资源以我国最为繁多，人工种植面积以我国最为巨大。认真学习借鉴国际社会创造的一切有关沙棘的科技成果，拓宽视野，趋利避害，形成经济全球化条件下的沙棘国际合作新模式，让沙棘能够参与国际经济合作并形成竞争新优势，朝着均衡、普惠、共赢方向发展，促进人类文明繁荣进步，是沙棘行业 35 年间一直追求的目标。

1.“走出去，请进来”，掌握沙棘开发的最新国际动态

中国沙棘资源面积占全世界的 95%以上，丰富的沙棘资源使得中国在国际合作领域，占有先天优势，大有用武之地。通过沙棘国际合作，把“请进来”和“走出去”紧密结合起来，开展国家间互访、派遣访问学者，有力推动了沙棘种植开发向更高层次良性发展。

（1）组团出访，开展科技考察，了解国际动态，寻求合作机会。

1987 年 9 月，中国沙棘代表团第一次访问苏联，由此拉开了国际沙棘合作交流的序幕，开创了中国与国际社会的沙棘合作之路。

1991 年 5 月 10—17 日，水利部沙棘考察代表团一行 3 人对苏联塔吉科进行了考察访问。考察认为，塔吉科在沙棘油的提取和药理方面的工作，在苏联是居领先地位的。双方开展了会谈磋商，签署了沙棘科研方面的合作意向书，探讨了开展沙棘外贸合作的可行性。

1991 年 9 月 9—20 日，应下戈罗德农学院（原高尔基农学院）邀请，陕西省沙棘考察团一行 5 人，前往苏联下诺夫戈罗德州和莫斯科，对苏联沙棘育种和开发利用情况进行了考察。

1997 年 8 月 25 日至 9 月 5 日，水利部沙棘开发管理中心组织全国有关方面的专家、企业家等 12 人赴芬兰、瑞典访问。代表团在芬兰出席了 ICRTS 协调会议，在瑞典农业大学园艺育种研究所兴办了中国沙棘开发利用成就展览，并就各方关注的一些问题，进行了磋商，取得了一些积极成果。

（2）邀请专家来华讲学考察，获取信息，交流信息。

1987 年 11 月 21—25 日，应山西省科技情报研究所邀请，国际沙棘分类学权威、芬兰图尔库大

参加 ICRTS 协调委员会会议的代表（1997 年，芬兰图尔库）

学校长阿尔尼·罗西教授、科克·萨洛研究员在山西进行了沙棘研究和应用技术讲座。来自北京、辽宁、内蒙古、陕西、甘肃、青海、宁夏等 10 个省（自治区、直辖市）的 120 余位技术人员聆听了讲座。这是我国第一次接待外国沙棘专家访问。芬兰专家还赠送给山西省 4 个沙棘品种和有关技术资料，并在山西省右玉县、大同市考察了沙棘资源和加工厂。

1990 年 11 月 10—16 日，应陕西省武功农业科学研究中心邀请，以 A. V. 加尔金院长为首的苏联高尔基农学院代表团一行 3 人来华访问。在陕西期间，加尔金院长做了“瓦维洛夫遗传进化思想在沙棘引种育种中的意义”“沙棘果发育结构规律与油积累的关系”，考察了陕西省永寿县沙棘资源、永寿县沙棘油厂、陕西省沙棘食品试验厂以及西北林学院、中科院西北水保所和陕西省林科所等，中苏科技人员开展了有关会谈。11 月 15 日，全国沙棘办的领导在北京会见了苏方人员。通过这次活动，掌握了苏联沙棘方面的一些成果，寻找到我国沙棘研发的方向。

1991 年 10 月 14—29 日，应山西省技术进出口公司的邀请，苏联沙棘协作与贸易代表团一行来华进行访问。代表团先后参观了北京、山西的多个沙棘研究机构和企业，拜会了全国沙棘办，开展了 6 次有关业务洽谈，最后形成了“关于中苏双方对沙棘及其他技术和商品的协作与贸易意向书”。苏方还展示了随团带来的沙棘油制剂、沙棘干饮料样品和有关资料。

1996 年 10 月 7 日至 11 月 7 日，俄罗斯科学院西伯利亚分院细胞遗传研究所利达·索诺年科教授和助手两人，应中国科学院邀请来华进行了沙棘引种选育的短期合作研究。索诺年科教授带来了她经过 10 余年培育的沙棘新品种“泽梁”的插条和种子，提供了沙棘杂交、辐射诱变、化学诱变等育种技术和栽培技术，并展示了俄罗斯沙棘加工利用的新产品，如防癌食品、儿童食品、食品添加剂以及医药上的人造皮和气雾剂等。中俄专家签订了合作意向书。

苏联沙棘代表团与中方陪同人员合影
（1991 年，北京）

俄罗斯专家来华开展育种合作研究
（1996 年，陕西安塞）

1998年4月22—23日，应国际沙棘研究培训中心（ICRTS）邀请，芬兰图尔库大学卡里欧教授一行2人访问了我国。双方一致认为，争取和开展国际沙棘合作，应是推动全球沙棘开发事业的关键。双方原则上同意，在多领域创造条件开展沙棘合作研究。

2007年4月5日，蒙古植物研究所奥其尔巴特·拉根博士来水利部沙棘开发管理中心，就双边沙棘研究及合作问题开展了交流。拉根博士为世界著名沙棘专家，在沙棘育种领域做出了重大贡献。如中国从蒙古国引进的“乌兰沙林”良种，就是他的研究成果。中蒙专家就沙棘育种、栽培等方面的技术问题进行了座谈，并商讨了双边开展学术交流及合作等事宜。我国沙棘育种专家、中国林科院黄铨研究员也一同参加了座谈。

蒙古沙棘专家拉根博士访问水利部沙棘开发管理中心（2007年，北京）

（3）派遣学者出国，既虚心取经，了解情况，又传播经验，解决问题。

1989年1月，根据中苏两国科技交流协定，山西省农科院副研究员武福亨赴莫斯科季米里亚泽夫农学院进修沙棘情报1年。其间对苏联沙棘的分布、引种、育种、繁殖、栽培、采收、贮运、加工及其开发等进行了考察和系统研究，同时向俄罗斯沙棘专家们介绍了中国近年来的开发利用状况，为中俄进一步交流创造了条件。

与季米里亚泽夫农学院园艺系主任福斯托夫博士交流

与布里亚特果树浆果试验站站长索克拉托娃院士交流

武福亨在俄罗斯做访问学者（1989年）

1989年7月，经我国政府推荐，中国科学院成都生物所研究员吕荣森应聘到国际山地综合发展中心（ICIMOD）工作，开始了为期5年的沙棘开发利用推广工作，促使尼泊尔、印度、巴基斯坦、

吕荣森在ICIMOD工作（1990年，尼泊尔加德满都）

不丹等国的专家们进一步了解了沙棘的价值，并促成ICIMOD组织成员国代表先后两次前往我国，考察学习了我国开发利用沙棘资源在帮助贫困地区脱贫致富、改善生态环境等方面的典型及取得的成功经验。

1995年11月，受世界银行邀请，吕荣森研究员前往玻利维亚考察访问，研究在安第斯山脉高海拔地区种植沙棘的可行性。其考察报告建议被玻利维亚政府采纳。

1996年8月，吕荣森研究员受ICIMOD的委托，前往巴基斯坦访问，其目的是考察巴基斯坦北部地区开发利用沙棘的可行性，考察报告写出后交由巴基斯坦农业部长呈交该国总统内加利。总统接见了吕荣森研究员并做出决定，在巴基斯坦立即立项，开发该国的沙棘资源。

1997年10月，受巴基斯坦阿珈汗基金会的邀请，吕荣森、李永海前往巴基斯坦北部进行考察访问，针对该地区沙棘资源的分布状况，提出了开发利用的可行性方案，后被该基金会采纳。

1999年9月，由国家外国专家局派出的“赴德国沙棘种质资源利用与加工技术培训团”一行6人，由吕荣森研究员带队，在德国的多家大学、研究所和技术开发公司，开展了有关沙棘种质资源、沙棘园建设与生产管理、沙棘产品加工技术等方面的技术培训，并对阿尔卑斯山脉（包括法国境内CAP地区）的沙棘种质资源进行了实地考察。

2011年6月3日至2013年6月7日，由欧盟玛丽居里国际人才引进奖学金（IIF）资助，大连民族大学教授阮成江作为高级访问学者，去瑞典农业大学植物育种系师从Hilde Nybom教授，开展了沙棘品质与抗性分子标记及代谢组学研究。他利用SRAP和ISSR标记研究了不同沙棘种质的遗传多样性及遗传关系，建立了沙棘果实和种子不同活性成分检测的HPLC、GC－MS/MS、LC－MS/MS和NMR指纹图谱，对比分析了不同沙棘种质不同活性成分的组分及含量，优选出了适宜鲜食的沙棘优良无性系4个。

吕荣森随同赴德国沙棘种质资源利用与加工技术培训团考察（1999年）

阮成江在瑞典优选出的优良沙棘无性系果枝

2. 国际合作结出硕果，多国启动沙棘开发，多个项目得以合作实施

通过派团出国考察、邀请国外专家来华讲学、派遣专家出国取经等，不仅成绩斐然，而且还推动了南亚、南美地区掀起沙棘种植开发热潮，并促成了一系列国际合作项目在中国和其他国家的持续开展。

（1）启动了南亚国家沙棘开发热潮。

1991年6月，中国沙棘代表团一行3人应邀访问设在尼泊尔加德满都的国际山地综合发展中心（ICIMOD）。双方同意，为国际山地综合发展中心成员国印度、尼泊尔、不丹等国家培训技术人员，帮助建立沙棘示范加工厂，交换信息资料，支持在中国筹建国际沙棘研究培训中心等。

1992年10月2—19日，应我国水利部邀请，国际山地综合发展中心（ICIMOD）一行8人来我国进行考察访问。考察团在全国沙棘办负责人陪同下，先后在北京、辽宁、山西、陕西对沙棘资源、

中国沙棘代表团访问 ICIMOD（1991 年，尼泊尔加德满都）

加工、研究等单位进行了考察。双方表示，愿在沙棘科技和经贸双边或多边合作，并就若干具体合作事宜进行了磋商。由于该代表团成员多为环保和水保的专家，对我国的沙棘资源和生态功能非常赞赏。印度代表普罗希特博士说，“中国选择种植沙棘治理水土流失是了不起的事情”“种植沙棘对山地治理是个重大发现”“把中国种植沙棘的经验推广到喜马拉雅山地区的关国家”。另一位印度代表吉地亚在辽宁看到利用沙棘治理老哈河所收到的效果时说，“沙棘用于河道治理是一项伟大工程，是一个创造”。不丹代表诺布说，“不丹森林资源虽然丰富，但河岸侵蚀严重，回国拟采用沙棘进行河岸治理”。尼泊尔代表沙基亚说，“中国种植沙棘能解决水土流失问题，也能解决人民烧柴和牲畜饲料”，并说回国后拟派专业干部来中国培训，或邀请中国有关专家到尼泊尔指导办示范点。代表团员普遍对南亚国家依照中国经验，建立沙棘加工厂持有信心。

ICIMOD 来中国考察沙棘（1992 年，陕西西安）

据 1993 年《国际山地综合发展中心 ICIMOD 年鉴》，沙棘正在被应用于喜马拉雅山周边国家，如在印度、尼泊尔和巴基斯坦建立了苗圃，繁殖苗木后，在山地陡坡种植。在尼泊尔的 Mustang 地区，由 ICIMOD 资助，在当地林业局协助下，建立了若干小型苗圃和实验场。

1996 年 2 月 1 日，巴基斯坦政府经济事务署主任 Shahab Khawaja 和联合国开发计划署驻巴基斯坦代表处项目官员 M. S. Tinanli 来水利部沙棘科研培训中心考察访问。巴方对种植开发沙棘表现了极大的兴趣，并邀请中国沙棘去巴基斯坦讲学，指导巴方开展沙棘开发。

1996 年之前的一系列合作，特别是南亚国家间的互访，初步建立了我国与印度、尼泊尔、巴基斯坦等国家和 UNDP 等国际机构的联系，奠定了全面国际合作的基础，有力推动了这些国家的沙棘资源建设、保护和开发利用工作。

（2）促成了 UNDP 项目“中国沙棘开发利用”在中国的实施。

1996 年，联合国开发计划署 UNDP“第四国别方案”周期中列入了“中国沙棘开发利用”项目。1997 年 5 月，UNDP 驻华代表处派员赴项目区考察评估；6 月项目评估圆满通过（UNDP 援助项目经费 104 万美元）；7 月 16—17 日，“中国沙棘开发利用”项目在陕西西安召开第一次工作会议，交流了工作进展情况，提出了项目 1997 年计划，特别是讨论了 4 个实施单位的各项保证措施。这一项目是水利部实施的第一个沙棘涉外项目，各实施单位保证，一定要在国家项目办的组织协调下，通力合作，各尽其职，保证完成各项任务。

1997 年 10 月，受德国政府经济合作部（GTZ）的资助，德国专家科瓦奇克（Ralf Kwaschik）博士应聘到水利部沙棘开发管理中心（国际沙棘研究培训中心）工作，重点从事 UNDP 项目有关工作，至 2000 年 11 月结束。

1998 年 5 月 9—20 日，根据 UNDP 援华沙棘开发利用项目计划，加拿大太平洋农业研究中心励鑫斋博士、格雷斯博士访问了中国。在参观访问了北京、陕西西安、陕西杨凌、内蒙古伊克昭盟等地后，双方就 UNDP 执行情况和感兴趣的有关问题充分交换了意见，并开展了学术交流，还就进一步扩大沙棘合作达到了合作意向协议。

1998 年 9 月 25 日至 10 月 19 日，UNDP 沙棘开发利用项目选派 4 名技术人员赴加拿大农业部草原恢复局防护林中心，进行了为期 25 天的沙棘育种、育苗、苗圃管理和经营等方面的培训活动。

1998 年 6 月 2—30 日，由 FAO 资助，为 UNDP 沙棘开发利用项目聘请的加拿大专家 Bill Schroeder 来到中国，在水利部沙棘开发管理中心开展了短期的技术咨询和项目文件编写，为在当年 8 月召开的 UNDP 项目年度评审会议准备了有关文件。

（3）促成了欧盟项目 EAN－SEABUCK 分别在中国、德国和俄罗斯的实施。

2005 年 3 月，由欧盟委员会（EU）援助，德国、中国、俄罗斯联合参与的“促进沙棘可持续利用的欧亚沙棘网络建设战略”项目（EAN－SEABUCK）启动实施。项目实施期限为 2005—2007 年。

2006年，中国北京

2007年，加拿大魁北克

EAN－SEABUCK 成果研讨

这一项目的主要目的是交流和推广现有的沙棘技术和经验。欧盟官员 Dr. Anja Noke 担任项目负责人，德国的 Technologie－Transfer－Zentrum Bremerhaven－Food Department（TTZ）为协调单位，参加单位有德国的 NIG Nahrungs-Ingenieurtechnik GmbH（NIG）、中国的国际沙棘研究与培训中心（ICRTS）、俄罗斯的 Northern Research Institute of Forestry（ARK）。ICRTS 主要负责编写英文培训教材。

EAN－SEABUCK 中英文培训教材

此外，2006 年 12 月，“77 国集团”专家委员会审议批准由水利部沙棘开发管理中心申请的佩罗基金“利用沙棘技术的转让与培训促进发展中国家的可持续发展”项目，两年后项目圆满完成。

（4）促成了沙棘国外引智项目的开展。

1998 年起，国家外国专家局连续多年批准实施国外引智项目，支持中国与俄罗斯、蒙古、德国等国家开展沙棘“走出去，请进来”工作，在邀请国外知名沙棘专家来华技术指导的同时，支持沙棘育种机构先后从俄罗斯、蒙古、德国、芬兰、瑞典、罗马尼亚等国家引进沙棘优良品种，为我国深入开展选种育种积累了重要材料。

“卡图尼”　“芬兰”　“首都”

“高加索”　“契切克”　“小辣椒”

引进的部分大果沙棘优良品种

2002 年 11 月 24 日至 12 月 14 日，在国家外专局经费资助下，来自水利部以及黑龙江、辽宁、内蒙古、山西、陕西、甘肃、青海、新疆、云南、四川、西藏等 11 个省（自治区）的 26 名技术骨干，在俄罗斯参加了为期 21 天的“沙棘药用价值开发利用及技术推广”培训，取得了丰硕成果。

玻利维亚派人来我国开展沙棘育苗种植培训
（2003 年，内蒙古鄂尔多斯）

(5) 促成了我国第一个生态援外项目在玻利维亚的实施。

1996 年 11 月 6—16 日，根据国家科委“中国拉美 1996—1997 年度科技合作项目”要求，应玻利维亚政府农业国务秘书处的邀请，中国沙棘代表团访问玻利维亚，向玻方赠送了沙棘苗木和种子，实质性地推动双边在沙棘领域的科技经济合作。1996—1998 年，中国持续与玻利维亚、秘鲁、智利等拉美国家开展学术交流，提供了相关技术、种苗援助，开启了与南美国家合作交流的先河。

1997 年 3 月 26—28 日，玻利维亚总统桑切斯来华访问，进行了广泛、深入、富有成果的会谈，双方表示愿在平等互利、讲求实效、形式多样、共同发展的基础上，加强经贸合作。其间，双方有关部门官员还签署了“中国水利部和玻利维亚经济发展部关于沙棘种植合作备忘录”。

1997 年 11 月，受国家科委的派遣，以孙振华为首的 5 人代表团对玻利维亚安第斯山地区进行了为期两周的考察访问。考察确定了该国可以种植的地区及面积，并与该国农业部初步商订了合作开展沙棘项目的意向协议。

2001 年 10 月，我国第一个对外援助沙棘项目“中国政府援助玻利维亚政府沙棘示范种植工程”启动实施。这是由商务部批准的中国第一个沙棘援外项目，决算费用 580 万元。到 2004 年 12 月结束，无偿援助沙棘苗木 42 万株、种子 350kg，在玻利维亚的拉巴斯、波多西和塔里哈 3 省种植沙棘 2700 亩，建设苗圃 4900m^2。2003 年 8 月，玻方选派人员来中国开展沙棘育苗、种植有关培训。

玻利维亚沙棘种植项目施工之初（2004—2005 年）

从我国引种沙棘在玻利维亚的生长情况（2014 年）

2019 年 3 月，水利部国科司有关领导会见了玻利维亚驻华大使钱维中一行，就水利部、玻利维亚环境与水利部签署双边合作备忘录和开展沙棘援助二期项目的有关事宜进行座谈，水利部沙棘开发管理中心卢顺光副主任参加了座谈，双方就国际沙棘合作等问题充分交换了意见。

2019 年 4 月，水利部部长鄂竟平在京会见玻利维亚外长帕里一行，双方就深化中玻水利务实合作交换了意见，并签署中玻水利合作谅解备忘录（其中涉及沙棘条款）。玻利维亚外交部副部长布兰科、驻华大使钱维中以及水利部沙棘开发管理中心主任赵东晓等参加了会见。

2019 年水利部部长鄂竟平在京会见玻利维亚外长帕里一行

综上所述，35 年中，我国通过全方位的科技配套服务，助推形成了崭新的沙棘种植开发局面，成绩是第一位的，这点不容置疑，不过也能从工作进程中感觉到，在科技配套服务方面还存在着一些问题，如制定的国家标准、规程还很少；高档次、上水平的科技攻关项目和成果还不多；实质性的国际合作项目少之又少，没有紧紧抓住当前实施“一带一路”机会，做一些开拓性的工作等。这诸多问题，也正是下一阶段工作中需要格外给予高度重视的方面，需要花大气力加以解决。

Oida，you know
Scio，I know
Science，we know
Kexue，to know，to know
对世界充满幻想（Fantasizing about the world）
对美好无限向往（Striving to solve all the puzzles）
我们勇敢探索（Bravely we discover）
科学给人类无穷力量（Science empowers all the people）
Oida，为心灵带来阳光（Oida，sunshine for the mind and soul）
Scio，给明天新的希望（Scio creates hopes for tomorrow）
Science，驱散心中迷茫（Science clears up mysteries）
Kexue，为梦想插上翅膀（Kexue，wings of dreams，reaching our goal）
让智慧尽情翱翔（Wisdom like a river it flows）
让文明永续成长（Civilizations never cease to grow）
我们不懈追求（On and on we discover）
科学让未来更加辉煌（Science inspires all the people）
Oida，为心灵带来阳光（Oida，sunshine for the mind and soul）
Scio，给明天新的希望（Scio creates hopes for tomorrow）
Science，驱散心中迷茫（Science clears up mysteries）
Kexue，为梦想插上翅膀（Kexue，wings of dreams，reaching our goal）
Oida，为心灵带来阳光（Oida，sunshine for the mind and soul）
Scio，给明天新的希望（Scio creates hopes for tomorrow）
Science，驱散心中迷茫（Science clears up mysteries）
Kexue，为梦想插上翅膀（Kexue，wings of dreams，reaching our goal）
Oida，you know
Scio，I know
Science，we know
Kexue，to know
You know，I know
They know，We know
Science，to know
Kexue，to know
To know，to know
To know…

附录 1985—2020年全国沙棘开发大事记

1985 年

1985 年 11 月 16 日，水电部部长钱正英根据在山西省吕梁地区方山县等地考察沙棘的情况，向中央领导呈报了关于“以开发沙棘资源作为加速黄土高原治理的一个突破口”的报告，得到中共中央总书记胡耀邦“赞成加以扶持发展”的批示。随即在全国水资源与水土保持工作领导小组下设立沙棘办公室，挂靠在中国水利实业开发总公司，钮茂生任办公室主任。

1986 年

1986 年 7 月，水电部联合林业部、轻工业部、外贸部等在北京举办了第一届全国沙棘系列产品展销展示会，评选了优秀产品，表彰了优秀企业。

1986 年 9 月，水电部、林业部和山西省政府联合在太原举办第一次全国沙棘开发利用经验交流会。

1986 年 12 月，中国农业科教电影制片厂拍摄了全国第一部沙棘科教影片《沙棘》，并被翻译成多种外文在国内外发行。

1987 年

1987 年 6 月，中国水土保持学会沙棘专业委员会在京举行成立大会，这也是中国水土保持学会设立的第一个专委会。水利部副部长钮茂生任名誉主任，李景中任主任，李石纲、杨昌仁、宫镜海、高志义任副主任，冯奎五任秘书长。

1987 年 9 月，中国沙棘代表团第一次访问苏联，由此开启了国际沙棘合作交流的序幕。

1987 年 11 月，应山西省政府要求，国际沙棘分类学权威、芬兰图尔库大学校长罗西（A. Rousi）教授访问山西，并作了“世界沙棘研究与应用”报告。这是中国第一次接待外国沙棘专家访问。

1987 年 12 月，中国水土保持学会沙棘专业委员会联合陕西省沙棘办公室等单位在陕西武功（杨凌）举办第一次全国沙棘科研学术会议。

1988 年

1988 年 1 月，水电部所属中国水利实业开发总公司联合北京市大兴县民政局成立北京江河沙棘公司。

1988 年 3 月，全球第一份沙棘行业的中文学术期刊《沙棘》在陕西省武功农业科研中心创刊（2009 年停刊）。

1989 年

1989 年 10 月，第一届国际沙棘学术研讨会在陕西省西安市举办，来自苏联、匈牙利、芬兰和中国的 90 多名沙棘专家出席大会，水利部副部长钮茂生主持开幕式并致辞，陕西省副省长潘蓓蕾致欢迎词。大会征集了来自 9 个国家的 152 篇论文和摘要，编辑出版的会议论文集（中英文各一册）是后来国内外沙棘研究者参考的“圣经”。

1990 年

1990 年，全国沙棘办以沙办〔1990〕1 号文做出“关于表彰‘七五’期间沙棘开发利用的先进单位和先进个人的决定”，44 个单位、63 人受到表彰。

1990 年 12 月，水利部在河南省郑州市召开第三次全国沙棘工作会议，水利部副部长钮茂生出席会议。会议推动了东北（黑龙江、吉林）、西北其他省（自治区）（宁夏、新疆）的水利厅，以及长江委、海委、松辽委的水保部门加强沙棘推广和组织管理工作。

1991 年

1991 年 6 月，中国沙棘代表团应邀访问设在尼泊尔加德满都的国际山地综合发展中心（ICI-MOD）。双方同意，为国际山地中心成员国印度、尼泊尔、不丹等国家培训技术人员，帮助建立沙棘示范加工厂，交换信息资料，支持在中国筹建国际沙棘研究培训中心等。

1991 年 9 月，中国水土保持学会沙棘专业委员会在辽宁省兴城市举行换届会议，水利部副部长王守强任名誉主任，李景忠任主任，高志义、龚金玲、仝琳琅、冯奎五任副主任，冯奎五兼任秘书长。

1992 年

1992 年 3 月，受中国政府邀请，尼泊尔王国首相柯伊拉腊在西安访问期间考察了陕西省沙棘食品实验厂。

1992 年，由辽宁省沙棘办公室和建平县有关部门主持的“辽西半干旱地区大面积人工沙棘水土保持林技术开发研究”荣获辽宁省科技进步一等奖。

1993 年

1993 年 8 月，第二届国际沙棘学术研讨会在俄罗斯西伯利亚利萨文科园艺研究所举办。

1994 年

1994 年开始，黄河水利委员会中游局与中国水利水电科学研究院在内蒙古砒砂岩裸露区联合开展研究，探索沟道种植沙棘、建造生物柔性坝的治理新模式，并取得良好效果。

1994 年，总金额 22 亿元人民币的黄土高原水土保持世界银行贷款项目正式签约生效，在项目中规划种植沙棘林数十万亩。

1994 年 6 月，全国沙棘办公室第一次颁布了两个全国性沙棘行业标准：沙棘籽油、沙棘果油。

1994 年 9 月，黄河流域沙棘示范区建设工作会议在甘肃省镇原县召开，来自黄河流域 7 省（自治区）、16 个县（旗）的项目管理人员参加会议。

1994 年下半年，黄河水利委员会组织编制黄河流域“九五”沙棘发展规划，计划从 1996—2000 年在国家水土保持经费中每年安排 300 多万元，在规划的 10 个沙棘种植（类型）区每年种植沙棘 48 万亩。

1995 年

1995 年 1 月，水利部批准成立沙棘科研培训中心，与全国沙棘办公室合署办公。

1995 年 3 月，黄河水利委员会中游局在内蒙古伊克昭盟准格尔旗启动实施“砒砂岩千条沟沙棘种植工程”。

1995 年 5 月，中国水土保持学会沙棘专业委员会在青海省西宁市举行换届会议，水利部副部长朱登铨任名誉主任，孙振华任主任，高志义、黄自强、龚金玲、孟庆枚任副主任，卢顺光任秘书长

（此后再没有召开过换届会议，直至 2019 年更名为水土保持植物专业委员会并进行换届）。

1995 年 10 月，中国科学院资深院士阳含熙、中国工程院资深院士关君蔚等专家在内蒙古伊克昭盟开展“发展沙棘，保持水土，建设生态农业”的考察。关君蔚院士认为，沙棘为黄河多沙粗砂区治理找到了“一把钥匙”。

1995 年 11 月，受世界银行邀请，中国科学院成都生物所研究员吕荣森前往玻利维亚考察访问，研究在安第斯山脉高海拔地区种植沙棘的可行性。其考察报告建议被玻利维亚政府采纳。

1995 年 12 月，第三届国际沙棘学术研讨会在北京举办，会议通过了关于在北京设立国际沙棘研究培训中心的《北京宣言》，成立由 12 个参会国和国际山地综合发展中心（ICIMOD）代表组成的国际沙棘协调委员会。水利部部长钮茂生、联合国开发计划署（UNDP）驻华代表贺尔康（A. Holcomb）等出席开幕式；水利部副部长朱登铨为国际沙棘研究培训中心揭牌。

1995 年 12 月，由北京江河沙棘（集团）公司等企业发起，全国沙棘企业联谊会在北京成立。这一联谊会为中国水土保持学会沙棘专业委员会的下设机构，另一下设机构为全国沙棘资源基地建设联谊会。

1996 年

1996 年 4 月，水利部部长钮茂生在陕西省延安考察王瑶水库时指出，要在库区大上包括沙棘的林草措施，既能净化水源，减少入库泥沙，延长水库寿命；又有可观的经济收入，促进行业自身建设。

1996 年 11 月，在科技部经费支持下，水利部沙棘代表团访问玻利维亚，实质性推动双边科技经济合作。

1996 年 12 月，全国沙棘工作会议在北京召开，表彰了“八五”期间全国沙棘工作先进集体和先进工作者。钮茂生部长出席会议并做了重要讲话。

1997 年

1997 年 5 月，经中央编制工作委员会办公室批准，全国沙棘办公室更名为水利部沙棘开发管理中心，明确为水利部所属副局级事业单位。

1997 年 7 月，为支持中国沙棘事业发展和国际沙棘研究培训中心能力建设，联合国开发计划署（UNDP）批准实施“中国沙棘开发”援助项目。到 2000 年 12 月，项目圆满结束。

1997 年 10 月，受德国政府经济合作部（GTZ）的资助，德国专家科瓦奇克（Ralf Kwaschik）博士应聘到水利部沙棘开发管理中心（国际沙棘研究培训中心）工作，至 2000 年 11 月结束。

1998 年

1998 年起，国家外国专家局连续多年批准实施国外引智项目，支持中国与俄罗斯、蒙古、德国等国家开展沙棘“走出去，请进来”工作，在邀请国外知名沙棘专家来华技术指导的同时，支持沙棘育种机构先后从俄罗斯、蒙古、德国、芬兰、瑞典、罗马尼亚等国家引进沙棘优良品种，为我国深入开展选种育种积累了重要材料。

1998 年 8 月，第四届国际沙棘学术研讨会在俄罗斯布里亚特共和国首府乌兰乌德举办。

1998 年 9 月，中国科学院成都生物所研究员吕荣森等五位沙棘老专家联名向国务院领导呈送报告，希望大力支持全国沙棘开发事业。温家宝副总理对沙棘工作批示，指出“沙棘是植树造林、治理水土流失的突破性技术和关键树种”。

1998 年 9 月，国家计委将实施晋陕蒙砒砂岩区沙棘生态工程写入《全国生态环境建设规划》，批准实施全国第一个中央预算沙棘基本建设项目“晋陕蒙砒砂岩区沙棘生态工程”。

1998 年 10 月 6 日，由我国沙棘育种科学家、中国林业科学院研究员黄铨主持的“沙棘遗传改良的系统研究”荣获国家科技进步一等奖。这一项目培育了“深秋红”“壮圆黄”“无刺丰”等一系列沙棘新品种，其中“深秋红”晚熟，且在树体上挂果时间很长，成为当前国内建立沙棘种植园的首选品种。

1999 年

1999 年 1 月，国家计委批准实施《全国生态环境建设规划》，其中，在“总体布局”部分明确提出：在对缓和危害最大的砒砂岩地区大力营造沙棘水土保持林，减少粗砂流失危害。

1999 年 8 月，第五届国际沙棘学术研讨会在北京举办，全国政协副主席钱正英、水利部副部长朱登铨等出席会议。会议决定由国际沙棘研究培训中心牵头筹备成立国际沙棘协会，起草协会章程。

1999 年 11 月，水利部在内蒙古鄂尔多斯召开“三北地区沙棘生态建设工作会议”，全国政协副主席钱正英、水利部副部长鄂竟平出席会议并讲话。会议命名了河北省丰宁县等 11 个县（旗、市）为“全国沙棘生态建设示范县”。随后，水利部沙棘开发管理中心组织编制了《三北地区沙棘植被建设规划》。

2000 年

2000 年 5 月，由国家外专局主办，在辽宁省阜新市召开了“全国沙棘良种选育研讨会”。会议在沙棘良种选育、干缩病以及 948 项目执行等方面展开了有关讨论。

2000 年 8 月，由黑龙江农科院浆果研究所完成的“盐碱地营造沙棘林及果汁保鲜加工技术”通过成果鉴定。

2001 年

2001 年 2 月，第六届国际沙棘学术研讨会在印度新德里举办。期间召开了国际沙棘协调委员会会议，决定正式成立国际沙棘协会。与会的 12 个创始成员国代表讨论了《国际沙棘协会章程》（草案），同意设立临时理事会。

2001 年 4 月，由山西省农科院情报研究所研究员武福亨等主持的“苏联沙棘开发利用情报研究”荣获山西省科技进步二等奖。

2001 年 10 月，我国第一个对外援助沙棘项目“中国政府援助玻利维亚政府沙棘示范种植工程”启动实施。

2002 年

2002 年 4 月，中国林业科学院黄铨研究员荣获中华全国总工会颁发的“全国五一劳动奖章”。

2002 年 8 月，水利部部长汪恕诚听取水利部沙棘开发管理中心关于沙棘产业开发的专题汇报，研究推进有关工作。

2002 年 10 月，水利部在北京召开全国沙棘生态建设工作会议，全国政协副主席钱正英、水利部副部长陈雷出席大会并讲话。会议表彰了全国沙棘生态建设与开发先进集体 30 个、先进个人 50 人。

2002 年 11 月 24 日至 12 月 14 日，在国家外专局经费资助下，来自水利部以及 11 个省（自治区、直辖市）的 26 名技术骨干，在俄罗斯参加了为期 21 天的“沙棘药用价值开发利用及技术推广”培训，取得了丰硕成果。

2003 年

2003 年 9 月，由国际沙棘协会主办的中英文科技期刊《国际沙棘研究与开发》（The Global Sea-buckthorn Research and Development）（季刊）创刊发行（2014 年停刊）。

2003 年 10 月，第七届国际沙棘学术研讨会在德国柏林举办，会上正式成立国际沙棘协会理事会，选举了第一届理事会主席、副主席和秘书长，并决定协会秘书处永久设在中国水利部沙棘开发管理中心。这次会议后来被冠以“第一届国际沙棘协会大会”，此后会议届数依次递增。

2004 年

2004 年 8 月，由水利部沙棘开发管理中心主持完成的“叶用型沙棘育种研究”通过水利部国际合作与科技司组织的成果鉴定，并于 2007 年荣获中国水土保持学会科学技术奖三等奖。

2005 年

2005 年 3 月，由欧盟委员会（EU）援助，德国、中国、俄罗斯联合参与的“欧亚沙棘网络”项目（EAN-SEABUCK）启动实施。

2005 年 8 月，由水利部沙棘开发管理中心主持完成的“东北地区沙棘良种选育”通过水利部国科司组织的科技成果鉴定。

2005 年 8 月，第二届国际沙棘协会大会在北京举办，全国政协副主席钱正英、水利部副部长鄂竟平出席大会并讲话。同期召开了国际沙棘协会理事会会议，确定了成立国际沙棘协会技术委员会等事宜。

2005 年 10 月，水利部沙棘开发管理中心在北京召开中国沙棘开发 20 周年圆桌会议。

2006 年

2006 年 6 月，中国国际工程咨询公司对“晋陕蒙砒砂岩区沙棘生态工程”1998—2003 年度项目执行情况进行了中期评估，充分肯定了项目运行机制和治理成果，并建议国家发改委将沙棘治理砒砂岩项目列为中央直属基本建设专项。

2006 年 6 月，由黄铨、于倬德主编，全国各领域专家联合编撰的《沙棘研究》一书由科学出版社出版、发行。这本沙棘专著基本上概括了 20 年来中国各领域沙棘专家的研究成果，是对当时沙棘研究工作全面、系统的总结。

2006 年 12 月，由水利部沙棘开发管理中心承担的水利部科技项目“半干旱区生态经济型沙棘育种研究”通过成果鉴定。

2006 年 12 月，“77 国集团”专家委员会审议批准由水利部沙棘开发管理中心申请的佩罗基金“利用沙棘技术的转让与培训促进发展中国家的可持续发展”项目。

2007 年

2007 年 8 月，第三届国际沙棘协会大会在加拿大魁北克举办。会议由加拿大拉瓦尔大学医药与功能食品研究所、魁北克沙棘种植协会共同承办。

2007 年 10 月，国家发展改革委批准实施第二个中央预算沙棘基本建设项目“晋陕蒙砒砂岩区窟野河流域沙棘生态减沙工程”。

2008 年

2008 年 4 月，国际沙棘协会理事会 2008 年年会在我国上海召开。会议上成立了技术委员会，确定了芬兰图尔库大学卡里欧教授为技术委员会主任；并讨论通过了《国际沙棘协会大会申办指南（草案）》和《国际沙棘协会技术委员会章程（草案）》。

2008 年 9 月，水利部在内蒙古鄂尔多斯市召开“晋陕蒙甘能源开发区水土保持生态修复暨沙棘资源建设论坛”，全国人大环资委主任委员曲格平、水利部副部长鄂竟平，以及中国科学院院士蒋有绪、中国工程院院士尹伟伦等出席会议并讲话。

2009 年

2009 年 9 月，第四届国际沙棘协会大会在俄罗斯阿尔泰边疆区举办，水利部副部长鄂竟平率领中国代表团出席会议并作主旨发言。

2010 年

2010 年 10 月，由水利部沙棘开发管理中心主持的“沙棘杂交育种研究”成果，荣获水利部大禹水利科学技术奖三等奖。

2011 年

2011 年 9 月，经国务院领导批示、外交部同意、水利部批准，国际沙棘协会作为社团法人机构在民政部正式登记注册，成为第 27 家总部设在中国的国际组织。此前，第一次会员代表大会审议通过了《国际沙棘协会章程》。

2011 年 9 月，第五届国际沙棘协会大会在青海省西宁市举办，水利部副部长刘宁出席会议并作主旨讲话。会议表彰了第一届“国际沙棘协会终身成就奖”和“国际沙棘协会杰出贡献奖”获得者。

2012 年

2012 年 7 月 16 日，水利部副部长李国英莅临水利部沙棘开发管理中心，调研检查指导工作，并对沙棘发展事业提出明确要求。

2012 年，水利部沙棘开发管理中心申报国家 948 项目“俄罗斯第三代沙棘良种引进”（201216）成功，项目从俄罗斯引进成功 22 个沙棘优良无性系品种，于 2014 年年底通过了水利部 948 项目管理办公室组织的项目验收，获得“A”级评价。

2012 年 12 月，国家发展改革委批准实施第三个中央预算沙棘基本建设项目“晋陕蒙砒砂岩区十大孔兑沙棘生态减沙工程”，计划 2017 年结束（目前尚未完工）。

2013 年

2013 年 10 月，由德国沙棘协会承办的第六届国际沙棘协会大会在德国波茨坦举办。

2014 年

2014 年 9 月，国家发展改革委批复“晋陕蒙砒砂岩区黄甫川等五条黄河支流沙棘生态减沙工程”可行性研究报告，标志着第四个中央预算沙棘基本建设项目完成前期工作，基本具备了实施条件。目前，因地方配套措施不完善，该项目启动尚未实施。

2015 年

2015 年 2 月，由中国工程院院士、北京林业大学教授尹伟伦等主持的“沙棘等灌木林衰退机理、抗逆育种及虫害防治理论与技术”荣获教育部科技进步二等奖。

2015 年 7 月，由水利部沙棘开发管理中心承担的《沙棘苗木》标准英译稿通过水利部国际合作与科技司组织的技术审查。这是我国第一部沙棘英文标准。

2015 年 11 月，第七届国际沙棘协会大会在印度新德里举办。大会由印度沙棘协会、印度喜马偕尔邦农业大学、印度核医学及应用研究所联合承办，印度农业部长，负责林业、环境及气候变化的国务部长，食品工业部长等出席了大会开幕式。

2016 年

2016 年，水利部沙棘开发管理中心联合中国水利科学研究院成功申请了科技部“十三五”科研专项，并承担“沙棘高效种植关键技术及示范”专题。

2017年

2017年5月，经高原圣果沙棘制品有限公司等发起申请、国际沙棘协会理事会批准，国际沙棘协会（中国）沙棘企业联合会在北京召开成立大会。

2017年9月，全国团体标准信息平台审核、批准国际沙棘协会具备发布团体标准的资格。随后，国际沙棘协会编制了《国际沙棘协会标准管理办法（试行）》，建立了国际沙棘协会团体标准中国评审委员会专家库。

2018年

2018年2月，知名公益组织“蚂蚁森林”联合全国绿化委员会启动在山西、黑龙江、内蒙古、甘肃、四川等地实施沙棘绿化造林工程。到2019年年底，已累计投资5775多万元，种植沙棘41万亩。

2018年2月，国家林业局批准依托山西省林科院、辽宁东宁药业公司组建沙棘工程技术研究中心。

2018年9月，由国际沙棘协会和山西省人民政府共同主办的第八届国际沙棘协会大会在山西省太原市举办。会议表彰了第二届“国际沙棘协会终身成就奖”“国际沙棘协会杰出贡献奖”获得者。

2018年12月，水利部沙棘开发管理中心升格为水利部直属正局级事业单位。

2019年

2019年3月，水利部国科司有关领导会见了玻利维亚驻华大使钱维中一行，就水利部与玻利维亚环境与水利部签署双边合作备忘录和开展沙棘援助二期项目的有关事宜进行座谈。水利部沙棘开发管理中心卢顺光副主任等参加了座谈。

2019年4月，水利部鄂竟平部长在京会见玻利维亚外长帕里一行，双方就深化中玻水利务实合作交换了意见，并签署中玻水利合作谅解备忘录（其中涉及沙棘条款）。玻利维亚外交部副部长布兰科和驻华大使钱维中，水利部沙棘开发管理中心赵东晓主任等参加了会见。

2019年7月，经专家委员会评审，国际沙棘协会颁布第一个协会团体标准：《沙棘黄酮质量标准》。

2019年9月，应民政部要求，国际沙棘协会（中国）沙棘企业联合会更名为国际沙棘协会（中国）企业委员会，并选举产生了新会长。

2019年10月，国际沙棘协会第一届二次会员代表大会在德国柏林召开。水利部沙棘开发管理中心赵东晓主任当选为理事会主席，卢顺光副主任当选为秘书长，来自德国、芬兰、俄罗斯的三位专家当选为副主席；并推选芬兰图尔库大学教授杨宝茹博士担任第二届技术委员会主席。

2019年12月，水利部副部长陆桂华主持召开专题会议，听取国际沙棘协会有关情况汇报，并要求水利部有关司局加大对国际沙棘协会的支持，指导做好顶层设计、编制实施中长期发展规划和年度工作计划。

2020年

2020年3月，受全球新冠肺炎疫情持续影响，经希腊举办方申请和国际沙棘协会理事会审议决定，原定于2020年举办的第九届国际沙棘协会大会延期至2021年5月举办。

2020年4月，在水利部财务司、人事司、水土保持司、国际合作与科技司、沙棘中心等指导下，国际沙棘协会秘书处编制完成《国际沙棘协会发展规划（2020—2022年）》，并经审议后印发实施。

2020年7月，由水利部沙棘开发管理中心等单位完成的“广适优质高产沙棘杂交新品种选育与应用”课题，通过了由水利部科技推广中心组织的科技成果评价。

2020 年 9 月，经企业申报和专家评审，国际沙棘协会分别评选和表彰了河北神兴沙棘研究院等 10 家全国优秀企业和毕书杰等 10 名优秀企业家。

2020 年 10 月，纪念全国沙棘开发事业 35 周年活动在山西省吕梁市举办，一批老专家、老领导齐聚沙棘事业的发源地，回顾总结沙棘开发成就经验，展望谋划今后沙棘开发战略。

跋

（一）

我家洗砚池头树，朵朵花开淡墨痕。不要人夸好颜色，只留清气满乾坤。

1985—2020 年的 35 年中，中国千百万人从事的沙棘资源建设与开发利用工作，已经无可争辩地表明，沙棘的生态价值很大，沙棘生态工程已在中国多地发挥着十分重要的生态功能；沙棘的生物活性成分很多很好，沙棘加工企业正在茁壮成长，发挥着十分重要的扶贫功能，是老少边贫地区十分重要的经济增长点。

作为第一代水果的突出代表，中国苹果年产量在 4000 万 t 以上，柑橘年产量 3000 多万 t（接近 4000 万 t），葡萄年产量 2000 多万 t，香蕉年产量 1000 多万 t，产量都很大。但作为第三代水果佼佼者的沙棘，果实年产量不足 10 万 t，仅是苹果、柑橘、葡萄、香蕉等的一个零头。产量上显示的是实实在在的巨大差距，但也让我们看到了沙棘发展的希望，那就是它的发展潜力还很大，有很大的国内外市场可以在竞争中不断开拓或抢夺过来。

不过，要在现有市场抢占较大份额，必须靠科学谋划！不管种植和加工，都要有战略规划，有资金投入，有一批视沙棘开发为终身事业的人的参与，特别是科技人员持之以恒的研究！中国沙棘资源建设与开发利用工作，必须要在“研究”上下功夫，真抓实干，才会有一个光明的未来！品种要研究——杂交育种、基因工程！苗木繁育要研究——速生、优质、高抗！种植管护要研究——抗病、抗虫、高产、稳产！采收要研究——机械化、适于山地采摘的便携式工具以及快速运送果实的专用车辆！功能成分提取要研究——最佳提取工艺和设备！产品要研究——顾客不同心理需求的高精尖产品！营销要研究——杜绝传销，巧用线上线下资源，特别是注重营销人员素质的提高等。

（二）

滚滚长江东逝水，浪花淘尽英雄。

35 年中，在沙棘种植开发征程中，我国一些大专院校、科研院所的专家，如高志义、火树华、黄铨、廉永善、吕荣森、武福亨、徐永昶、李代琼、赵汉章、陈扬钧、王占孟、王国礼、张付舜、张哲民、邱德明、徐铭渔、潘瑞麟、顾清萍、程体娟、陈体恭、王博英、王淑清、张吉科等，从各自不尽相同的专业出发，弘扬了沙棘学风，传播了沙棘知识和技能，并通过在各自领域的渊博造诣，影响了整整一代人。

在沙棘种植开发征程中，更少不了一些领导，如孙振华、于倬德、李景忠、冯奎五、黄自强、龚金玲、仝琳琅、孙建轩、刘枢机、曲利正、袁海珍、马英才、王振武、李敏、解柱华、卜立新等，他们在沙棘行业管理、示范推广等方面，呕心沥血，任劳任怨，做出了突出的贡献，是推动中国沙棘种植开发工作的基石。

他们中的一些人，如赵汉章、火树华、徐永昶、孙振华、顾清萍、王占孟、张吉科、卜立新等已经仙逝，是我们沙棘界的巨大损失。在此，对他们的离世表示哀悼，对他们在沙棘各个战场所做出的卓越贡献表示敬意。我们只能以实际行动更好地工作，来完成他们未尽的沙棘事业。

（三）

爱拼才会赢。

过去的35年，我们投入了对沙棘的炽热之情，我们谱写了沙棘的如诗之歌。

下一个35年，我们需要继续得到各级政府更大的支持和关怀，让沙棘在发挥生态功能之余，更好地发挥惠民作用。

下一个35年，我们应该正视目前存在的种种棘手问题，采取有效手段着力快速加以解决，让沙棘产业能够脱胎换骨，焕然一新。

下一个35年，希望能有更多的新鲜血液，加入沙棘种植开发这一为国分忧、为民造福、前途无量的伟大征程当中!

如果有了抱负、责任和担当，一项产业就成了一项事业!

在许多人心中，沙棘产业已经升华为沙棘事业!

在功在当代、利在千秋的沙棘征途中，我们准备好了! 我们责无旁贷!

我们是拓荒者，我们是耕耘者，我们是播种者!

我们仍将继续投入对沙棘之情，奉献对沙棘之爱，与人民大众共同谱写、演奏一部沙棘协奏曲!

谨以此书，奉献给钟爱沙棘的所有同仁们!